應用力學

陳宏州　編著

全華圖書股份有限公司　印行

國家圖書館出版品預行編目資料

應用力學 / 陳宏州編著. — 二版. - -
臺北市：全華.民 91
面 ； 公分
ISBN 978-957-21-3657-7

應用力學

作者 / 陳宏州
發行人 / 陳本源
執行編輯 / 楊智博
出版者 / 全華圖書股份有限公司
郵政帳號 / 0100836-1 號
印刷者 / 宏懋打字印刷股份有限公司
圖書編號 / 05974
初版九刷 / 2021 年 10 月
定價 / 新台幣 400 元
ISBN / 978-957-21-3657-7
全華圖書 / www.chwa.com.tw
全華網路書店 Open Tech / www.opentech.com.tw
若您對本書有任何問題，歡迎來信指導 book@chwa.com.tw

臺北總公司(北區營業處)
地址：23671 新北市土城區忠義路 21 號
電話：(02) 2262-5666
傳真：(02) 6637-3695、6637-3696

南區營業處
地址：80769 高雄市三民區應安街 12 號
電話：(07) 381-1377
傳真：(07) 862-5562

中區營業處
地址：40256 臺中市南區樹義一巷 26 號
電話：(04) 2261-8485
傳真：(04) 3600-9806(高中職)
(04) 3601-8600(大專)

編輯大意

一、書中所用名詞，係依照課程標準公布之名詞爲準，並附英文原名，以資對照。

二、爲適應學生程度，解說力求簡要，內容力求完整，且儘量避免應用較高深之數學，及向量代數的敘述。

三、本書附有插圖甚多，同時對各重要公式之應用，皆附例題及隨堂練習，以期學者能徹底瞭解。

四、每單元之前，本書均附有單元學習目標，以期學者能評估自己的能力。

五、每單元之末，本書均附有重點整理，學後評量及習題，俾供學生課後練習，教師可視實際需要作適當的增減。

六、本書中有※符號章節，教師可彈性選擇是否講授。

七、本書另備有教師手冊，提供隨堂練習，學後評量及習題等部份之解答，供教師參考之用。

八、本書雖經悉心校訂，仍難免有瑕疵之處，敬祈諸先進不吝指正是幸！

目 錄

CHAPTER 1

緒　論

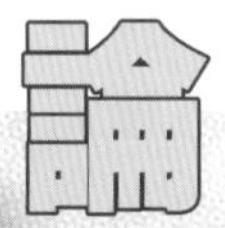

單元目標

本單元為力及力學之基本概念介紹，使讀者能夠瞭解

- 力學的意義、種類及研究範圍。
- 質點與剛體的意義。
- 向量與純量之意義及區別。以及向量之種類。
- 力的觀念：包含有①力之意義。②力之分類。③力之要素。④力之內、外效應。
- 力之單位：分為重力單位及絕對單位。並說明ＳＩ單位。
- 力之可傳性。
- 力系：按作用效應及作用空間不同分類。

1.1 力學的種類

1.1-1 力學及機械力學

力學(Mechanics)乃物理學之一部份，研究物體之運動與力作用的科學。爲工科學生所應修習基礎科學之一，凡研習機械工程、土木工程、建築工程及航空工程者，力學更爲其必修之學科。其研究之目的，在於將物體受力作用及運動之原理應用於解析各種有關之工程問題。凡用以解析工程問題爲其研究目的之力學，均稱爲工程力學(Engineering Mechanics)。但因本書所述之內容偏重於機械工程之問題，適用於研習機械工程之學生，故稱爲機械力學。

1.1-2 力學的種類

力學之研究，需要考慮四個基本要素，即**時間**、**空間**、**質量與力**。以此四個基本要素爲基礎，應用三角學、幾何學、代數學及向量等數學原理或應用圖解法以解析力學。應用於工程上之力學，通常可分爲兩部份，即**固體力學及流體力學**，較細分法如下表：

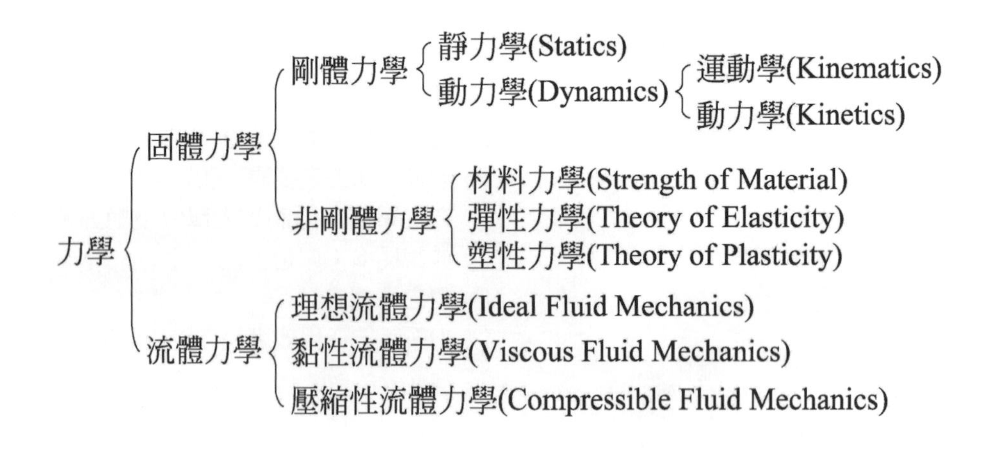

本書所研究之範圍，乃注重於研討固體力學，即物體受外力作用時，其所發生之外效應及內部所發生之內效應。特別著重於說明基本觀念，定理之闡釋及對問題之一般性表達，且特別表出其對於基本工程問題之應用。

在I冊部份以剛體力學或稱應用力學(Applied Mechanics)爲研究範圍；其中靜力學爲研究物體受力作用後之平衡狀態(靜止或等速直線運動)；運動學爲研究物體運動狀態之改變，亦即專論時間與空間所導出之量，動力學爲研究物體運動狀態之改變及其改變之因素(力與質量)。

在II冊部份以材料力學爲研究範圍；材料力學爲研究材料受力後變形及強度之科學。

1.2 質點與剛體

1.2-1 質點

凡佔有空間，可由感覺辨其存在者，稱爲**物質**；物質之有限部份，保有形狀及大小者，稱爲**物體**。在討論力學問題時，常假設物體中一部份物質集中於一幾何點。此假設無大小而具有質量之點，稱爲**質點**(Particle)。所有物體，皆具有大小及質量；故質點乃一理想名詞。惟如物體大小與論及距離相較，小至可以忽略時，則可以質點視之。論天體運動，雖大如地球、月球、亦可視爲質點。談物質構造，雖小如分子、原子，其中尚包含有若干質點。一彈丸，實爲一物體，而於討論其在空中飛行之路徑時，可視爲一質點。

1.2-2 剛體

物體受外力作用後，其形狀大小無變化者謂之剛體。即物體受力之前後，其體內各質點間之距離保持不變，該物體即稱之爲**剛體**(Rigid Body)。實際上宇宙間並無絕對之剛體存在，但於力學之研究中，常因物體受力後所生之變形甚微而予以略去不計，故可視該物體爲一剛體。如物體受力所生之變形予以考慮時，則該物體乃爲一彈性體而非剛體，討論彈性體受力所生之內力與變形之問題，乃屬於材料力學或彈性力學，將在本書II冊中討論。

隨堂練習

(　) 1. 力學之研究，必須考慮之四種要素為 (A)時間、空間、重量與力 (B)時間、速度、重量與力 (C)時間、空間、質量與力 (D)時間、速度、質量與力。

(　) 2. 研究材料受外力時之強度與變形的科學稱為 (A)水力學 (B)靜力學 (C)剛體力學 (D)材料力學。

(　) 3. 所謂剛體(Rigid Body)，其定義為 (A)應變與應力成比例的物體 (B)受力可變形，但不致破壞之物體 (C)體內任何二點間之距離永不改變之物體 (D)鋼質之物體。

1.3 向量與純量

1.3-1 純量

1. 凡僅有大小，而無方向之量，稱為**純量**(Scalar Quantity)或稱無向量例如質量、面積、時間等。
2. 表示一純量僅須大小(數值)與單位。
3. 純量之運算依普通代數方法處理。

1.3-2 向量

1. 意義：

凡有大小且兼有方向之量，稱為**向量**(Vector Quantity)或稱矢量，例如位移、力等。

2. 向量表示及運算：

⑴ 向量表示

向量的表示方法是用一段直線，加一個箭頭，線段的長，按比例代表向量的大小，直線本身代表向量的方向，箭頭則代表指向(sense)。如圖 1-1 中，$\overrightarrow{OA}$和$\overrightarrow{OB}$之長表向量之大小，箭頭表向量之方向，O表示向量之原點。本書以粗黑體字表示向量如**R**、**F**等，而以斜體字母表示向量之大小，如R、F等。$\overrightarrow{OA}$、$\overrightarrow{OB}$等亦同爲表達向量方法。如$\overrightarrow{OA}=-\overrightarrow{OB}$，即表示$\overrightarrow{OA}$和$\overrightarrow{OB}$大小相等，但方向相反(如以指向言之，即方向相同，指向相反)。

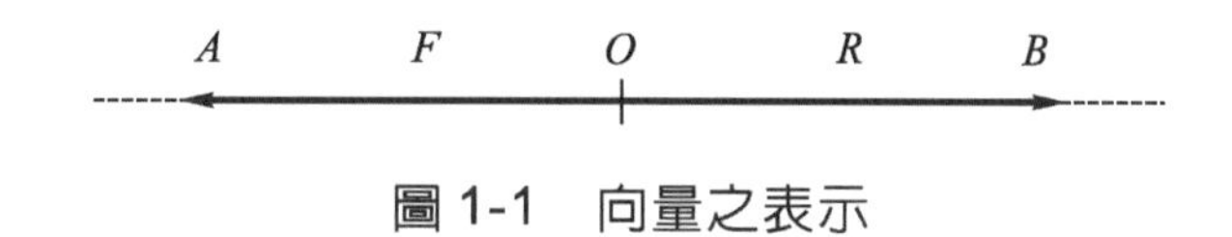

圖 1-1　向量之表示

⑵ 向量運算

① 向量的合成(加法)

如有兩個向量$\overrightarrow{AB}$及$\overrightarrow{BC}$，則可如下式合成

$$\overrightarrow{AB}+\overrightarrow{BC}=\overrightarrow{AC}$$

如圖 1-2(a)所示。(平行四邊形法、三角形法)

同理有兩個以上之向量合成時，則

$$\overrightarrow{AB}+\overrightarrow{BC}+\cdots+\overrightarrow{DE}=\overrightarrow{AE}$$

如圖 1-2(b)所示。(力多邊形法)

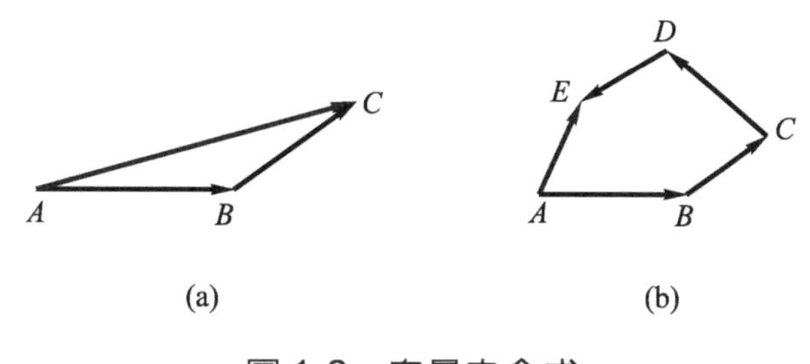

圖 1-2　向量之合成

② 向量的分解(減法)

設$\vec{V_1}$，$\vec{V_2}$爲已知向量，$\vec{x}$爲未知向量，如

$\vec{V_2}+\vec{x}=\vec{V_1}$ 則 $\vec{V_1}-\vec{V_2}=\vec{x}$

或$\vec{V_1}+(-\vec{V_2})=\vec{x}$ (逆用平行四邊形法或三角形法)

如圖 1-3(a)、(b)所示。

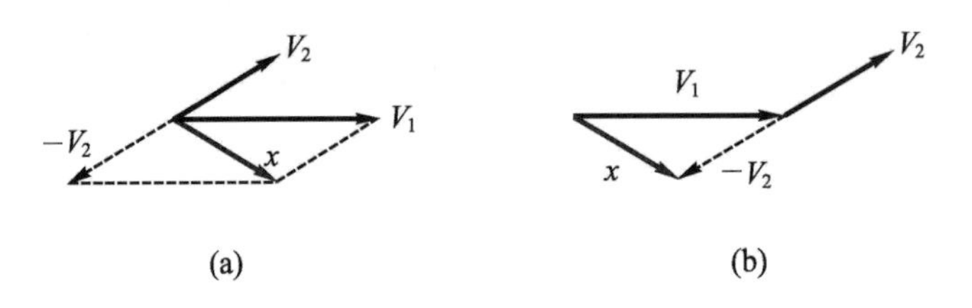

圖 1-3 向量的減法

但 向量±向量＝向量

向量×或÷無向量＝向量

3. 向量之要素：

表示一向量除標明數值(大小)及單位外，還須註明其方向，方能完全表示之。故向量之要素爲：

(1) 大小

(2) 方向(含指向)

4. 向量之分類：

通常向量按其作用情形，可分爲三種，即

(1) 自由向量(Free Vectors)

凡僅有大小及方向之向量，而不需有特定之作用線或作用點，稱爲自由向量。例如力偶矩、角速度等。

(2) 滑動向量(Sliding Vectors)

可沿其作用線滑動，而不改變其效應之向量，稱爲滑動向量，但不能沿其他平行線滑動，因會改變其效應。例如使物體產生運動效應之力。

⑶ 拘束向量(Fixed Vectors)

凡有大小及方向外，並需固定作用在一特定點上，不能平行移至空間中之任意位置，亦不能沿其作用線任意移動之向量，稱爲拘束向量或固定向量。例如產生變形效應之力。

隨堂練習

(　) *1.* 下列何者爲非向量　(A)質量　(B)力　(C)速度　(D)位移。

(　) *2.* 下列之敘述，何者有誤？　(A)力的三要素爲大小，方向及著力點　(B)力偶矩是屬於自由向量　(C)純量是指沒有單位的物理量　(D)研究物體之運動，常視物體爲一質點。

(　) *3.* 產生運動效應之力，可視爲　(A)自由向量　(B)滑動向量　(C)純量　(D)拘束向量。

1.4 力的觀念

1.4-1 力的意義

力是一種作用，不能直接觀察，然而在下列兩種情況下可以顯示出來。

1. 物體受力而產生變形：

如圖 1-4 所示，四方形框架受力後，產生明顯的變形。

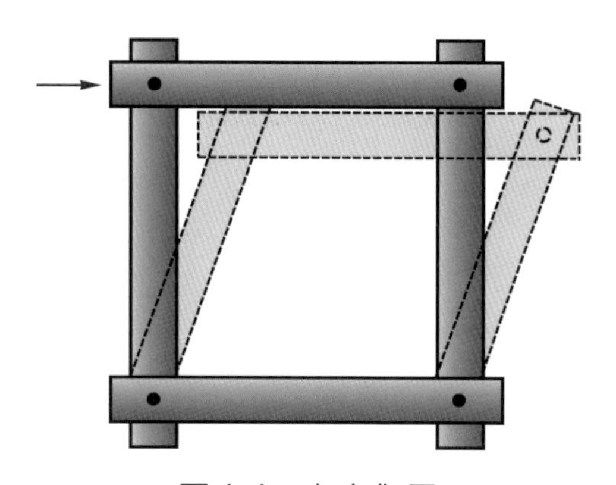

圖 1-4　力之作用

2. 物體受力而改變其運動狀態：

例如一物體受力作用將產生動靜狀態之改變，或速度之改變(快慢互變、方向改變)。例如兩車相撞可能造成偏離原行車路線。

故凡能改變物體之運動狀態或變形，或有此種改變趨勢之作用稱爲力(force)。力不能單獨存在，必須作用於物體才會產生，所以力是成對出現的。

1.4-2 力之分類

力作用在物體之方式只有兩種，即接觸力與超距力。接觸力爲兩物體由於互相接觸所生之作用力。如桌椅對地板的壓力，火車頭對車箱之拖力。超距力爲不互相接觸之物體間所生之作用力。如萬有引力、磁力及電力等均爲超距力。

1.4-3 力之要素

欲充分表達一力，常須說明該力之大小爲若干？其作用之方向爲何？及該力作用於何處？因力爲向量是故任何一力須具備三要素，即：⑴**大小**；⑵**方向(含指向)**；⑶**作用點**，如圖 1-5(a)(b)所示。

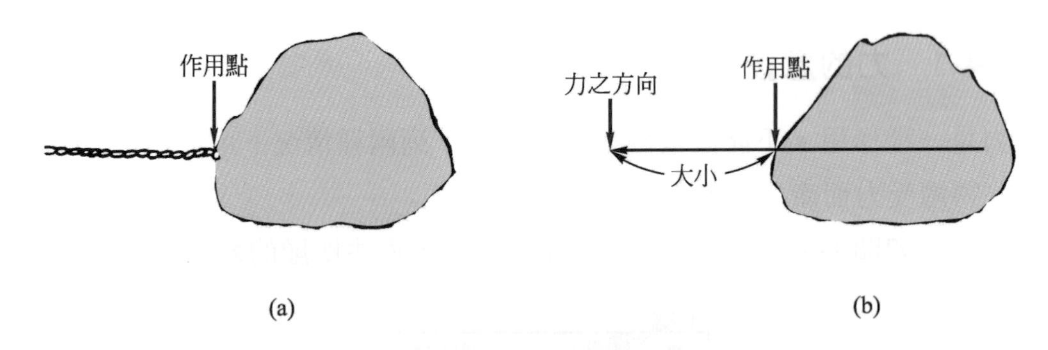

圖 1-5 力之要素

1.4-4 力之外效應

當一剛體受一外力作用時，此剛體或其運動狀態發生變化，或由另一物體對此物體產生一反作用力。此等變化無論其係**運動狀態發生變化或發生反作用力均稱為力之外效應**，且此種外效應係與力之作用同時發生。如圖 1-6 所示，但如力作用於非剛體或彈性物體上，則將與外效應同時發生**內效應(物體之變形與體內之應力)**。力所發生之內效應，將於本書II冊研討。

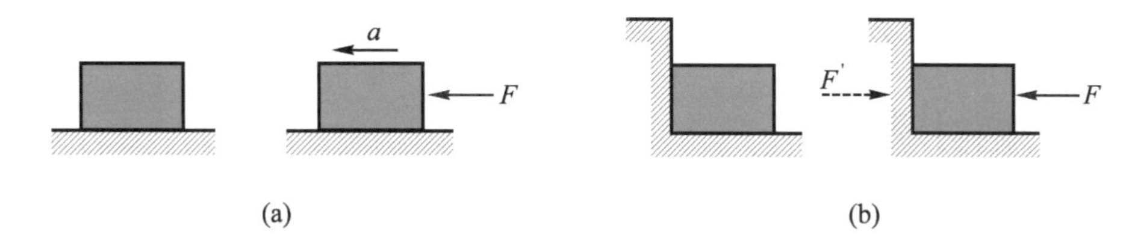

圖 1-6 力之外效應

隨堂練習

( ) 1. 下列何者不爲力之要素 (A)大小 (B)方向 (C)單位 (D)作用位置。

( ) 2. 力是一種 (A)物質 (B)物體 (C)現象 (D)作用。

( ) 3. 一力對物體之效應爲 (A)靜止與運動 (B)運動與變形 (C)伸長與縮短 (D)扭轉與彎曲。

1.5 力的單位

力之單位可分爲重力單位及絕對單位兩種，茲按三種不同單位制度分述於下：

1.5-1 重力單位

某一標準物體在地球表面上某一固定位置時所受之重力作爲力之單位。

1. CGS 制—公克重(gm)：

   即質量一公克之物體在緯度 45°海平面上所受地心引力之大小。

2. MKS 制—公斤重(kg)：

   即質量一公斤之物體在緯度 45°海平面上所受地心引力之大小。

3. FPS 制—磅重(lb)：

   即質量一磅之物體在緯度 45°海平面上所受地心引力之大小。

1.5-2 絕對單位

由牛頓第二運動定律($F=ma$)而來，以長度、質量、時間爲基本量制定。

1. CGS 制—達因(Dyne)：

   加一力於質量一公克之物體上，使其產生 1 公分／秒^{2}之加速度時，此力稱爲一達因。

2. MKS 制—牛頓(N)：

   加一力於質量一公斤之物體上，使其產生 1 公尺／秒^{2}之加速度時，此力稱爲一牛頓。

3. FPS 制—磅達(Poundal)：

   加一力於質量一磅之物體上，使其產生 1 呎／秒^{2}之加速度時，此力稱爲一磅達。

力之單位尚有一種目前國際公認之單位爲SI單位，定力之單位爲牛頓(N)。

1.5-3 力之單位換算

1. 1 公克重＝980 達因，1 公斤重＝9.8 牛頓，1 磅重＝32.2 磅達由$W=mg$公式算得。
2. 1 牛頓(N)＝10^5達因($1\text{N}=1\text{kg-m/sec}^2=1\times1000\times100\text{gm-cm/sec}^2=10^5$達因)。

工程上常採用重力單位爲力之單位，雖然一物體因其所在之位置(高度與緯度)不同，而所受地心引力的作用亦稍有變更，但工程應用上常忽略此細微之變化而不計，用於力學上的主要 SI 單位，詳見本書附錄三。

1.6 力的可傳性

圖 1-7 所示一物體受兩力作用，處於平衡狀態，此即爲兩力大小相等、方向相反、作用於一直線上，假設於圖 1-7(a)中，此兩力作用於A點，但若將此兩力移開使其分別作用其原作用線上兩點B及C，則其平衡狀態不變，如圖 1-7(b)所示。

進一步說，如爲不平衡力使物體產生運動外效應，則此力之作用點，可沿其作用線上任意移動，其運動效應不變。所以力之可傳性(力之移動原理)，可寫爲；一力之作用點，可沿其作用線，任意改變其位置，而不影響力之外效應。

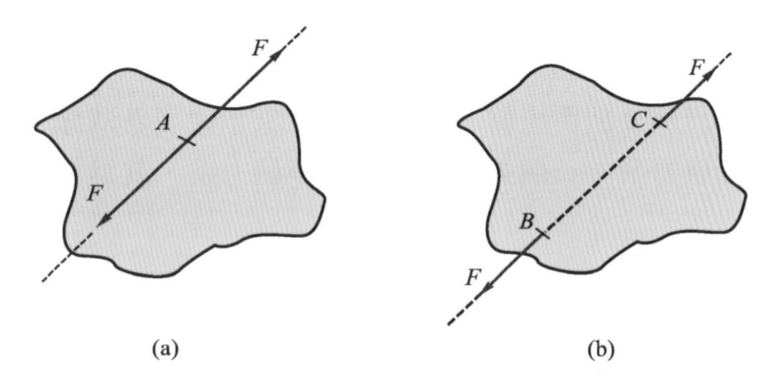

圖 1-7　力的可傳性

力的可傳性，僅在討論力之外效應時可適用，此時之力視爲滑動向量；但在討論力之內效應時，則不適用，此時之力視爲拘束向量。

隨堂練習

(　)1. 作用於剛體之力，可沿其作用線前後移動，是爲力之　(A)可傳性　(B)放大性　(C)要素　(D)不變性　(E)可變性。

(　)2. 俗稱某物體的重量爲 100 公斤重，若該地平均重力場強度爲 980 cm/sec^2，則其公制(SI系統)重量應爲　(A)100 牛頓　(B)98 牛頓　(C)98000 牛頓　(D)980 牛頓　(E)9.8×10^5達因。

(　)3. 有關力的可傳性，下列何者正確？　(A)可將力視爲一自由向量　(B)可適用於力的變形效應　(C)必須有固定的著力點　(D)在同一直線上力可任意滑動而不影響其運動效應。

1.7 力 系

1.7-1 力系的意義

兩個或兩個以上之力，同時作用在一質點或剛體上，這些作用力稱爲力系(Force System)。

1.7-2 力系的種類

1. 依作用效應分：
   ⑴ 等值力系(相當力系)
   兩力系分別作用於同一物體，發生相同之外效應。此兩力系互稱爲等值力系。一個力系最簡單的等值力系，就是力系的合力。
   ⑵ 平衡力系
   一力系對物體所產生之運動效應爲零時，則此力系稱爲平衡力系。所有平衡力系彼此間互爲等值力系。
   ⑶ 不平衡力系
   一力系將改變物體運動狀態者，此力系稱爲不平衡力系。
2. 依作用空間分：
   力系可分爲⑴同平面力系(共面力系)；⑵非同平面力系(空間力系)，茲將其分類列表於下：

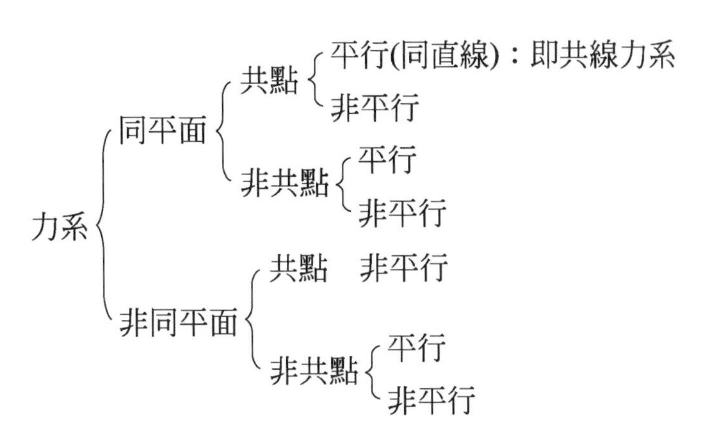
力系
同平面
共點
平行(同直線)：即共線力系
非平行
非共點
平行
非平行
非同平面
共點　非平行
非共點
平行
非平行

本章重點整理

1. 力學爲研究物體之運動與力作用(運動效應與變形效應)之科學。
2. 力學之研究需考慮四個要素：時間、空間、質量與力。應用於工程上可分爲固體力學(剛體力學及非剛體力學)及流體力學兩部份。
3. (1) 靜力學爲研討物體受力後之平衡狀態。
   (2) 運動學爲研討物體運動狀態之改變(時間與空間所導出之量)。
   (3) 動力學爲研討物體運動狀態之改變及原因(力與質量)。
   (4) 材料力學爲研討材料受力後之變形及強度之科學。
4. (1) 質點：仍無大小而具有質量之點。
   (2) 剛體：物體受外力作用後，其形狀大小無變化者，亦即物體受力之前後，其體內各質點間之距離保持不變。
5. (1) 純量：僅有大小而無方向之量。
   (2) 向量：具有大小且兼有方向之量。其種類有自由向量、滑動向量、拘束向量。
6. 凡能改變物體之運動狀態或變形，或有此種改變趨勢之作用稱爲力。必須具備三要素即；大小、方向、作用點。
7. (1) 運動狀態發生變化或發生反作用力稱爲力之外效應。
   (2) 產生物體之變形與體內之應力稱爲力之內效應。
8. 力之單位：
   (1) 重力單位：
      ① C.G.S 制：克重(gm)
      ② M.K.S 制：公斤重(kg)
      ③ F.P.S 制：磅重(lb)
   (2)絕對單位：以長度、質量、時間爲基本量制定。
      ① C.G.S 制：達因(Dyne)(gm-cm/sec^2)

② M.K.S 制：牛頓(N)(kg-m/sec^2)

③ F.P.S 制：磅達(Poundal)(lb-ft/sec^2)

1kN = 1000N

9. 一力之作用點，可沿其作用線，任意改變其位置，而不影響力之外效應。是爲力之可傳性。

10. 將兩個以上之若干力合併而同時討論之，此若干力稱爲力系。力系可分爲：

(1) 作用效應分：

① 等值力系

② 平衡力系

③ 不平衡力系

(2) 作用空間分：

① 同平面力系

② 非同平面力系(空間力系)

學後評量

一、選擇題

(　)1. 作用於物體之力，可沿其作用線上任意移動而不會改變力所產生的外效應即稱為力之　(A)反作用力原理　(B)可傳遞性原理　(C)慣性原理　(D)牛頓運動定理。

(　)2. 物體受力時，其形狀、大小均無變化，稱之為　(A)剛體　(B)硬體　(C)彈性體　(D)塑性體。

(　)3. 當一彈性物體受外力作用而運動時，此物體產生　(A)外效應　(B)內效應　(C)外及內效應　(D)無效應。

(　)4. 在靜力學的研討範圍內，均將受力的物體或結構構件作假設成為　(A)彈性體　(B)塑性體　(C)剛體　(D)非剛體　(E)可變形體。

(　)5. 欲完整的表達一個力，需同時具備三個要素，即　(A)大小、方向、空間　(B)大小、方向、作用點　(C)大小、方向、時間　(D)大小、空間、時間。

(　)6. 力之單位中，1 牛頓為使質量 1kg 之物體產生多少 m/sec^2 之加速度所需之力　(A)1　(B)9.8　(C)1/9.8　(D)32.2。

(　)7. 研究物體之運動而不計其影響運動之因素的科學稱為　(A)動力學　(B)靜力學　(C)運動學　(D)材料力學　(E)固體力學。

(　)8. 因物體所生之內效應，係隨作用力之位置而變化，故力之可移性僅適用於物體之　(A)慣性　(B)內效應　(C)外效應　(D)變形　(E)內應力。

(　)9. 凡一物體作用於他一物體，使後者之運動狀態發生變更或有變更之趨勢時，此種作用稱之為　(A)力　(B)慣性　(C)力矩　(D)力之可傳性。

(　)10. 一向量除以無向量其所得之結果為　(A)純量　(B)向量　(C)無向量　(D)以上皆有可能。

二、填充題

1. 力、位移、速度及加速度等物理量，均屬於向量，因同時具有大小及________。

2. 凡一物體作用於他一物體，使後者之運動發生變更，或有變更之趨勢時，此種作用稱之爲________。

3. ________是一種理想的物體，在外力作用下，其上面的任何二質點，始終保持其固定的相對位置。

4. 因物體所生之內效應，係隨作用力之位置而變化，故力之可移性僅適用於物體之________。

5. 力系可分爲兩大類即________力系和________力系。(依作用空間分)

6. 力作用物體時所產生的外效應，依那三要素決定________、________、________。

7. 力乃是兩物體之互相作用，因此力不能單獨存在，必爲________而生。

8. 一公克質量物體在緯度 45 度海平面上所受地心引力之大小，稱爲________。

9. 速率、長度、質量、慣性矩爲________，速度、力、力矩、動量爲________。

10. 力學問題之解法通常可分爲________及________兩種。

11. 將兩個以上之若干力合併而同時討論之，則此若干力即稱爲______。

12. 力學之研究，要考慮四個要素爲________、________、________、________。

習　題

1. 說明向量之分類。
2. 何謂力之效應，說明之？
3. 試述靜力學、運動學及動力學之主要內容？
4. 何謂剛體與質點？
5. 力系如何分類？簡述之。

CHAPTER 2

同平面力系

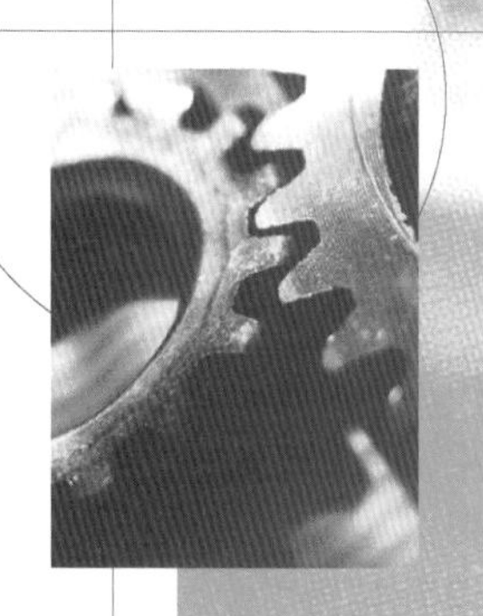

單元目標

本單元分為五大部分，第一部分為二共點力之合成與分解，第二部分為力矩，第三部分為力偶，第四部分為自由體圖繪製，第五部分同平面各種力系之合成及平衡，讀者讀完本單元後，應具備以下之能力：

◇ 瞭解二共點力之合成及分解，並能正確運算求出合力及分力之大小及方向。
◇ 瞭解力矩之定義，單位及力矩之求法。
◇ 能正確利用力矩原理，運算各種不同力矩問題。
◇ 瞭解力偶之意義，特性及變換。
◇ 能正確運算一組同平面力偶之合力，一力及一力偶(數個力偶)之合力，及分解一力為經過所設點之一力及一力偶。
◇ 瞭解自由體及自由體圖之特性及畫法：
①能瞭解支座及接觸點之反作用力。
②能正確繪製各種不同之自由體圖。

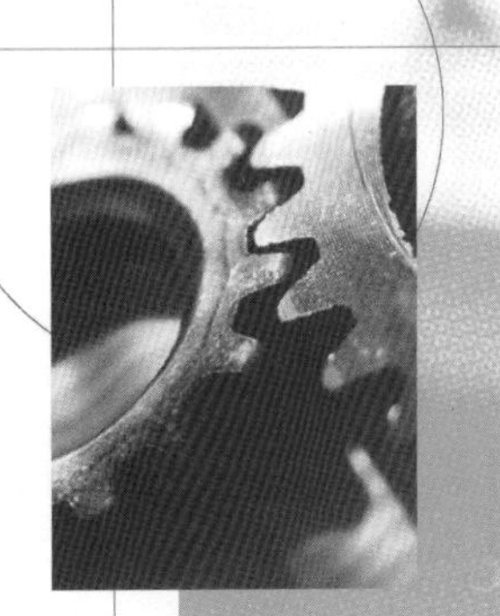

單元目標

- ◇ 瞭解同平面共點力系合力之解法，並能正確運算求出合力之大小及方向。
- ◇ 瞭解同平面共點力系平衡之解法：
  ①瞭解平衡之基本意義、並能瞭解二力及三力平衡之條件及解法。
  ②能正確運算各種不同之平衡問題。
- ◇ 瞭解同平面平行力系合力之解法：
  ①能瞭解二平行力合力之特性。
  ②能正確運算合力之大小、方向及位置。
  ③能瞭解合力之可能型式。
- ◇ 瞭解同平面平行力系平衡之解法，並能正確運算各種不同之平衡問題。
- ◇ 瞭解同平面不共點力系合力之解法：
  ①瞭解合力之可能型式。
  ②能正確運算合力之大小，方向及位置。
- ◇ 瞭解同平面不共點力系平衡之解法，並能正確運算各種不同之平衡問題。

2.1 力的分解與合成

2.1-1 力的合成(二共點力之合成)

將作用於物體上之力系以一單力代之而不改變物體所生之外效應之方法，稱爲**力之合成**，此單力即稱爲**合力**(Resultant)。

力爲向量，故二共點力之合成，可應用平行四邊形定律求得。如圖 2-1(a)中，$\mathbf{F}_1$、$\mathbf{F}_2$爲二已知力交於O點，兩力之夾角爲θ，今以$\mathbf{F}_1$及$\mathbf{F}_2$爲兩邊作一平行四邊形，則通過二力交點之對角線所代表之向量，即爲合力$\mathbf{R}$。同樣，以三角形定律，亦可得到相同的結果，如圖 2-1(b)所示。

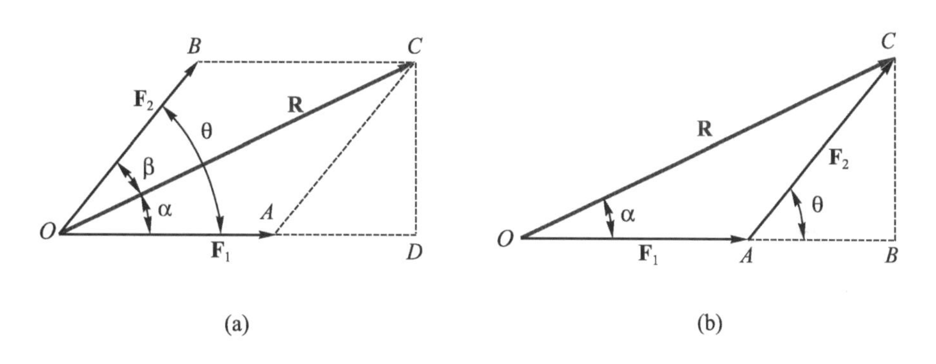

圖 2-1 二共點力之合成

合力$\mathbf{R}$之

1. 大小：

   如圖 2-1(a)中，由三角學之餘弦定律求得，即

$$R = \sqrt{F_1^2 + F_2^2 + 2F_1 F_2 \cos\theta}$$

式中 θ爲$\mathbf{F}_1$與$\mathbf{F}_2$之夾角。

2. 方向：

   通常以$\mathbf{R}$之水平夾角α表示之，由圖 2-1 中可知

$$\tan\alpha=\frac{F_2\sin\theta}{F_1+F_2\cos\theta}$$

$$\alpha=\tan^{-1}\frac{F_2\sin\theta}{F_1+F_2\cos\theta}$$

另外α角亦可由三角學之正弦定律求得，參考圖2-1(b)，即

$$\frac{F_2}{\sin\alpha}=\frac{R}{\sin(180°-\theta)}$$

$$\therefore\alpha=\sin^{-1}\left(\frac{F_2}{R}\sin\theta\right)$$

3. 作用點：經$\mathbf{F}_1$與$\mathbf{F}_2$二力之交點O。

4. 討論：在$R=\sqrt{F_1^2+F_2^2+2F_1F_2\cos\theta}$中，合力隨$\theta$之大小變化。當：

(1) $\theta=0°$，即$\mathbf{F}_1$，$\mathbf{F}_2$爲同向之共線力，

$$\therefore R=F_1+F_2$$

此時之合力爲最大。

(2) $0°<\theta<90°$，即$\mathbf{F}_1$與$\mathbf{F}_2$所夾之角爲銳角，此爲一般情形。

(3) $\theta=90°$，即$\mathbf{F}_1$，$\mathbf{F}_2$爲互相垂直之二力，

$$\therefore R=\sqrt{F_1^2+F_2^2}$$

$$\alpha=\tan^{-1}\left(\frac{F_2}{F_1}\right)$$

(4) $90°<\theta<180°$，即$\mathbf{F}_1$與$\mathbf{F}_2$所夾之角爲鈍角，但此時$\cos\theta$之函數值爲負，須加注意。

(5) $\theta=180°$，即$\mathbf{F}_1$，$\mathbf{F}_2$爲反向共線力，

$\therefore R=F_1-F_2$或F_2-F_1(二力之差)，方向同較大力之一方，此時合力爲最小。

(6) $\theta=120°$，又$F_1=F_2=F$時，$R=F_1=F_2=F$，其三力之力三角形形成一等邊三角形之故。

⑺ 綜合以上，故：

① **二力之合力的大小隨二力之夾角增大而減少**$(0° \leq \theta \leq 180°)$

② **二力之合力的大小，可大於、小於、等於分力**

兩共點力之合成，亦可由解析法(直角座標之分量和)求得。直角座標之分量和將於同平面共點力系之合成(多共點力之合成)敘述。

例題 2.1

今有二力相交於一點O，其間之夾角為60°，如圖2-2(a)所示，試求合力之大小及方向。

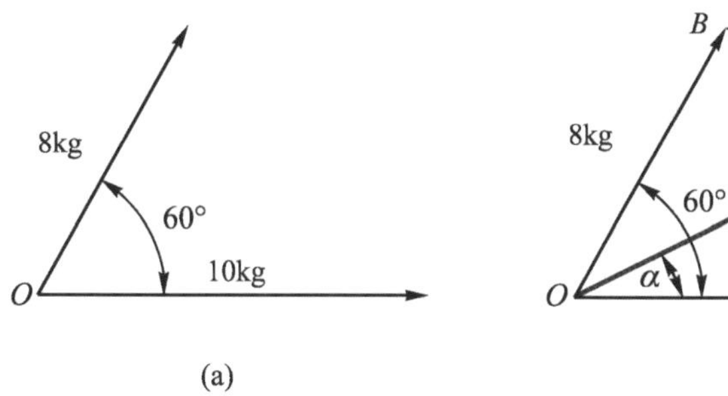

(a)

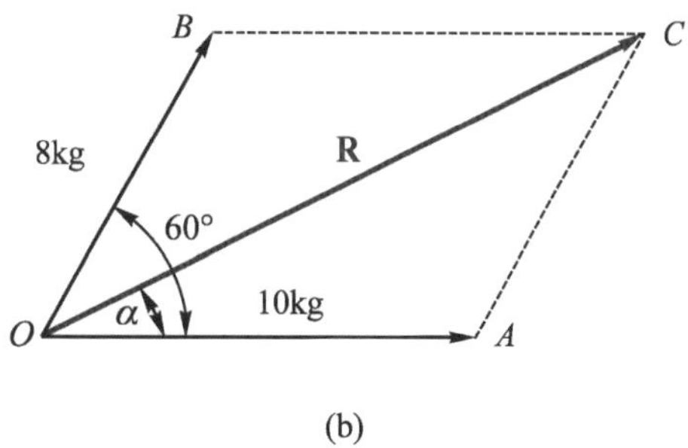

(b)

圖 2-2

解

如圖2-2(b)所示

⑴大小：$R = \sqrt{10^2 + 8^2 + 2 \times 10 \times 8 \times \cos 60°}$

$= 15.62\text{kg}$

⑵方向：$\alpha = \tan^{-1} \dfrac{8 \sin 60°}{10 + 8 \cos 60°} = \tan^{-1}(0.495)$

$= 26°20'$(合力與10kg之夾角)

⑶作用點：合力經O點

2.1-2　力之分解

將作用於一物體之一單力，以適當方法將其分為作用於該物體上之數力而成為一力系，且使該物體所生之外效應不變，此種方法稱為**力之分解**。所分之數力，則稱為**分力**。

力之分解方法，恰與力之合成相反，可逆用平行四邊形定律或三角形定律求得。如圖 2-3 所示，欲將作用力**F**分解為p、q兩直線方向之分量和，即逆用平行四邊形定律求得。

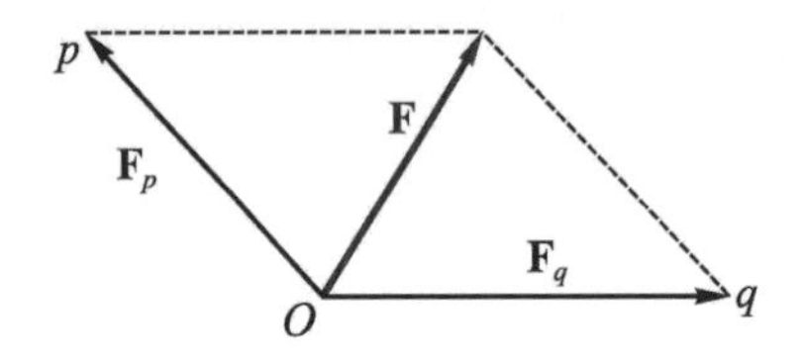

圖 2-3　力之分解

兩力或兩力以上之力可合成一合力，故一合力可分成無數之分力。一力分成二力之情形，如圖 2-4 所示之情形如下：

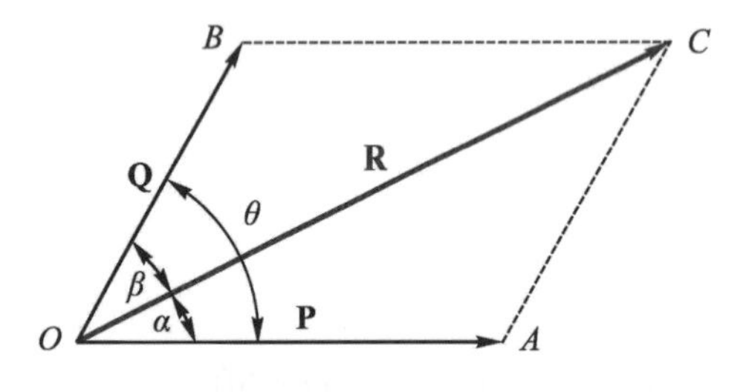

圖 2-4　力之分解限制

1. 已知兩分力之方向(α，β)，求此兩分力大小(P，Q)：其作法與已知三角形之一邊及兩內角，求作此三角形相同。
2. 已知一分力之大小(P)及方向(α)，求另一分力之方向(β)及大小(Q)：其作法與已知三角形之兩邊及該兩邊之夾角，求作此三角形相同。
3. 已知兩分力之大小(P，Q)，求其方向(α，β)：其作法與已知三角形之三邊，求作此三角形相同。
4. 已知一分力之大小(P)及另一分力之方向(β)，求此分力之方向(α)及另一分力之大小(Q)：其作法與三角形之二邊及其一邊之對角已知，求作此三角形相同。

力學之分析中，通常對於平面上之力，爲了運算方便，常將一力分成兩個互相垂直之分力，如圖 2-5 所示，則

$$\mathbf{F} = F_x\,\mathbf{i} + F_y\,\mathbf{j}$$

即

$$\mathbf{F}_x = F\cos\theta_x \ (\rightarrow)$$

$$\mathbf{F}_y = F\sin\theta_x \ (\uparrow)$$

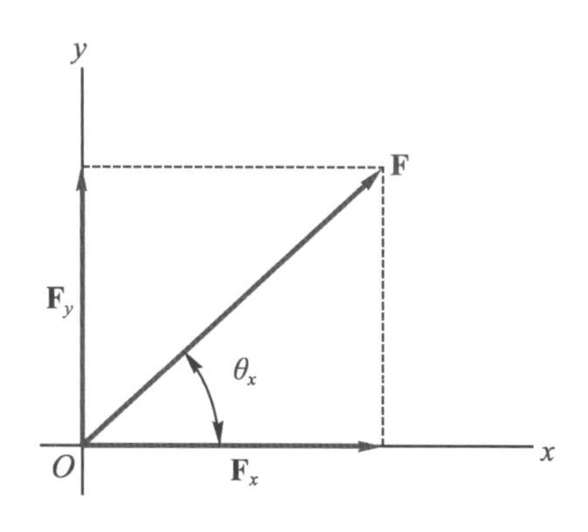

圖 2-5　力之分解

例題 2.2

試將圖 2-6(a)(b)之力分解為一水平分力及一垂直分力。

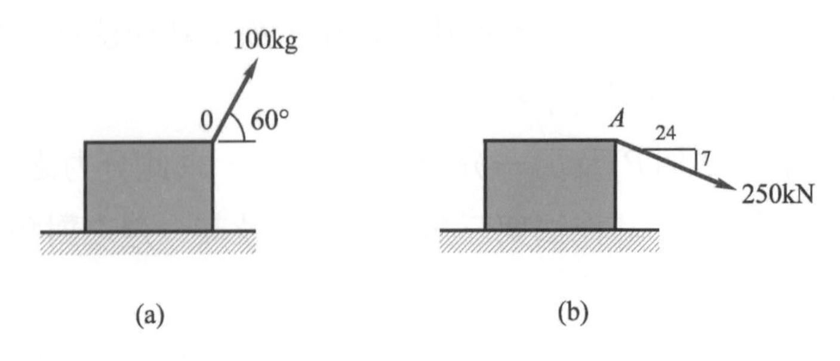

圖 2-6

解

圖(a)：水平分力 $F_x = 100\cos 60° = 50\text{kg}(\rightarrow)$
垂直分力 $F_y = 100\sin 60° = 86.6\text{kg}(\uparrow)$ ……………………均經 O 點

圖(b)：$\sqrt{24^2 + 7^2} = 25$
水平分力 $F_x = 250 \times \dfrac{24}{25} = 240\text{kN}(\rightarrow)$
垂直分力 $F_y = -250 \times \dfrac{7}{25} = -70\text{kN} = 70\text{kN}(\downarrow)$ …………均經 A 點

例題 2.3

試將圖 2-7(a)中，將 390kg之力分解爲二分力，一垂直斜面AB，另一沿斜面AB。

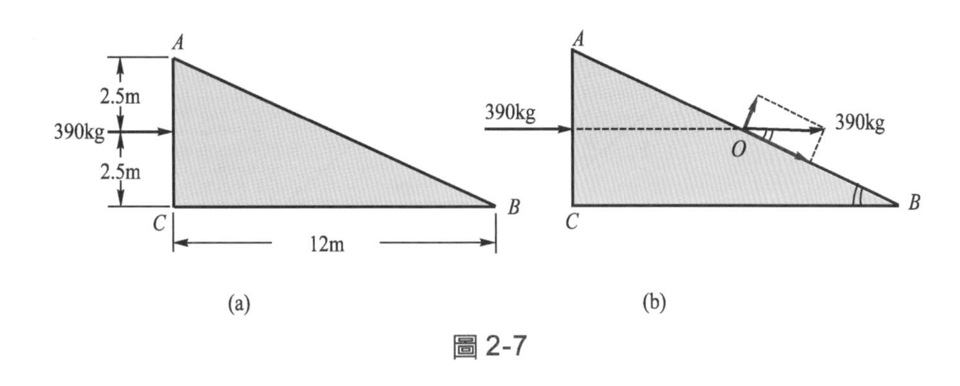

圖 2-7

解

首先畫出力之分解圖，如圖 2-7(b)所示。

$\mathbf{F}$沿$AB = 390\times\frac{12}{13} = 360\text{kg}$(5 12)(經$O$點)

$\mathbf{F}\perp AB = 390\times\frac{5}{13} = 150\text{kg}$(12 5)(經$O$點)

例題 2.4

如圖 2-8 所示，兩力$\mathbf{F}_1$及$\mathbf{F}_2$之合力爲 30kg，但力$\mathbf{F}_1$係 50kg，而力$\mathbf{F}_1$與合力相交 60°，試求$\mathbf{F}_2$之大小與方向。

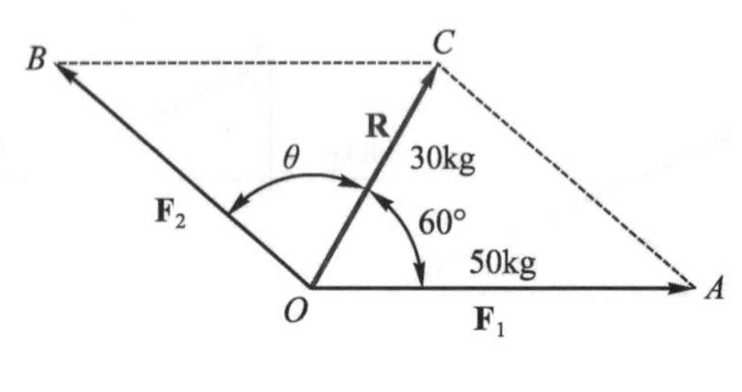

圖 2-8

解

在圖 2-8 中，三角形OAC由三角學餘弦定律，得

$F_2=\sqrt{30^2+50^2-2\times 30\times 50\times \cos 60^\circ}=43.6\text{kg}$ ………………………… 大小

$$\frac{50}{\sin\theta}=\frac{43.6}{\sin 60^\circ}$$

$$\therefore \sin\theta=\frac{50}{43.6}\times \sin 60^\circ=0.9931$$

$\therefore \theta=\sin^{-1}(0.9931)=83^\circ 16'$(合力與$\mathbf{F}_2$之夾角) ………………………… 方向

隨堂練習

(　)1. 如有兩力大小皆為20kg，兩力間的夾角為120°時，則其合力大小為　(A)10kg　(B)20kg　(C)17.32kg　(D)50kg。

(　)2. 今有一300公斤之力以水平方向向右作用，另有一200公斤之力係向左下方作用，並與水平方向成60°，則其合力大小為　(A)264　(B)274　(C)284　(D)294　公斤。

(　)3. 二力或數力之合成，最多可產生　(A)一個合力　(B)二個合力　(C)三個合力　(D)四個合力　(E)無限多個合力。

(　)4. 5公斤之力與另一力F之合力為10公斤，則此F力　(A)至少為5公斤　(B)最大可至18公斤　(C)不可大於10公斤　(D)必須垂直於5公斤之力。

(　)5. 已知兩力$\vec{T}$及$\vec{S}$交於一點，夾角為ϕ，各自的大小為T及S，則合力$\vec{R}$之大小為　(A)$\sqrt{T^2+S^2}$　(B)$\sqrt{T^2+S^2+2TS\sin\phi}$　(C)$T+S$　(D)$\sqrt{T^2\cos\phi+S^2\sin\phi}$　(E)$\sqrt{T^2+S^2+2TS\cos\phi}$。

2.2　力矩與力矩原理

2.2-1　力矩(Moment)

力矩也是力的作用，俱有繞其軸旋轉之趨勢。如圖2-9所示，兩人坐在翹翹板上，兩人的重力對於其支點都具有旋轉趨勢。

圖2-9　力矩實例

故施力於物體，使受力物體，繞一固定點或某一固定軸線產生轉動之量，即爲**力矩**，亦稱**轉矩**。其大小等於此力與此力至該固定點或固定軸線之垂直距離之乘積，而此垂直距離如圖 2-10 及圖 2-11 中之d謂之**力臂**(Moment Arm)，此點或軸線，稱力矩中心(Center of Moment)，或力矩軸(Axis of Moment)。

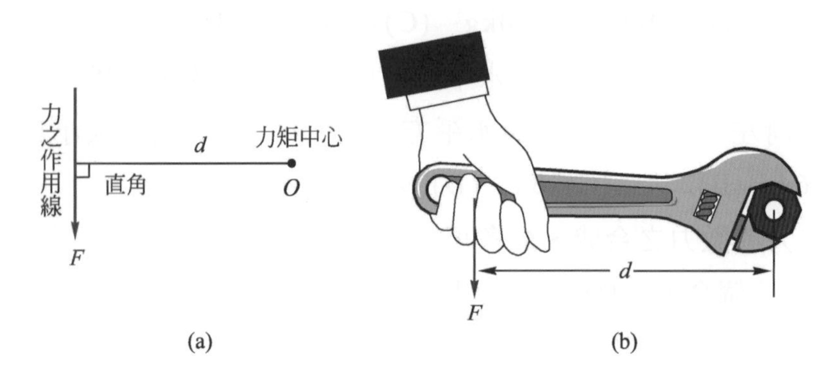

圖 2-10 力矩之定義

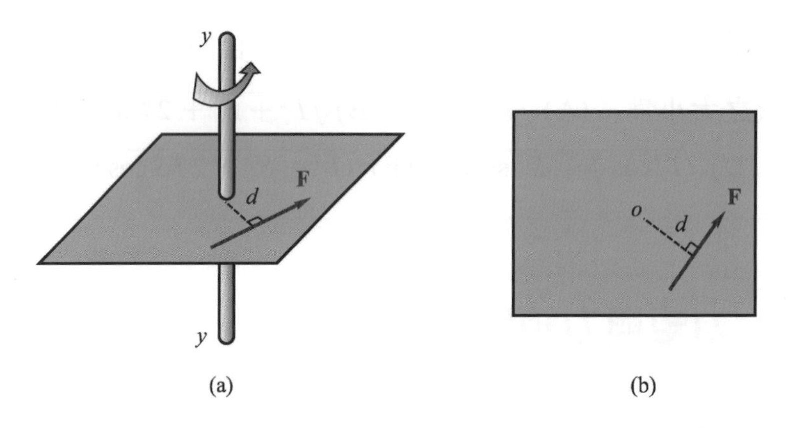

圖 2-11 力矩之定義

如圖 2-10(a)(b)及圖 2-11(a)(b)，如力爲**F**，力臂爲d，則該力**F**對於O點或yy軸之力矩爲：$M=F\cdot d$。

力矩之由來，在日常經驗中，常可見到，如以扳手鬆緊螺栓，開、關門扇等等，因此所作用之力愈大，且離軸心之距離愈遠，其力矩將愈大。如圖 2-12(a)所示，但物體之旋轉作用僅藉力矩大小而定，縱令力不一樣，只要力矩相等，則旋轉作用也是相等的，如圖 2-12(b)所示。

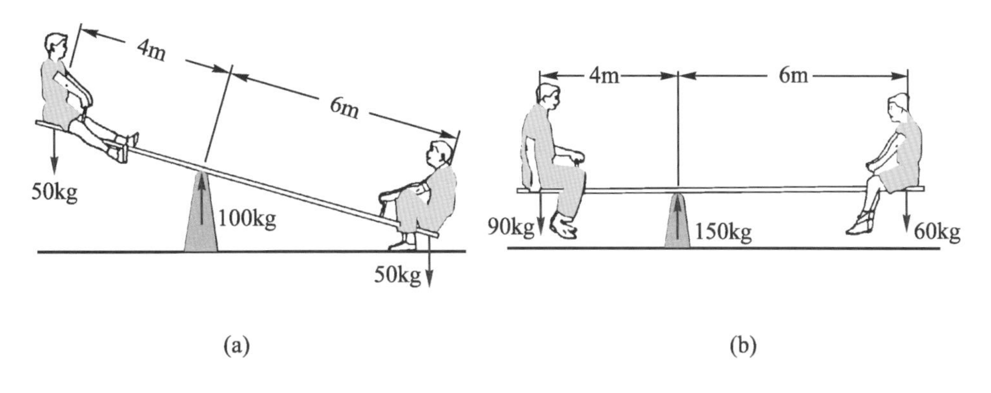

(a) (b)

圖 2-12 力矩平衡

由力矩之定義可知，力矩實爲力與力臂之乘積，故其單位亦需以兩者之單位表示之，如力以N爲單位，力臂以m爲單位，則力矩之單位即爲N-m。

力矩爲向量，亦即使物體迴轉之方向，即順時針方向與逆時針方向，爲了區別力矩迴轉之方向，常以正負號爲其代表。力矩之正負或方向，多依右手直角座標系表示，即以作用點之位置向量與力之向量相乘之結果。

2.2-2 力矩原理

力矩原理於力學之分析中，非常重要，此原理亦稱爲瓦銳蘭氏定理(萬律農定理)(Varignon's Theorem)。其原理係說明任何力系之合力對於任何一點或任一軸之力矩。等於力系中各分力對同點或同軸之力矩之代數和。

茲說明此原理如下：

圖 2-13 中，$\mathbf{R}$爲$\mathbf{F}_1$，$\mathbf{F}_2$二共點力之合力，A爲力矩中心，p，q，r分別爲$\mathbf{F}_1$，$\mathbf{F}_2$，$\mathbf{R}$之力臂，α，β，θ分別爲$\mathbf{F}_1$，$\mathbf{F}_2$，$\mathbf{R}$之水平夾角，則

$$\begin{aligned} R \cdot r &= R \cdot a\sin\theta = a \cdot R\sin\theta = a \cdot CE = a(CD + DE) \\ &= a(GB + DE) = a(F_1 \sin\alpha + F_2 \sin\beta) \\ &= F_1\, a\sin\alpha + F_2\, a\sin\beta \end{aligned}$$

$\therefore R \cdot r = F_1\, p + F_2\, q$故得證

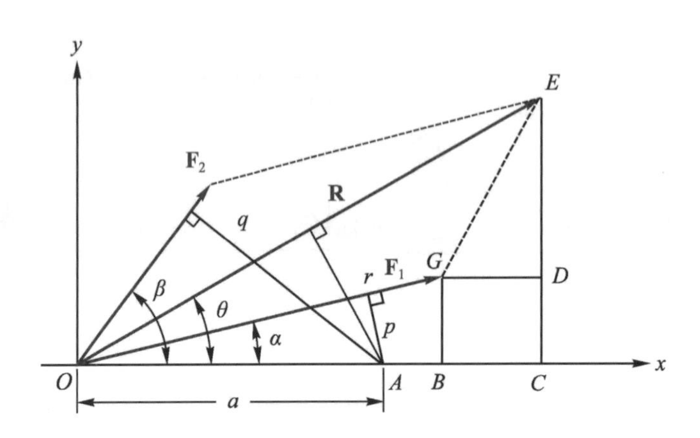

圖 2-13　力矩原理

當一組同平面共點力系成平衡時，則諸力對於任何垂直於作用平面之力矩軸之力矩，其代數和必等於零。

2.2-3　力矩問題運算時應注意之點

1. 使物體產生力矩之施力作用點，可沿其作用線任意移動，其對某點(軸)之力矩恒保持不變。(力之可傳性)
2. 施力之作用線通過物體之轉軸時，物體不產生轉動，因該時力臂爲零。
3. 若物體在同一平面上，受多力作用時，則各分力力矩之代數和，等於合力之力矩。(力矩原理)
4. 施力之作用線與轉軸平行時，力矩爲零，物體不生轉動。如圖 2-14 中 $\mathbf{T}_1$，$\mathbf{T}_2$使滑輪沿ab軸轉動，而當$\mathbf{R}$力與轉軸平行時$\mathbf{R}$力將使滑輪沿ab軸移動，故$\mathbf{R}$力對ab軸之力矩爲零。

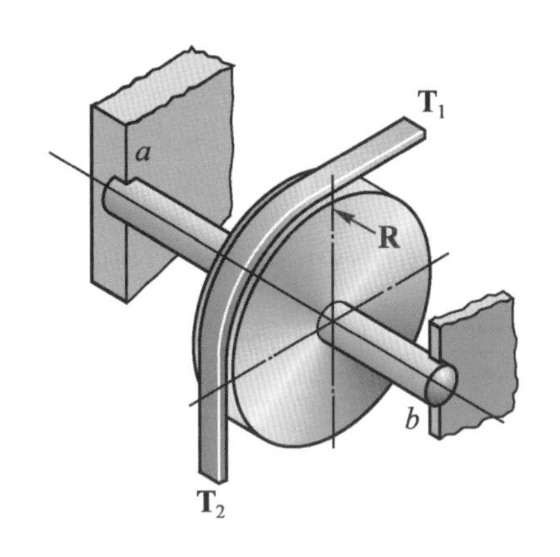

圖 2-14　零力矩說明例

5. 任何方向之力對轉軸所生之力矩，應先將該力分解爲三分力，一爲與轉軸之方向垂直，一爲與轉軸平行，一爲通過轉軸，前者爲轉軸之有效力，後二者所生之力矩爲零，與物體之轉動完全無關。
6. 任何方向之力對某轉點所生之力矩，如力臂不易求得時，應先將該力分解爲一水平分力及一垂直分力，求得二分力對該點所生之力矩之代數和，即爲該力對轉點之力矩。進而可求得力臂值。

例題 2.5

試求圖 2-15(a)所示作用於扳手上 40N 之力對螺栓所生之力矩。

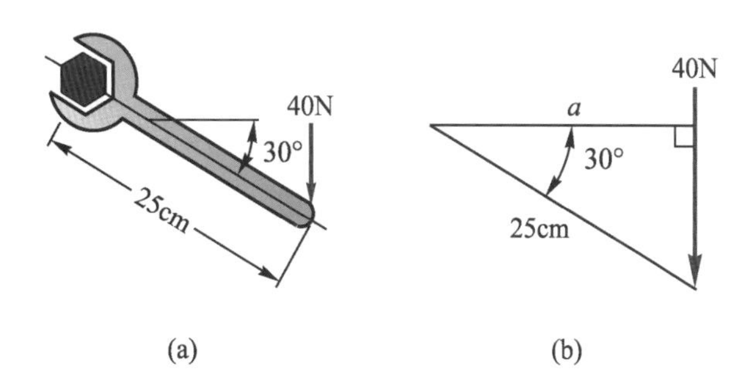

圖 2-15

解

求有效力臂如圖 2-15(b)所示

$a = 25\cos 30° = 21.65\text{cm} = 0.2165\text{m}$

$\circlearrowleft + M = -40 \times 0.2165 = -8.66\text{N-m} = 8.66\text{N-m}(\circlearrowright)$

例題 2.6

試求圖 2-16(a)(b)(c)中各力對O點之力矩。

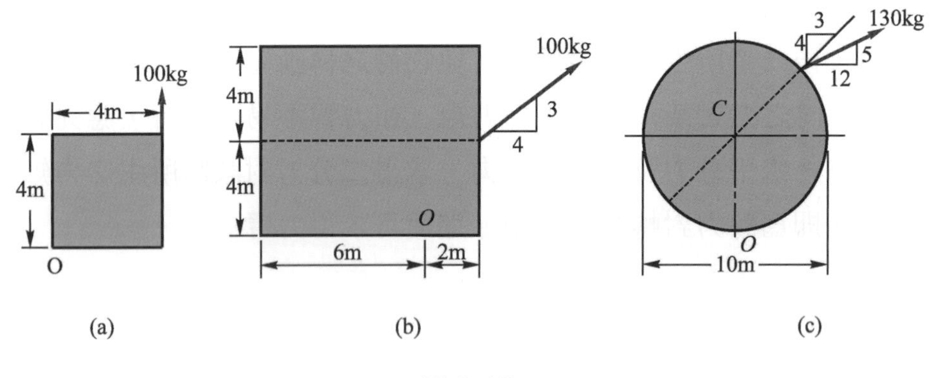

圖 2-16

解

圖(a)：$\circlearrowleft + M_O = 100 \times 4 = 400\text{kg-m}(\circlearrowright)$

圖(b)：先將 100kg 分解為一水平及一垂直分力，再求其對O點力矩之和，即為 100kg 對O點之力矩，即

$$\circlearrowleft + M_O = 100 \times \frac{3}{5} \times 2 - 100 \times \frac{4}{5} \times 4$$

$$= -200\text{kg-m} = 200\text{kg-m}(\curvearrowright)$$

圖(c)：先將 130kg 分解為一水平及一垂直分力，水平分力之力臂為，5 $+ 5\times\frac{4}{5} = 9$m，垂直分力之力臂為，$5\times\frac{3}{5}=3$m，則

$$\circlearrowleft + M_O = 130\times\frac{5}{13}\times 3 - 130\times\frac{12}{13}\times 9$$

$$= -930\text{kg-m} = 930\text{kg-m}(\curvearrowright)$$

例題 2.7

求圖 2-17 中 260kg 之力對 A 點之力矩，並求 260kg 至 A 點之垂直距離。

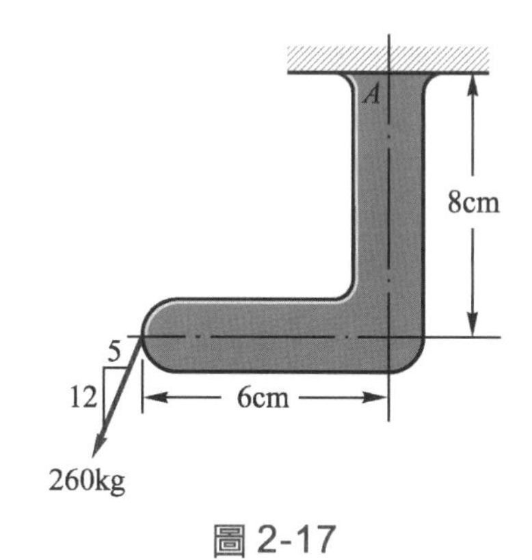

圖 2-17

解

$$\circlearrowleft + M_A = 260\times\frac{12}{13}\times 6 - 260\times\frac{5}{13}\times 8 = 640\text{kg-cm}(\curvearrowright)$$

由力矩原理，如 260kg 至 A 點之垂直距離 a，則

$640 = 260\times a \quad \therefore a = 2.46$cm

隨堂練習

(　)1. 物體轉動之難易，依其 (A)力的大小 (B)力矩的大小 (C)力的方向 (D)力的施力點 而定。

(　)2. 力矩為力與力臂之乘積，通常以何種符號表示？ (A)C (B)F (C)M (D)N。

(　)3. 如圖 2-18 所示 100kg 之力對 a 點之力矩大小為 (A)800kg-m (B)400kg-m (C)600kg-m (D)200kg-m。

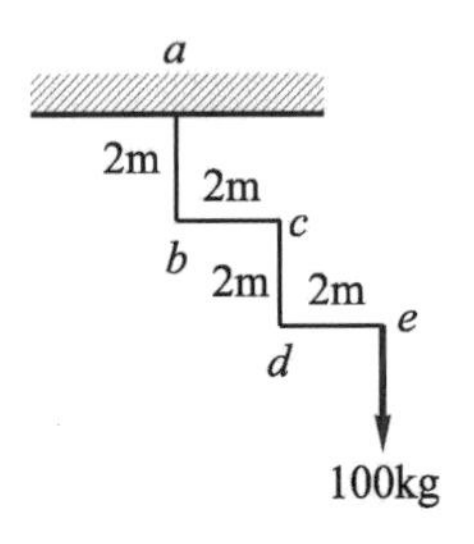

圖 2-18

(　)4. 如圖 2-19 所示 10kg 之力對 a 點之力矩大小為 (A)0kg-m (B)20kg-m (C)$40\sqrt{2}$kg-m (D)40kg-m。

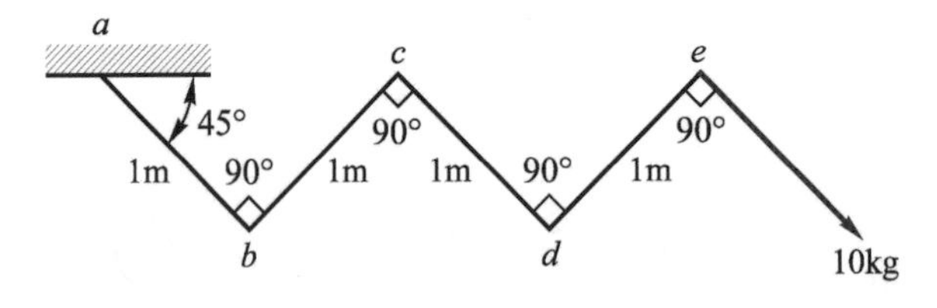

圖 2-19

(　)5. 如圖 2-20 所示，有二張力 T_1=200kg，T_2=80kg 作用於一滑輪，其對滑輪中心 O 點之力矩為 (A)500kg-m↻ (B)600kg-m↺ (C)680kg-m↻ (D)720kg-m↺ (E)800kg-m↻。

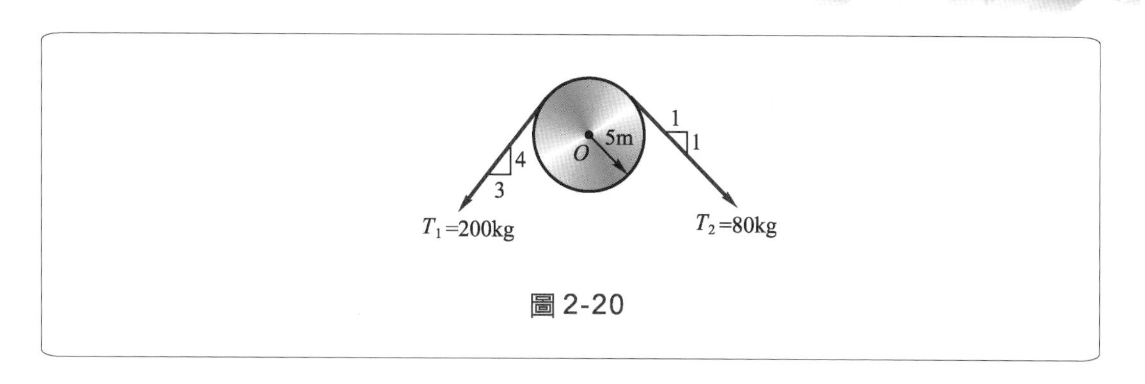

圖 2-20

2.3 力 偶

2.3-1 力偶的意義、特性與變換

1. 力偶的意義：

所謂力偶(Couple)即作用於一物體之兩平行力其大小相等，方向相反，且不在同一直線上。它不能使物體移動，只可使其旋轉。如圖2-21(a)(b)中之錐子鑽孔、汽車方向盤皆爲力偶之實例。

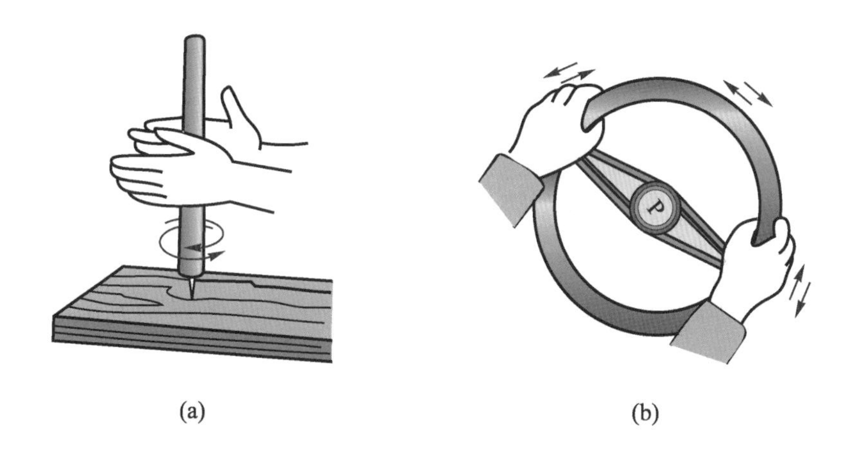

(a) (b)

圖 2-21 力偶之實例

2. 力偶的特性(要素)：

力偶爲一向量，欲表明一力偶，必需具備下列要素，稱之爲**力偶之特性(要素)**(Characteristics)。

⑴ 力偶矩之大小

力偶矩爲力偶中任一力與二力作用線間之距離(力偶臂)之乘積，一般以“C”代表之，如圖 2-22 中，則

$$C = F \times a$$

所以力偶矩之單位應與前述力矩之單位相同，如 N-m。

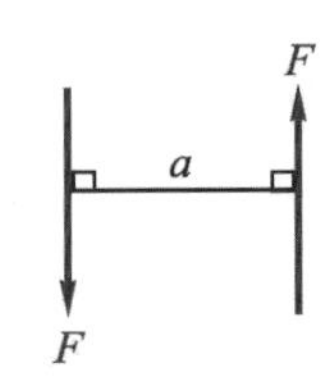

圖 2-22 力偶矩之大小

⑵ 力偶作用面之傾度(方位)(Slope)

如互相平行之面，力偶可任意變動，將不改變力偶矩之大小及指向。

⑶ 力偶迴轉之方向(轉動指向)

和力矩相同亦有順時針和逆時針方向。

3. 力偶的變換：

力偶之特性，吾人可予以適當之變化，而仍能保持其原有之效應，此稱爲力偶之變換(Transformation)。即爲：

⑴ 力偶可在其所作用之平面上移動或轉至任一位置

因力偶對空間中任一點所生之力矩皆相同，故力偶矩向量視爲一可以任意改變作用點，但其方向大小不變之向量(自由向量)。

⑵ 力偶可移至與其作用面平行之任一平面

因互相平行之平面，方位相同。

(3) 任一力偶可以在同一作用面內任意用另一力矩值相等之力偶代替之

因將一力偶變爲另一等值力偶(Equivalent Couple)，其外效應完全相同。如圖 2-23 所示，即爲表示力偶之變換，上述之三種情況。

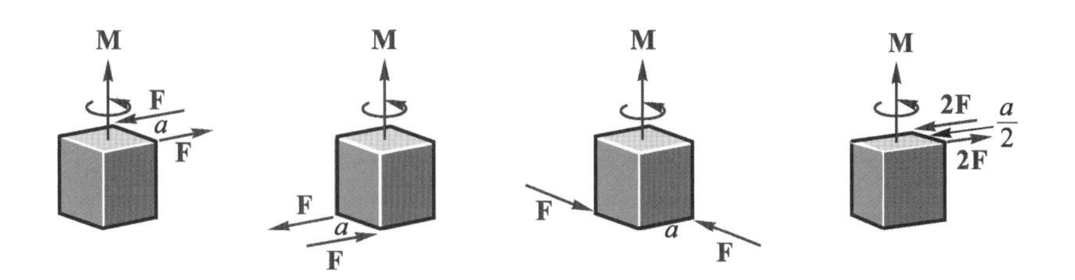

圖 2-23 力偶之變換

4. 演算力偶問題的幾點觀念：

(1) 力偶矩之大小與力偶矩中心位置無關，或力矩軸中心位置無關，如圖 2-24 所示，欲求該力偶對 A 點之力矩爲若干時，其力矩值之大小與 A 點之位置無關

$$M_A = F \cdot (b + a) - F \cdot b = F \cdot a$$

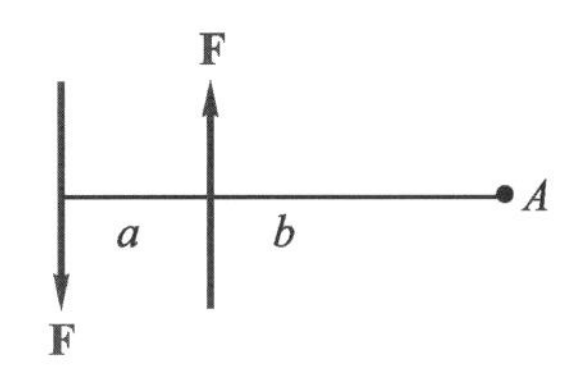

圖 2-24 力偶矩大小與力偶矩中心位置無關

(2) 力偶絕不能用一單力平衡之，如欲平衡，須施以大小相等，方向相反之另一力偶矩。

(3) 力偶臂及力偶不互相垂直時，應先將兩平行力各分解爲一與力偶臂垂直及一與力偶臂重合之二分力，其前者爲使物體轉動之有效力偶矩，後者與物體轉動無關(或求有效力偶臂亦可)如圖 2-25，即

$$C = (F \sin\theta) \cdot AB = F \cdot (AB \sin\theta)$$

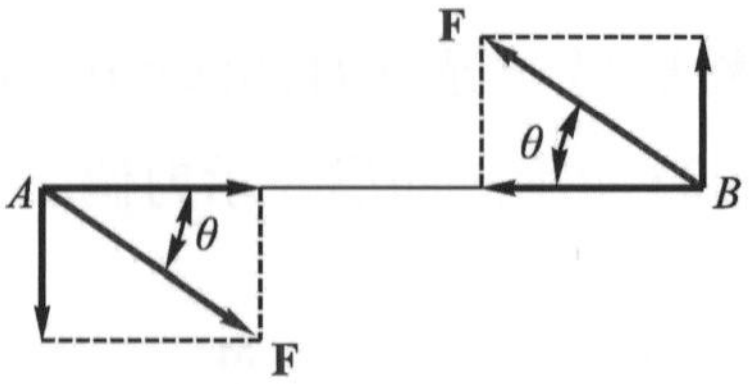

圖 2-25　力偶問題說明

2.3-2　力偶之合成

1. 一組同平面(平行面)力偶之合力：
   (1) 依據力偶分別以力矩值相等之力偶代替之原則。
   (2) 其合力仍為一力偶，力矩等於各個力偶矩之代數和。
   (3) 故凡一組力偶作用於同一平面成平衡時，其力偶矩之代數和等於零。

例題 2.8

如圖 2-26 所示二對力偶，其合力偶矩為若干 N-m？

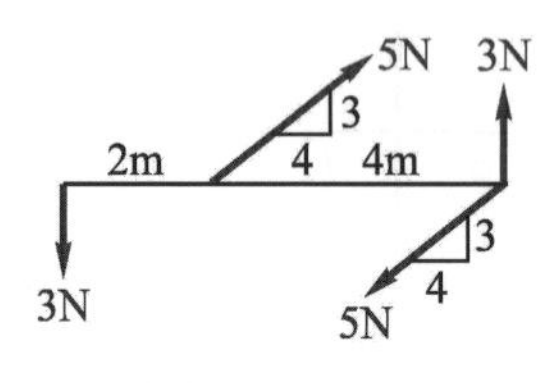

圖 2-26

解

5N之力偶因力偶臂不容易求出，故分解為一水平及一垂直，前者無效，故

$$\circlearrowleft + \ C_R = 3 \times 6 - 5 \times \frac{3}{5} \times 4 = 6\text{N-m}(\circlearrowright)$$

例題 2.9

若於圖2-27中加入一力偶，使其與原組力偶互成平衡，其平衡力偶之力偶臂爲5cm，試求平衡力偶之大小及方向。

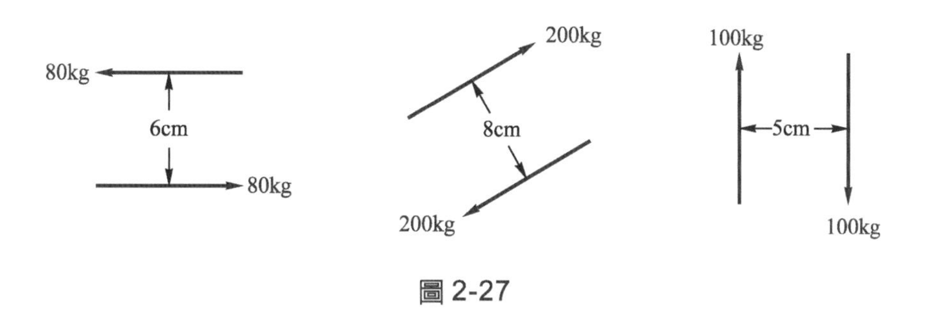

圖2-27

解

先求此三力偶之合力偶矩C_R

$\circlearrowleft + \; C_R = 80 \times 6 - 200 \times 8 - 100 \times 5 = -1{,}620\text{kg-cm} = 1{,}620\text{kg-cm}(\circlearrowright)$

故平衡力偶之力偶矩　$C'_R = 1{,}620\text{kg-cm}(\circlearrowleft)$

而平衡力偶之力偶臂　$a = 5\text{cm}$

故平衡力偶　$F = 1{,}620/5 = 324\text{kg}$

即

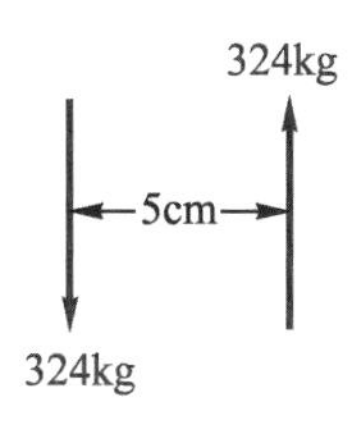

2. 一單力及一力偶(一組力偶)之合力：

在圖 2-28(a)中之平面上有一單力**F**及一力偶F_1a_1。由前述力偶之特性，可將一力偶轉換成另一力偶，今令轉換力偶之力爲**F**，其力偶臂爲a，使$F_1 a_1 = Fa$，將此力偶旋轉，使力偶之力與單力**F**平行，並將其與單力**F**之方向相反之力，置於與**F**力同一直線上，則此直線上之兩力大小爲F而方向相反，故相互抵消如圖 2-28(b)所示。因而獲得以下幾點結論：

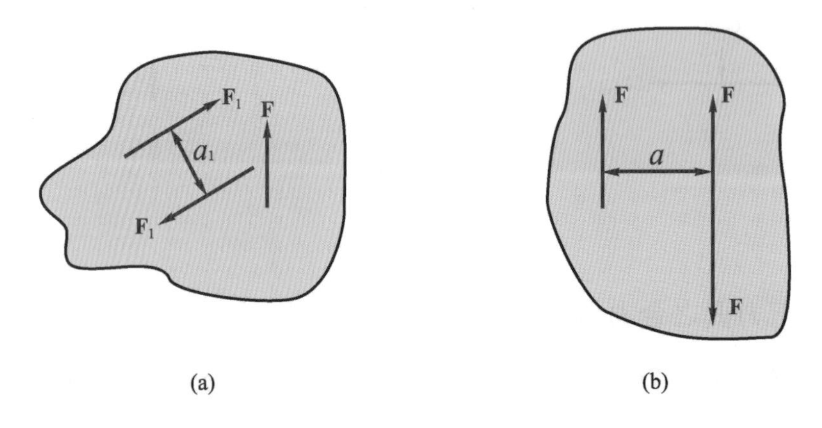

圖 2-28 一單力及一力偶之合力

⑴ 力偶與單力之合力爲單力，大小等於原單力，並平行同指向於原單力。

⑵ 合力與原單力之距離等於相等力偶之力偶臂，即

$$a = \frac{F_1}{F} a_1$$

例題 2.10

試將圖 2-29(a)中之一力及一對力偶改以單力表之。

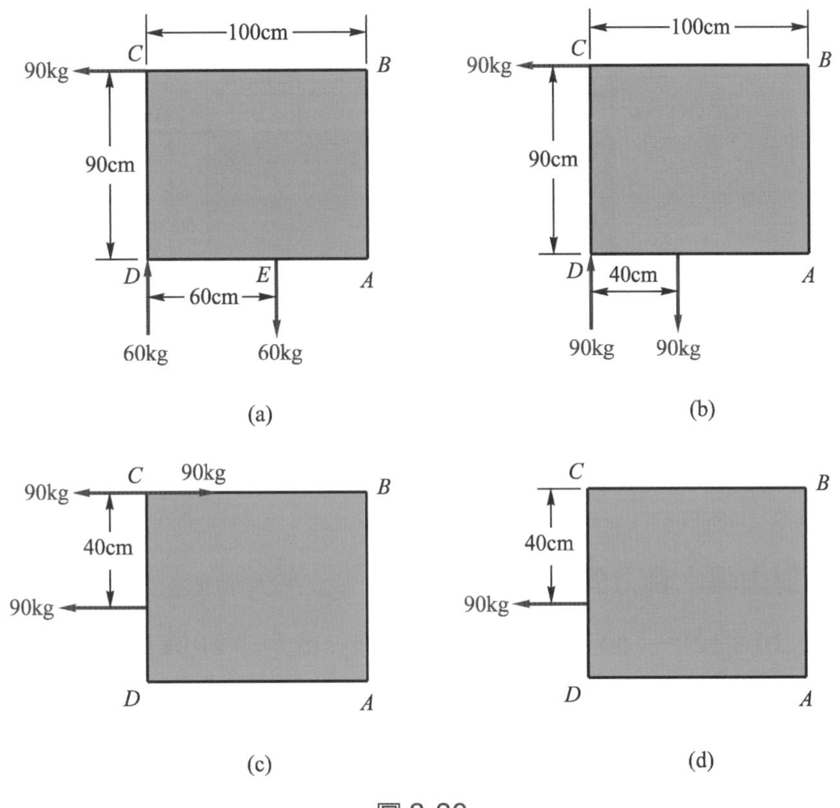

圖 2-29

解

60kg×60cm 之力偶，保持力偶矩不變，改變其力偶力與力偶臂為 90kg×40cm，如圖 2-29(b)所示。

將改變後等值力偶變換至圖 2-29(c)所示位置，使其中之一力偶力與原作用在 C 點之單力(90kg)可相互抵消。在 C 點之兩力相互抵消後，僅餘一 90kg 之作用力在 C 點下方 40cm 處，其大小與方向與原在 C 點之 90kg 相同，如圖 2-29(d)所示。

即所得之一單力為 $F=$ 90kg(←)(在 C 點下方 40cm 處)

例題 2.11

試將圖 2-30 所示之二對力偶及一單力改以一單力表之。

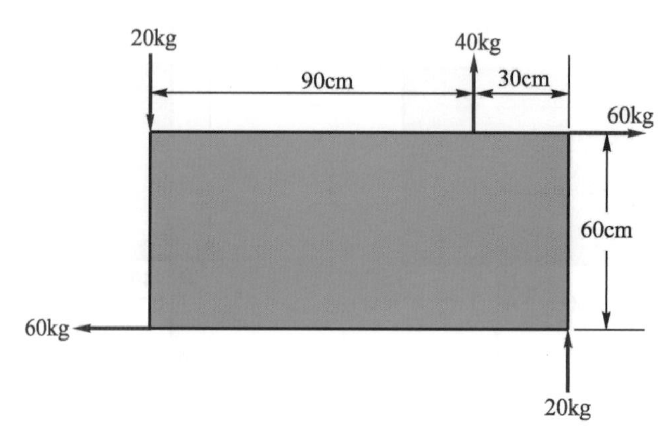

圖 2-30

解

先求二對力偶之合力偶矩 C_R

(+ $C_R = 20 \times 120 - 60 \times 60 = -1,200\text{kg-cm} = 1,200\text{kg-cm}$(↻))

$1,200 = 40 \times a \quad \therefore a = 30\text{cm}$，由力偶之轉換

故　此單力為 $F = 40\text{kg}$(↑)在原 40kg 之左方 30cm 之處

2.3-3 分解一力為經過所設點之一力及一力偶(力之平移)

如圖 2-31(a)所示，在剛體內一點 O，作用力**F**。茲由 O 點平行移動至 O'，如圖 2-31(b)所示在 O' 上施以一組大小相等方向相反之二**F** 力，此對剛體毫無影響。於是 O' 之二**F** 力與 O 之**F** 力組合成一力偶及一**F** 力，結果如圖 2-31(c)所示。故一力由任一點平行移動至另一點時，必伴生一力偶。亦即分解一力為經過所設點之一力及一力偶，由圖 2-31 之分析可得以下幾點結論：

1. 分解得之一力，大小等於原力，平行且同指向於原力，經所定之點。
2. 分解得之一力偶，其力偶矩之值，等於原力對所定點之力矩。

3. 分解得之力偶，可在其平面(平行平面)上，移動至任何位置，如圖2-31(c)所示。

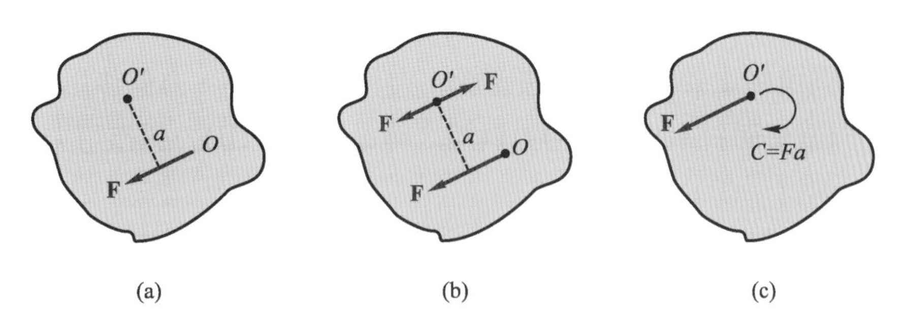

圖2-31 力之平移

例題 2.12

圖2-32(a)所示，一50kg之力作用於一扳手上，試將此力分解為一作用於螺釘中心O點之一力及一力偶。

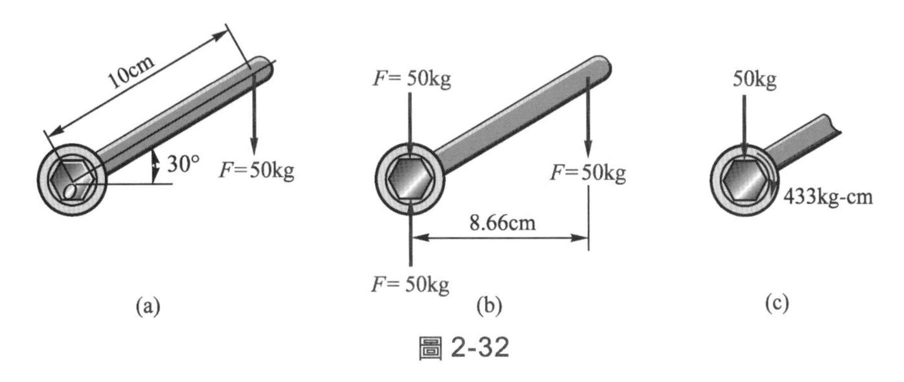

圖2-32

解

如圖2-32(b)所示，過O點作與F力平行且大小相等，而方向彼此相反之兩力，則力系視為過O點向下之一單力及一對順時針方向之力偶，其力偶矩為：

$C=(50)\times(10\cos 30^{\circ})=50\times 8.66=433\text{kg-cm}(\curvearrowright)$

另於O點受一向下之單力50kg，如圖2-32(c)所示

隨堂練習

(　)1. 力偶所生之外效應常取決定於：力偶矩之大小、力偶作用平面之方位(平面斜率)及　(A)力偶矩之轉動方向　(B)力偶作用力　(C)力偶臂　(D)力偶中心。

(　)2. 力偶之特性下列何者爲錯誤？　(A)力偶可在其作用之平面任意移動　(B)力偶可由一平面移至另一平面　(C)力偶可在所作之平面任意旋轉　(D)當維持力偶矩不變，力偶之力與力間距離可任意變動　(E)力偶是向量。

(　)3. 如圖 2-33 所示力偶之力偶矩爲　(A)30kg-m　(B)40kg-m　(C)50kg-m　(D)60kg-m　(E)100kg-m。

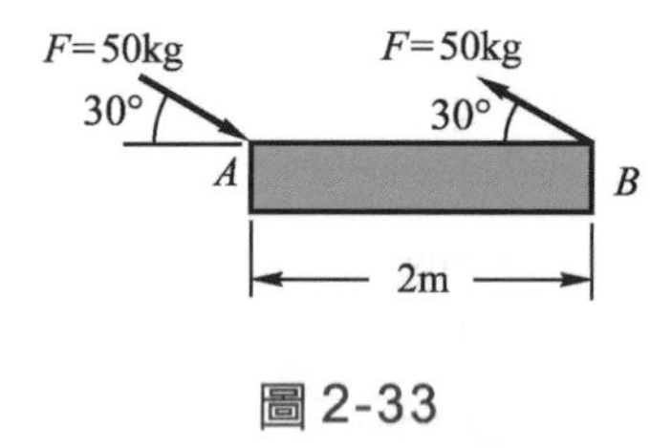

圖 2-33

習題 2-1

1. 茲有二共點力大小分別爲 100kg 及 200kg，其夾角爲 45°，試求二力合力之大小及方向。
2. 試將下圖(a)(b)(c)中各力分解爲一水平及一垂直分力。

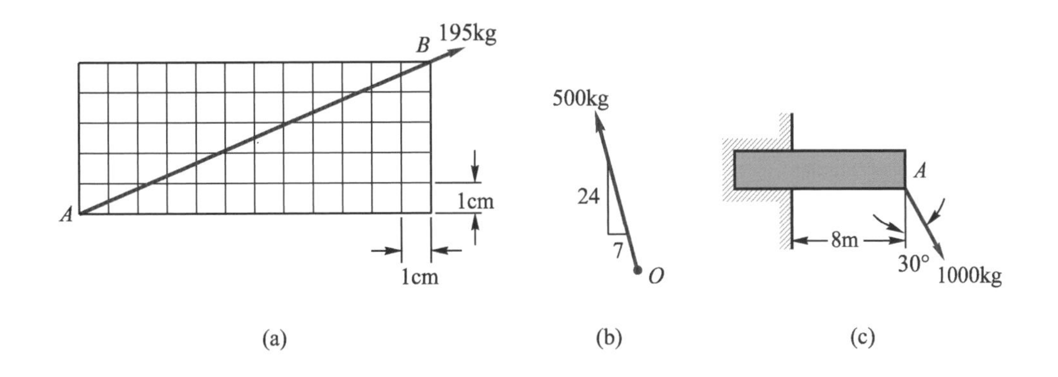

3. 試將圖所示⑴ 2400kg；⑵ 8000kg之力分解爲兩分力，一沿AB，另一垂直AB。

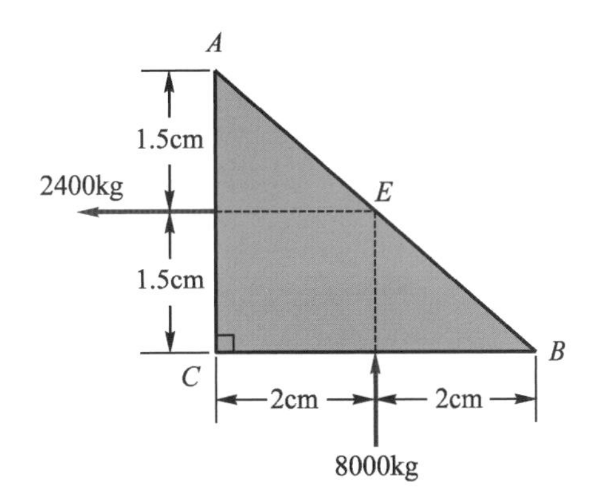

4. 如圖所示，試分解100kg為兩分力，使一沿 AB，另一沿 BC。

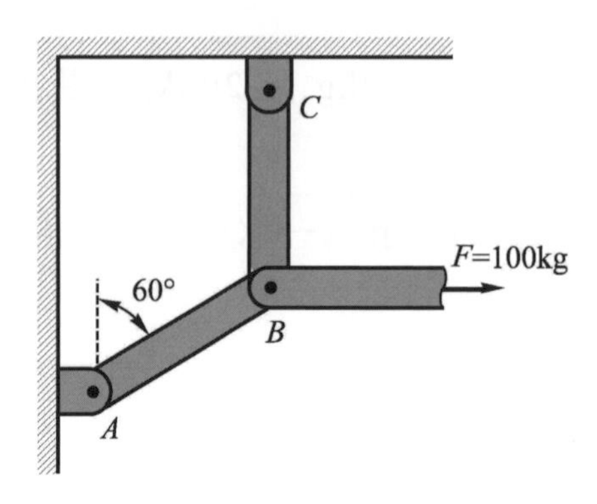

5. 試將圖所示600kg之力，分解為二分力，使二分力作用線分別平行於 AC 及 BC。

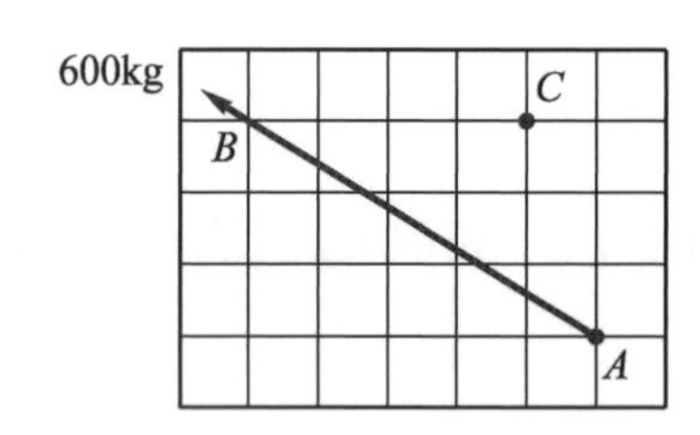

6. 試將圖所示500kg之力，分解為二分力，此二分力之作用線分別平行於 AB 及 BC。

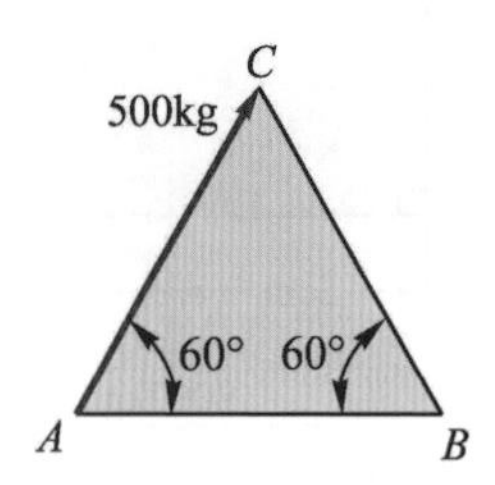

7. 如圖所示一力**F**作用於連結AC及BC兩臂之銷上，試求其分力，當⑴平行於x，y軸；⑵分力**P**及**Q**各沿AC、BC臂。

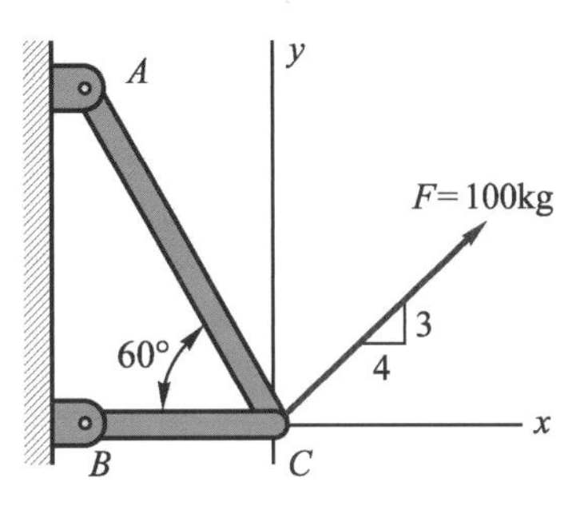

8. 試將圖所示之力**F**分解爲⑴一與斜面平行，另一與斜面成垂直之分力；⑵一爲水平，另一爲鉛直方向之分力。

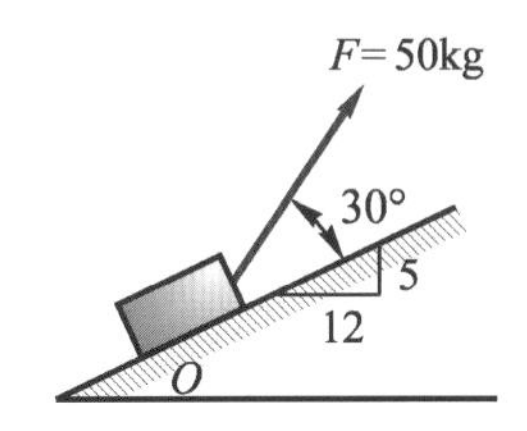

9. 試求圖(a)(b)(c)中各力對A點之力矩。

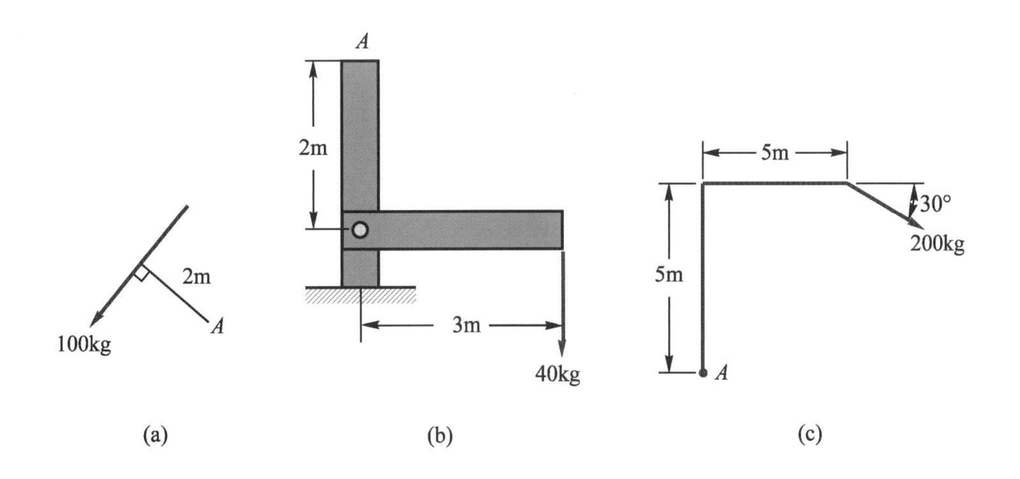

10. 試求圖所示 100kg 之力對*A*點之力矩。

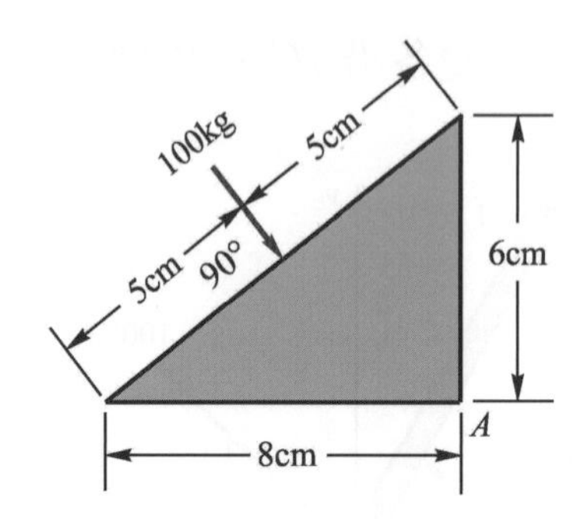

11. 試求圖所示 1000kg之力對*A*點之力矩，並求*A*點至 1000kg力作用線之垂直距離。

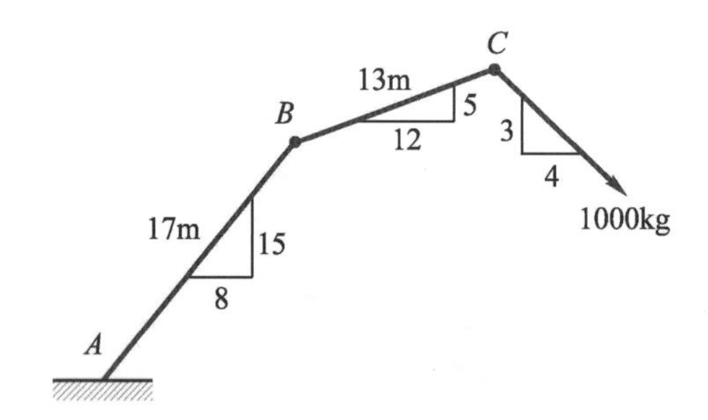

12. 圖所示，作用於物體上之二力**P**，**Q**分別爲 30kg及 40kg，試求此二力對*O*點力矩之代數和。

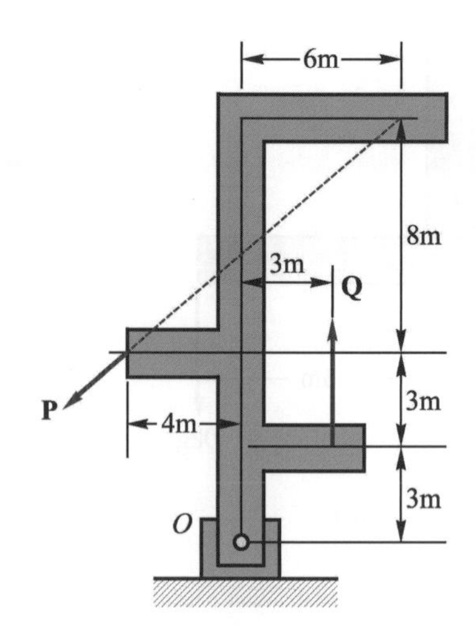

13. 試求圖所示，三力對O點力矩之代數和。

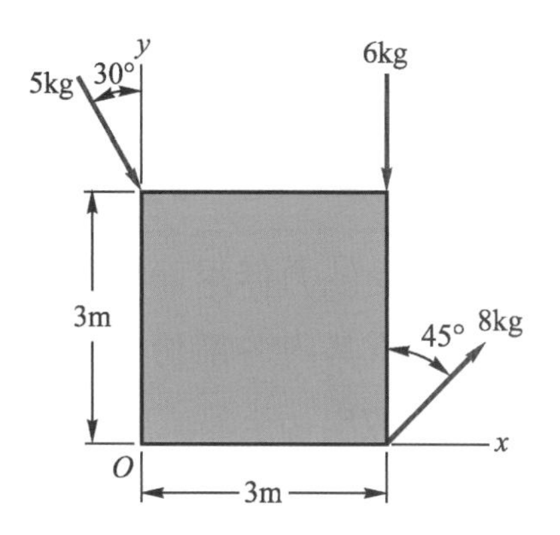

14. 試求圖所示諸力偶之合力矩。

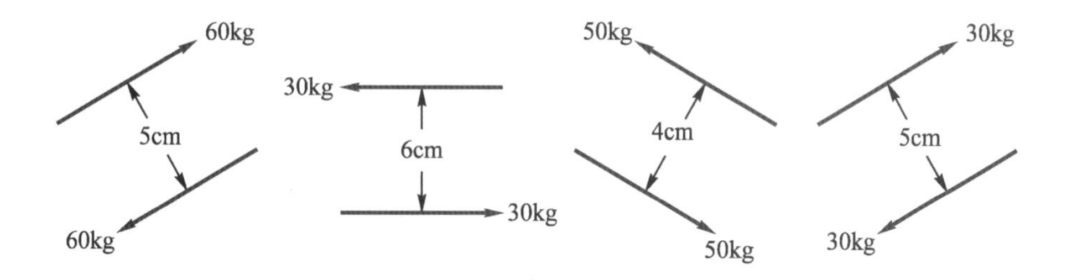

15. 試將下圖(a)(b)所示之一力及一力偶改為一單力。

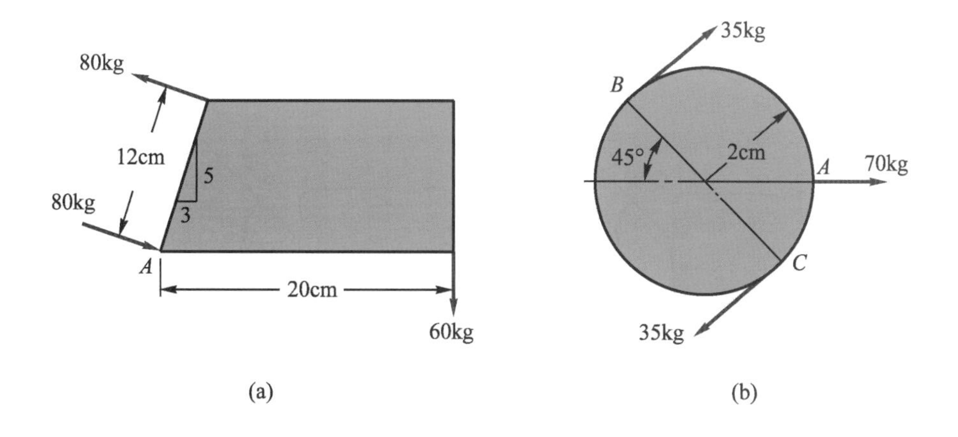

(a) (b)

2.4 自由體圖

2.4-1 自由體(分離體)(Free Body)

對數個物體所組成之系統，受外力作用而處於平衡狀態時，該物體系統之各部份處於平衡狀態，若欲分析其內各部份間力之傳遞及受力情形，可將物體系統之全部或部份單獨取出。取出之全部或部份物體稱爲自由體或分離體。

2.4-2 自由體圖(Free Body Diagram)

取出自由體時，需將自由體上之支承及其他物體對自由體的拘束全部移去，而以該支承或拘束物體所相當的反力取代之，並將自由體所受之外力全部畫出，所得自由體之力系圖，稱爲**自由體圖**。自由體圖有三個主要特性：

1. 自由體圖係一物體之概略圖。
2. 自由體係自原物體分離，例如與基礎分離或與支持物分離。
3. 自由體係自原物體分離後，所有作用於自由體上之力均需繪入自由體圖，所有支持自由體之處，隨其支撐之形態而分別繪出相應之力。

2.4-3 支座及接觸點的反作用力

1. 繩索(忽略自重)：

   只一單力(張力)沿繩之方向。

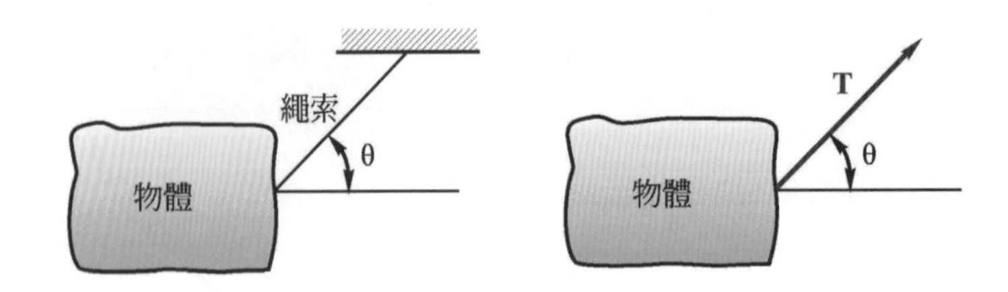

2. 光滑表面：

一力垂直於光滑表面。

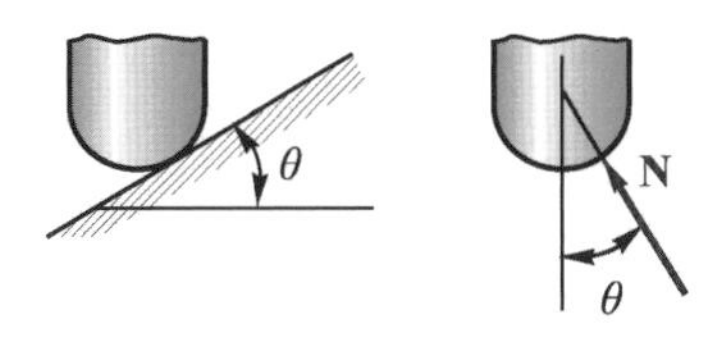

3. 輥支(滾輪)(Roller Support)：

一力垂直於輥支所滾捲之表面。

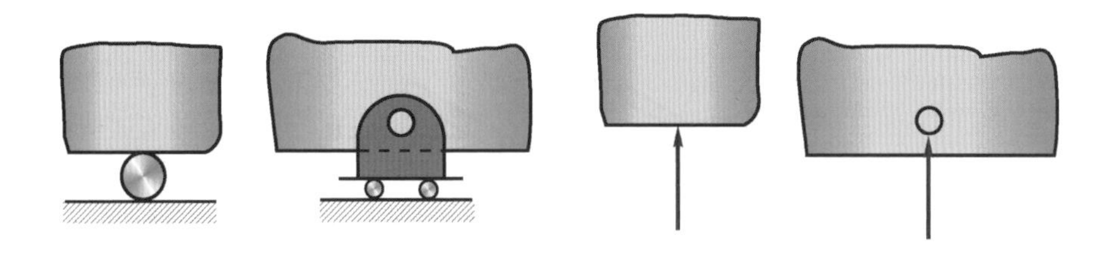

4. 光滑銷釘或鉸支(Pin or Hinge Support)：

一力經釘中心，方向未知，通常以兩個獨立分量表示，即一垂直方向，一水平方向。

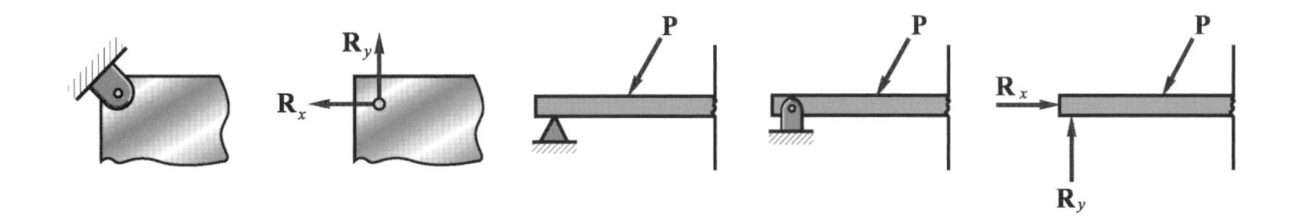

5. 固定端支承(Fixed End)：

一力作用於截面，但方向未知，通常以二獨立方向表示，另外和一力矩。

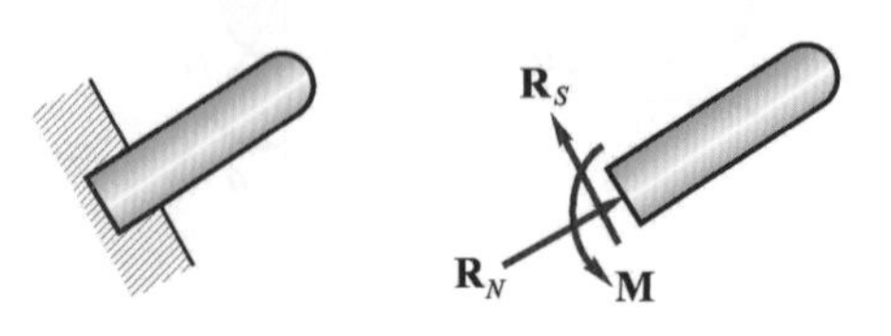

6. 圓軸上光滑支承：

一力正對軸但未知方向，通常亦以二獨立方向表示。

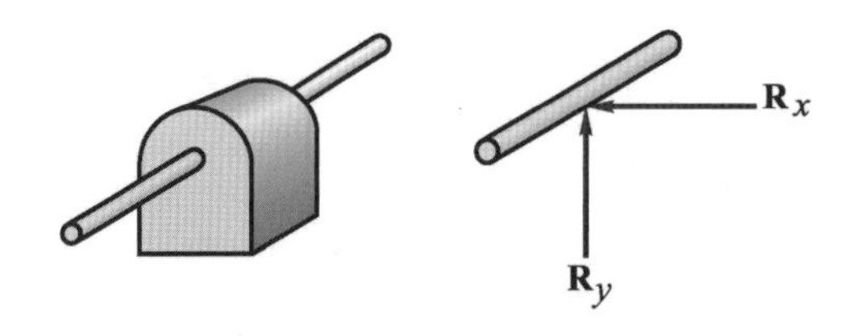

7. 在光滑引道中之銷釘：

一力垂直於引道。

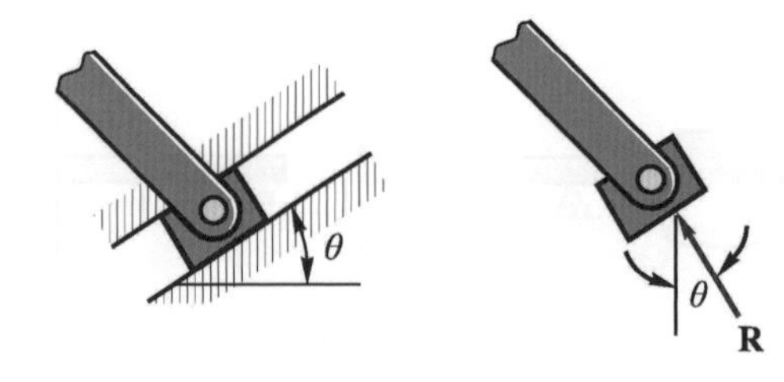

8. 球支承：

一力垂直於接觸表面。

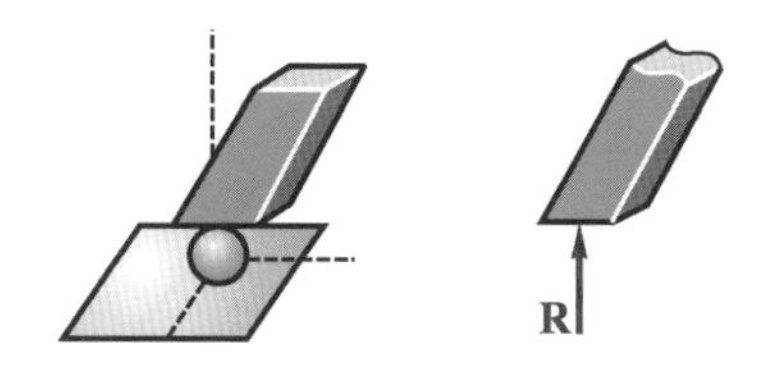

9. 球窩：

與球成未知角之力，通常以三直角分量表示。

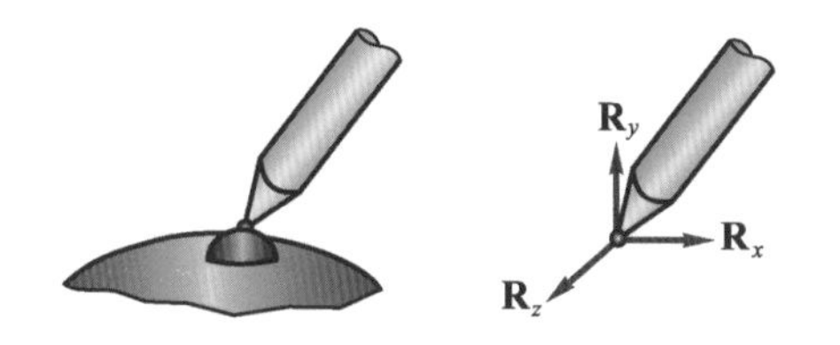

例題 2.13

如圖 2-34(a)所示，一物體 A 重 100kg，BC桿爲一均質桿重 50kg，試分別畫出此兩物體之自由體圖。

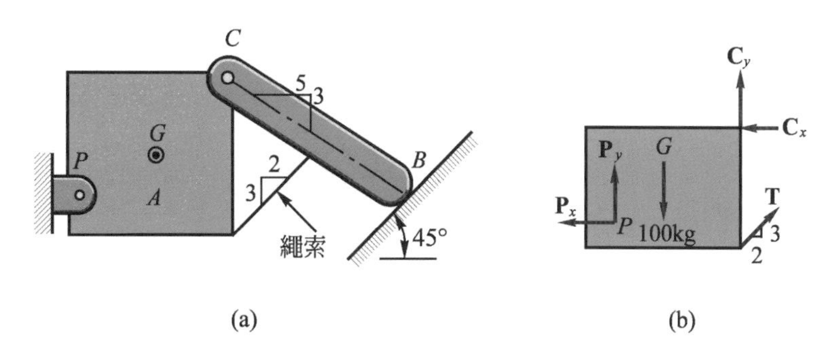

圖 2-34

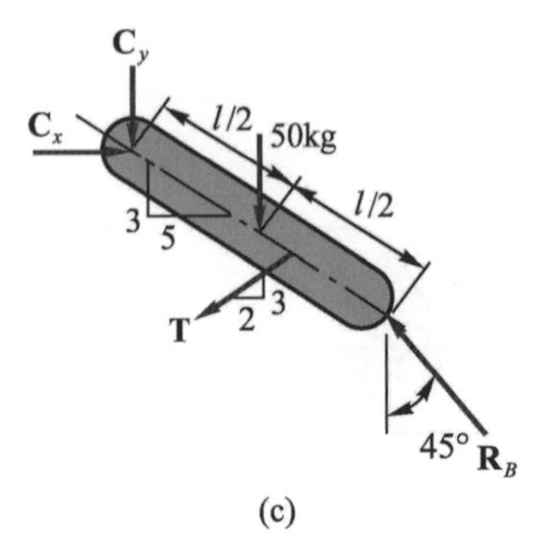

(c)

圖 2-34 (續)

解

以A物體為自由體，P及C為銷釘故一水平及一垂直分量，繩索 T 沿繩索方向，自由體圖如圖 2-34(b)所示。

以CB桿為自由體，均質桿故重量作用於中點，B光滑表面$\mathbf{R}_B$與接觸表面垂直，自由體圖如圖 2-34(c)所示。

例題 2.14

如圖 2-35(a)中樑 AB 本身重量不計，試畫樑AB之自由體圖。

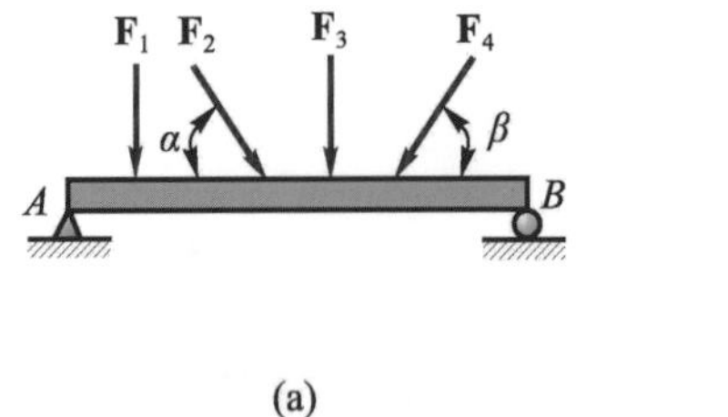

(a)

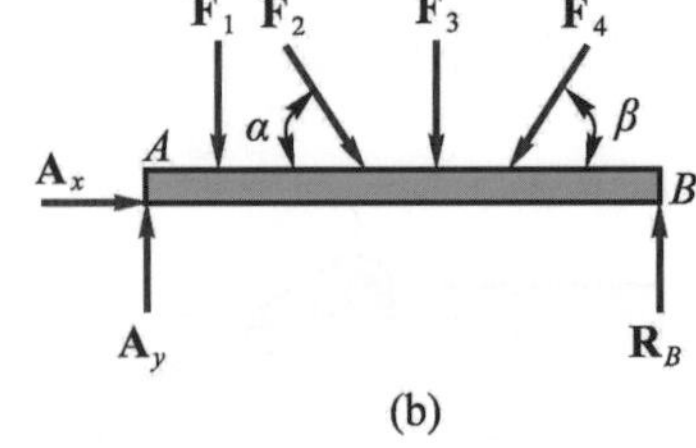

(b)

圖 2-35

解

以樑AB為自由體，由於A支承為鉸支，B支承為輥支，故自由體圖如圖 2-35(b)所示。

2.5 同平面各種力系之合成及平衡

2.5-1 同平面共點力系

任一力系中，各力之作用線在同一平面且共點者，是爲同平面共點力系，如圖 2-36 所示，$\mathbf{F}_1$、$\mathbf{F}_2$、$\mathbf{F}_3$、$\mathbf{F}_4$均在同平面$ABCD$上，並同時作用於O點。

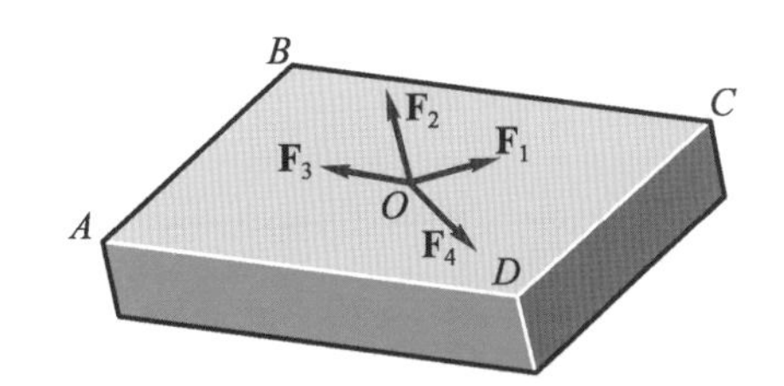

圖 2-36　同平面共點力系

1. 同平面共點力系之合成：

   如圖 2-37(a)所示之同平面共點力系，取一直角座標(x，y)，以各力交會點O爲座標原點，將每一力分解爲沿x，y軸方向之$\mathbf{F}_x$，$\mathbf{F}_y$二分力；沿x軸方向的各分力總和爲$\Sigma\mathbf{F}_x$，沿y軸方向的各分力的總和爲$\Sigma\mathbf{F}_y$，因而形成了兩個互相垂直之共線力系，一般計算時以向右及向上爲正，以圖 2-37(a)爲例。即

x	y
$F_1x = F_1\cos\alpha$	$F_1y = F_1\sin\alpha$
$F_2x = -F_2\cos\beta$	$F_2y = F_2\sin\beta$
$F_3x = -F_3\cos\gamma$	$F_3y = -F_3\sin\gamma$
$F_4x = F_4\cos\delta$	$F_4y = -F_4\sin\delta$
⋮　⋮	⋮　⋮
⋮　⋮	⋮　⋮
$\Sigma F_x = F_1x + F_2x + F_3x + F_4x + \cdots = R_x$	$\Sigma F_y = F_1y + F_2y + F_3y$ $F_4y + \cdots = R_y$
$\therefore \Sigma\mathbf{F}_x = \mathbf{R}_x$(→或←)，	$\Sigma\mathbf{F}_y = \mathbf{R}_y$(↑或↓)

由圖 2-37(b)之平行四邊形關係得合力**R**

(1) 大小：$R=\sqrt{(\Sigma F_x)^2+(\Sigma F_y)^2}$

(2) 方向：以與x軸所成之角爲θ_x表示，即

$$\tan\theta_x=\frac{\Sigma F_y}{\Sigma F_x} \quad 或 \quad \theta_x=\tan^{-1}\frac{\Sigma F_y}{\Sigma F_x}$$

或以x，y座標方示表之如：(ΣF_y / ΣF_x)

(3) 作用點：經共同交點，即O點

(4) 合力可能型式

① $R\neq 0$……一力

② $R=0$……力系處於平衡狀態

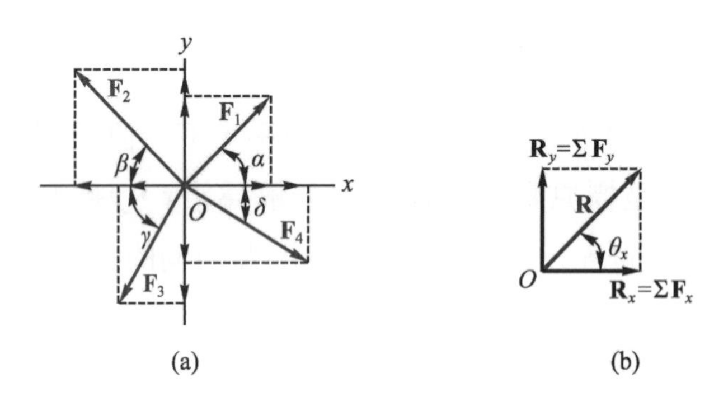

圖 2-37 同平面共點力系之合成

例題 2.15

茲有$F_1=160$kg，$F_2=100$kg，$F_3=200$kg及$F_4=240$kg，四同平面共點力交於O點如圖 2-38 所示，試求其合力之大小與方向。

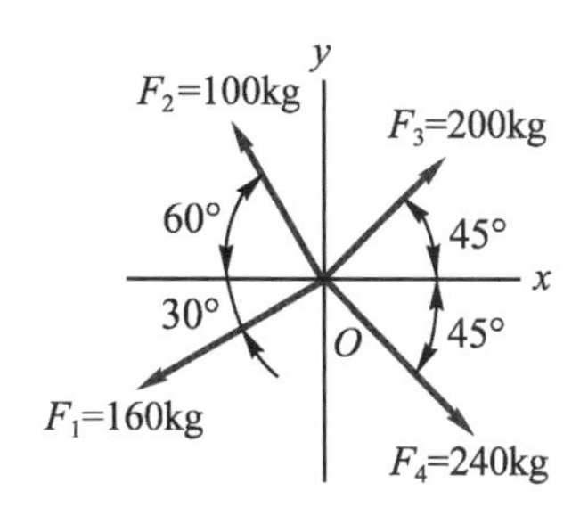

圖 2-38

解

$$\xrightarrow{+} \Sigma F_x = 200\cos 45° + 240\cos 45° - 100\cos 60° - 160\cos 30°$$
$$= 122.5\text{kg}(\rightarrow)$$
$$+\uparrow \Sigma F_y = 200\sin 45° + 100\sin 60° - 160\sin 30° - 240\sin 45°$$
$$= -21.7\text{kg} = 21.7\text{kg}(\downarrow)$$
$$\theta_x = \tan^{-1}\frac{-21.7}{122.5} = \tan^{-1}(-0.177) = -10°$$
$$R = \sqrt{(122.5)^2 + (21.7)^2} = 124.4\text{kg}(\ 21.7 \ 122.5 \searrow)$$

或$\theta_x = -10°$　經O點

例題 2.16

如圖 2-39 所示，20kg 力是一個同平面共點力四力之合力，其中一力未知，試求未知力之大小及方向。並計算合若干 N？

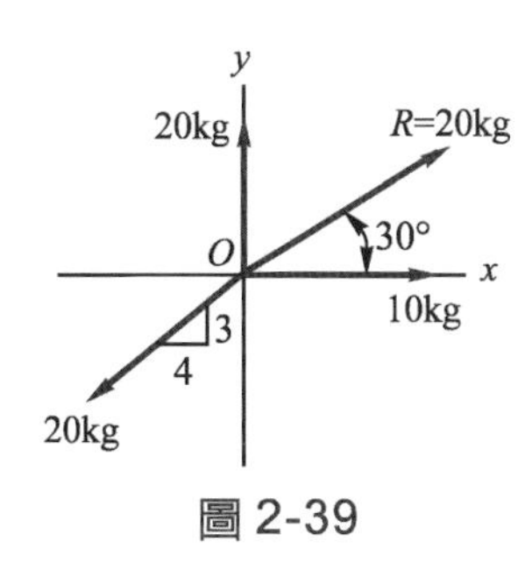

圖 2-39

解

假設未知力為$\mathbf{F}$($\overset{F_y}{\underset{F_x}{\nearrow}}$)

$\therefore \overset{+}{\rightarrow} \Sigma F_x = 10 - 20 \times \frac{4}{5} + F_x = 20\cos 30°$

$\therefore F_x = 23.32\text{kg}(\rightarrow)$

$\therefore + \uparrow \Sigma F_y = 20 - 20 \times \frac{3}{5} + F_y = 20\sin 30°$

$\therefore F_y = 2\text{kg}(\uparrow)$

$\therefore F = \sqrt{(23.32)^2 + (2)^2} = 23.4\text{kg}$ ($\overset{2}{\underset{23.32}{\nearrow}}$) 經$O$點

$= 23.4 \times 9.8 = 229.32\text{N}(1\text{kg} = 9.8\text{N})$

例題 2.17

如圖2-40所示，三同平面共點力之合力在水平方向，試求合力之大小與方向。

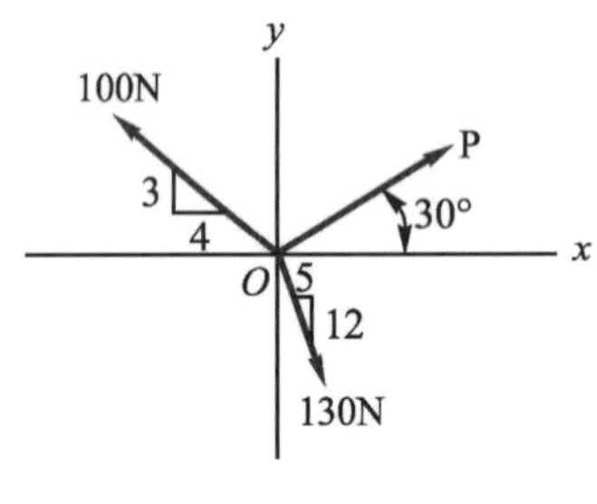

圖2-40

解

$\because$合力在水平方向 $\therefore \Sigma F_y = 0$ 即

$+\uparrow \Sigma F_y = P\sin 30° + 100 \times \frac{3}{5} - 130 \times \frac{12}{13} = 0 \quad \therefore P = 120\text{N}$

$\overset{+}{\rightarrow} \Sigma F_x = 120\cos 30° - 100 \times \frac{4}{5} + 130 \times \frac{5}{13} = 73.92\text{N}(\rightarrow)$

$\therefore R = 73.92\text{N}(\rightarrow)$

2. 同平面共點力系之平衡：

(1) 二力與三力平衡

① 平衡之基本意義

當❶作用於物體上諸力在任一方向分力之總和爲零；❷作用於物體上諸力對任一點(軸)之力矩總和爲零，滿足此兩條件時，謂之**平衡**。一物體在平衡狀態係指該物體在靜止狀態或作等速直線運動。

② 二力平衡

當一物體(構件)僅受二力作用時，稱爲**二力構件**(Two-force Member)。例如機構之桿件即爲二力構件。如圖 2-41 中，構件 *A*、*B*兩點上受兩力$\mathbf{F}_1$、$\mathbf{F}_2$作用，欲保持平衡，則此兩力不可如圖 2-41(a)中所示之作用於任意方向，而必須作用於如圖 2-41(b)所示之沿*A*、*B*之方向。且$\mathbf{F}_1$與$\mathbf{F}_2$需大小相等，方向相反，作用線在一直線上。因需滿足平衡方程式$\Sigma M_A = 0$，$\Sigma M_B = 0$及$\Sigma F = 0$之故。

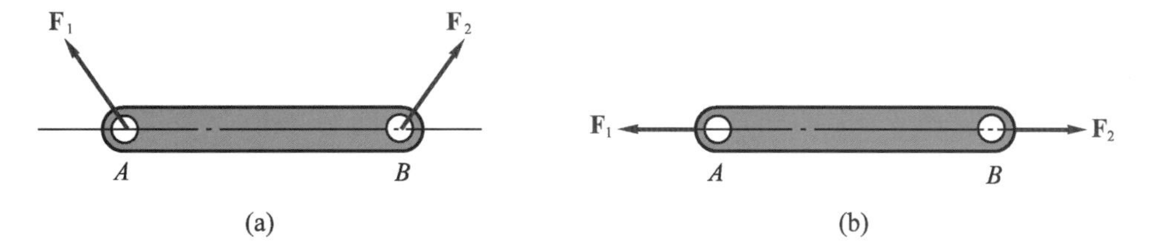

圖 2-41 二力平衡說明

當一物體受同平面二力之作用而保持平衡時，稱爲**二力平衡**，其條件爲兩力必須：❶大小相等；❷方向相反；❸作用線在一直線上(共線)。

兩人拉一條繩子時，雙方之拉力相等時則繩子不動，此時兩人的拉力成平衡，可是一邊之拉力較大時，這時則無平衡狀態。如圖 2-42 所示。如兩人推壓桿子亦是二力平衡之實例。如圖 2-43 所示。

圖 2-42　二力平衡例(一)

圖 2-43　二力平衡例(二)

當一物體或結構中之一構件，僅有三點承受同平面之作用力者，稱爲**三力構件**(Three-force Member)。如圖 2-44 中，三力分別作用於物體之A、B及C三點，如該物體在此三力作用下欲保持平衡(三力平衡)，則此三力因需滿足平衡方程式$\Sigma M_o = 0$，所以不可如圖 2-44(a)所示之作用於任意方向，而有兩個交點以上。此三力必須如圖 2-44(b)所示，作用線必須相交於一點。故三力成平衡時，其條件爲，❶三力作用線必交於一點或互相平行；❷三力必作用於同一平面上。

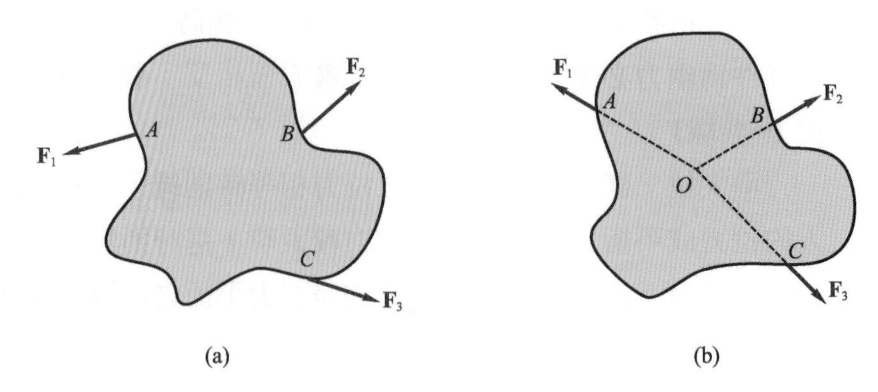

圖 2-44　三力平衡說明

三個小孩拉繩子，三人皆沒有移動時，即為三力平衡之實例，如圖 2-45(a)所示。其作用力情形如圖 2-45(b)所示，$\mathbf{F}_1$與$\mathbf{F}_2$之合力，剛好與$\mathbf{F}_3$互相抵消。則$\mathbf{F}_1$、$\mathbf{F}_2$及$\mathbf{F}_3$三力將可構成一閉合之力三角形。

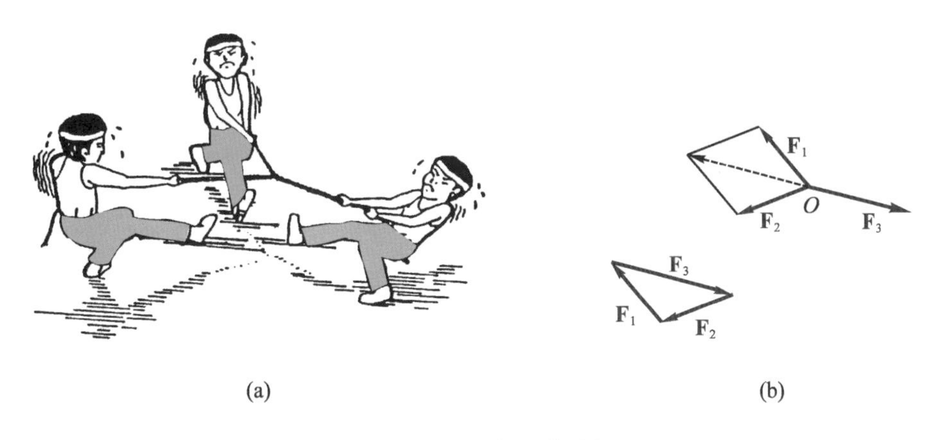

圖 2-45　三力平衡例

⑵　同平面共點力系平衡之分析

①　同平面共點力系之平衡條件與解法

如圖 2-46 所示，凡一組同平面共點力系成平衡時，其力的多邊形必為閉合。亦即其合力為零。

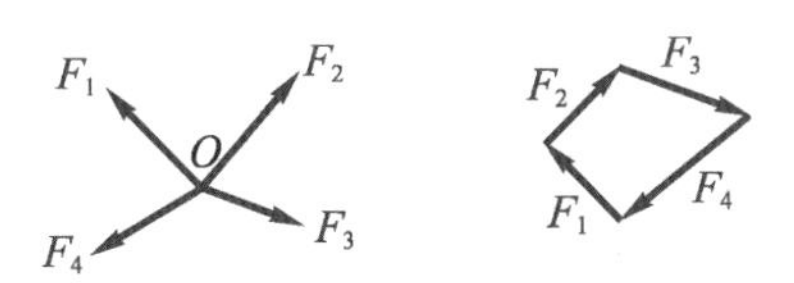

圖 2-46　同平面共點力系之平衡

因合力$R=\sqrt{(\Sigma F_x)^2+(\Sigma F_y)^2}$，故同平面共點力系平衡之充要條件為：

$\Sigma F_x = 0$

$\Sigma F_y = 0$

但亦可依需要取力矩方程式分析之，如：

$\Sigma F_x = 0$　或　$\Sigma F_y = 0$

$\Sigma M_A = 0$

式中，力矩中心A與諸力之交點之連線不與x軸(或y軸)成垂直。亦可用下組方程式

$\Sigma M_A = 0 \qquad \Sigma M_B = 0$

式中A、B之連線不經力系中諸力之交點。

不論用任何組方程式分析，均因僅有兩方程式，故同平面同點力系平衡問題僅可有兩個未知數，當一自由體上之未知數超過兩個時無法分析，必須另取一自由體，直至未知數與可用之方程式數相等為止。

② 三力平衡之解法

解答三力平衡時，可由以下幾種解法：

❶ 如各力間之夾角已知(或可間接求出)時，可利用拉密定理求出。

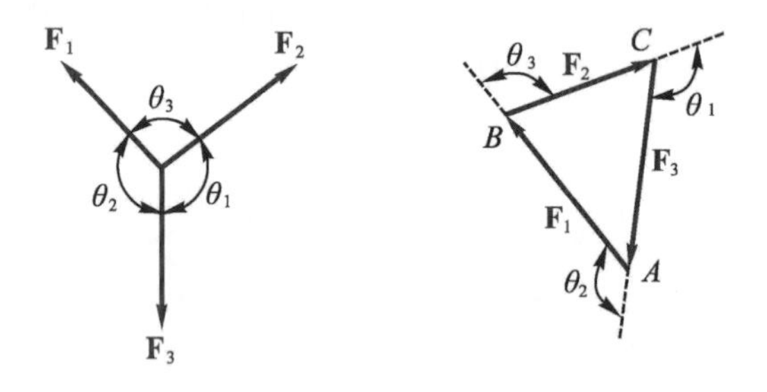

圖2-47　拉密定理

如圖2.47中，因一點上受三共點力而平衡時，由幾何作圖法，其代表力之三向量必成一閉合三角形，由三角學正弦定律，即

$$\frac{F_1}{\sin c}=\frac{F_2}{\sin A}=\frac{F_3}{\sin B}$$

$$\frac{F_1}{\sin(180°-\theta_1)}=\frac{F_2}{\sin(180°-\theta_2)}=\frac{F_3}{\sin(180°-\theta_3)}$$

或

$$\frac{F_1}{\sin\theta_1}=\frac{F_2}{\sin\theta_2}=\frac{F_3}{\sin\theta_3}$$

即拉密定理。

❷ 由圖解法可求得：即$\mathbf{F}_1$，$\mathbf{F}_2$，$\mathbf{F}_3$可成一閉合三角形。

❸ 如三力間之夾角或直線之關係，不易求出時，可利用力之直角分解法，就合力等於零($\Sigma F_x=0$，$\Sigma F_y=0$)求出。

例題 2.18

如圖2-48(a)所示，AO，BO兩繩共懸一物體，其重爲200kg，二繩之上端A、B均連結於天花板上，試求二繩之張力。

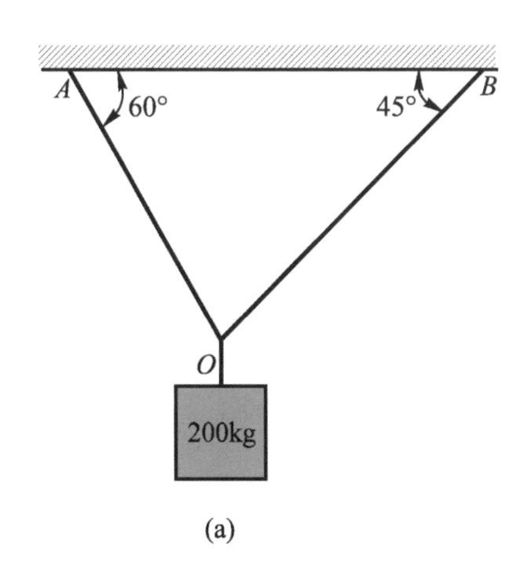

(a)

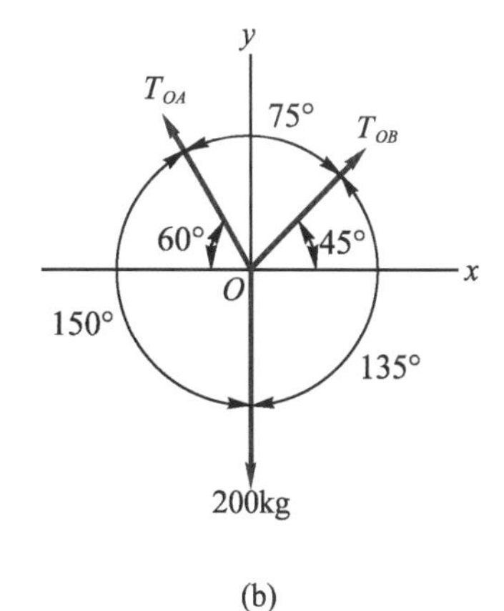

(b)

圖2-48

解

以兩繩交點O爲自由體，如圖 2-48(b)所示

$\overset{+}{\rightarrow} \Sigma F_x = T_{OB}\cos 45° - T_{OA}\cos 60° = 0$ ……………①

$+\uparrow \Sigma F_y = T_{OB}\sin 45° + T_{OA}\sin 60° - 200 = 0$ ……②

聯立①②兩式，解之得

$T_{OA} = 146.4\text{kg}$，$T_{OB} = 103.5\text{kg}$

亦可由拉密定理求得，如圖 2-48(b)所示，即

$$\frac{200}{\sin 75°} = \frac{T_{OA}}{\sin 135°} = \frac{T_{OB}}{\sin 150°}$$

$$\therefore T_{OA} = \frac{200\sin 135°}{\sin 75°} = 146.4\text{kg}$$

$$T_{OB} = \frac{200\sin 150°}{\sin 75°} = 103.5\text{kg}$$

例題 2.19

設有 4m 之水平桿AB，A端嵌入於牆內，B端用一鋼繩牽緊之，如圖 2-49 (a)所示，在B端懸一重 300kg 之物體，試求繩之張力及水平桿之壓力。但AB桿之自重不計。

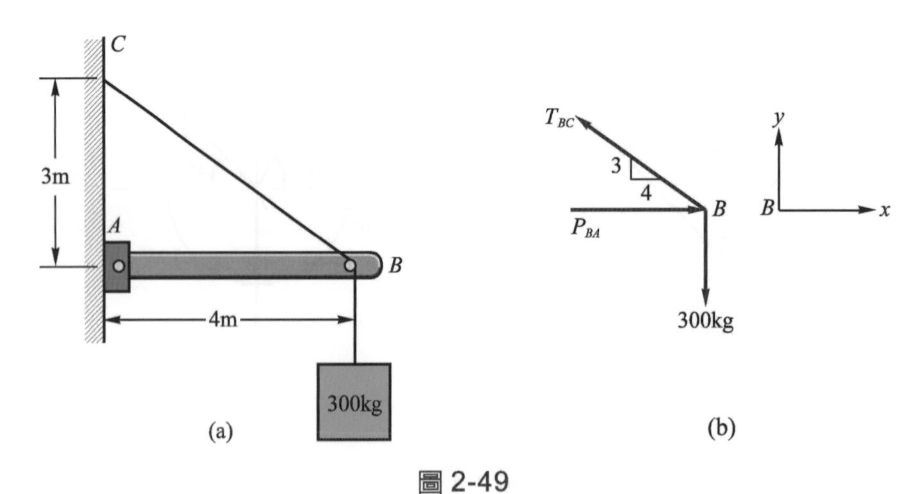

圖 2-49

解

以B點為自由體如圖 2-49(b)所示

$$+\uparrow \Sigma F_y = T_{BC} \times \frac{3}{5} - 300 = 0 \quad \therefore T_{BC} = 500\text{kg}$$

$$\overset{+}{\rightarrow} \Sigma F_x = P_{BA} - 500 \times \frac{4}{5} = 0 \quad \therefore P_{BA} = 400\text{kg}$$

例題 2.20

重 100kg之球，置於圖 2-50(a)所示光滑之鉛直面及斜面上，試求與各面接觸點上之反力。

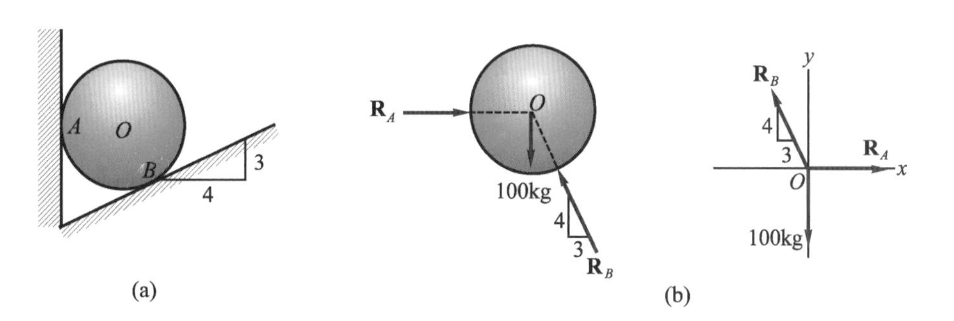

圖 2-50

解

以球為自由體，如圖 2-50(b)所示

$$由+\uparrow \Sigma F_y = R_B \times \frac{4}{5} - 100 = O \quad \therefore R_B = 125\text{kg}(\ 4\ \diagdown\ 3\ )$$

$$\overset{+}{\rightarrow} \Sigma F_x = R_A - 125 \times \frac{3}{5} = 0$$

$\therefore R_A = 75\text{kg}(\longrightarrow)$均經$O$點

例題 2.21

如圖 2-51(a)所示，設$\overline{AC}$距離固定，$\overline{AC}=a$，$\overline{AB}=l$，將BC繩縮短可將AB桿抬高，反之可將AB桿降低，試證無論θ為何值，AB桿所受之壓力不變。

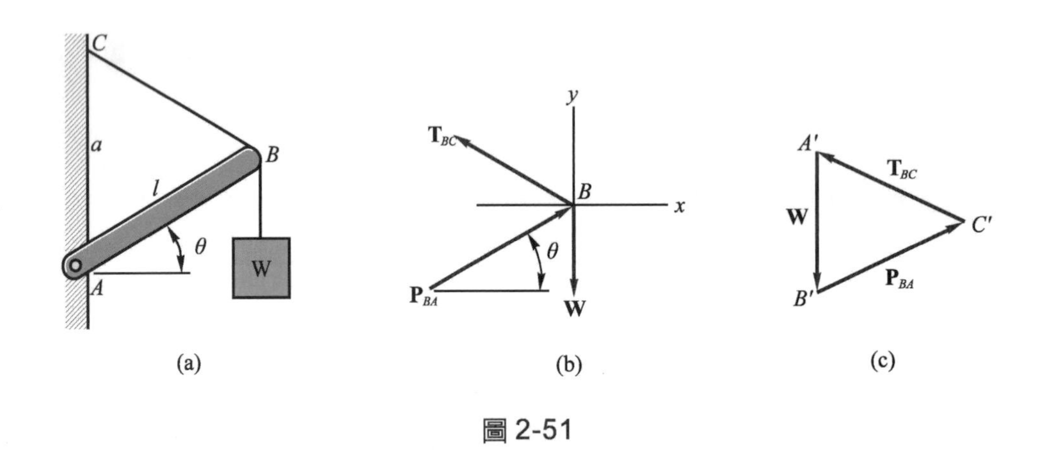

圖 2-51

解

以B點為自由體如圖 2-51(b)所示，由於方向隨時改變，故以平衡方程式解較困難，作力之閉合三角形，如圖 2-51(c)所示。

$\because \triangle A'B'C' \sim \triangle CAB$

$$\therefore \frac{W}{a}=\frac{P_{BA}}{l}$$

$$\therefore P_{BA}=\frac{W}{a}\cdot l=\text{常數}$$

即無論θ為何值，P_{BA}不變

隨堂練習

( ) *1.* 如圖 2-52(a)(b)(c)三種支點，其反力數之正確組合爲

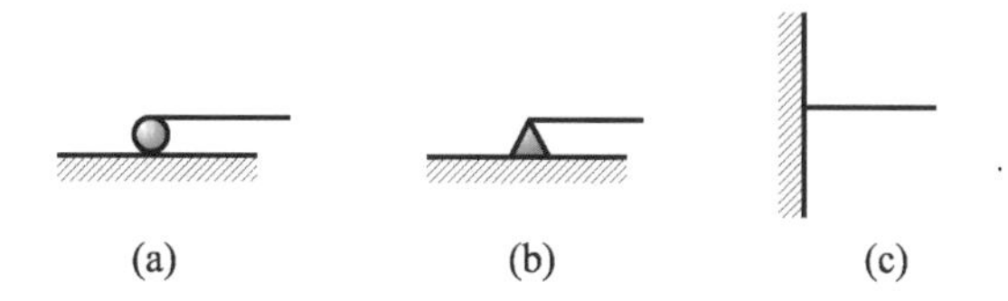

圖 2-52

	(a)	(b)	(c)
(A)	2	1	2
(B)	1	3	2
(C)	2	2	3
(D)	1	2	3 。

( ) *2.* 已知平面力向量*A*、*B*、*C*可形成一封閉三角形，若力向量*A*、*B*、*C*作用於剛體如圖 2-53 所示，試描述剛體之運動情形。

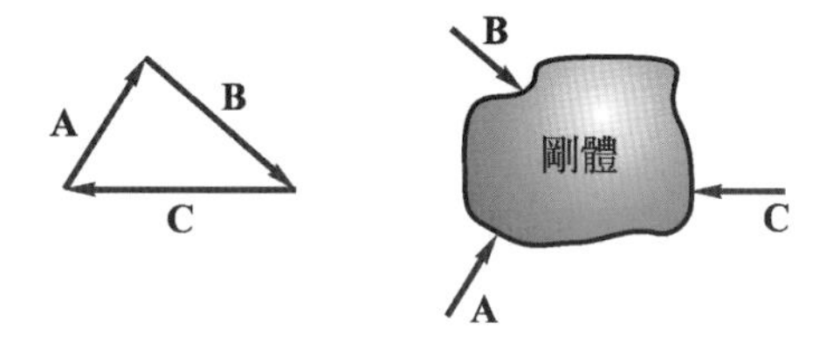

圖 2-53

(A)不平移且不旋轉 (B)平移但不旋轉 (C)不平移但旋轉 (D)平移且旋轉。

( ) *3.* 有一共面共點力系如圖 2-54 所示，則其合力大小爲 (A)5 (B)$5\sqrt{5}$ (C)15 (D)$\sqrt{221}$ kg。

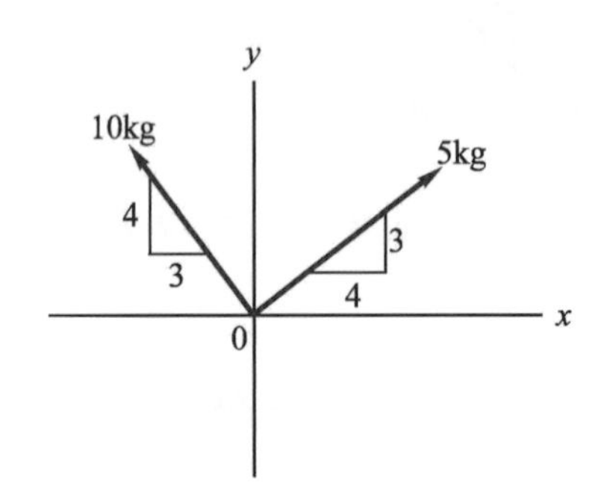

圖 2-54

( )4. 如圖 2-55 中同平面共點力系合力爲零，$\mathbf{F}_1$及$\mathbf{F}_2$分別爲若干？ (A)$F_1 = 20$N，$F_2 = 15$N (B)$F_1 = 20$N，$F_2 = 17$N (C)$F_1 = 25$N，$F_2 = 15$N (D)$F_1 = 25$N，$F_2 = 17$N。

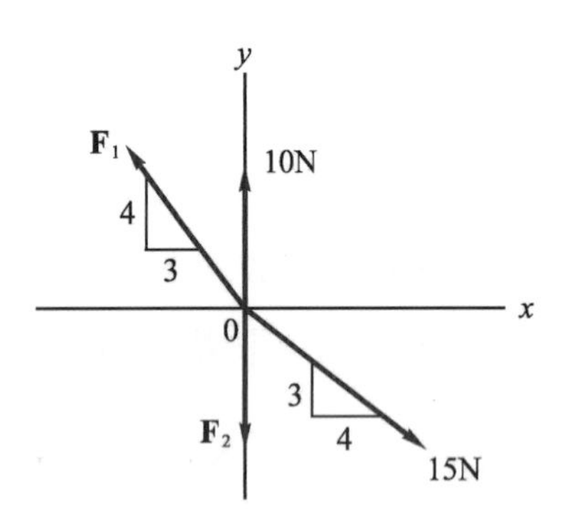

圖 2-55

( )5. 如圖 2-56所示，無重量之剛體受F_1和F_2二力作用，何種情況下此物才能平衡？ (A)$|\overrightarrow{F_1}| = |\overrightarrow{F_2}|$ (B)$|\overrightarrow{F_1}| = |\overrightarrow{F_2}|$且$\alpha=\beta$ (C)$|\overrightarrow{F_1}| \cos\alpha = |\overrightarrow{F_2}| \cos\beta$ (D)以上皆非。

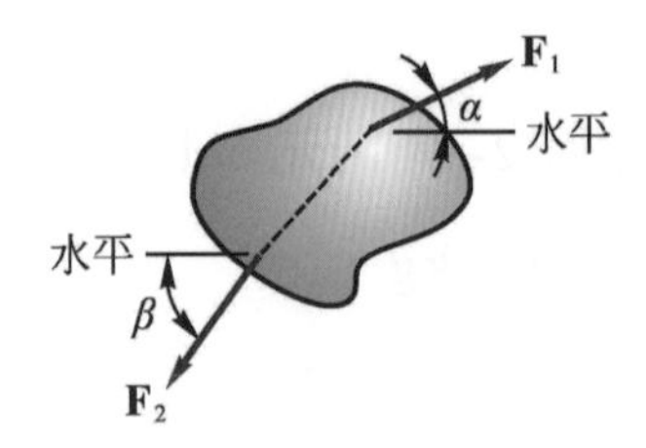

圖 2-56

(　)6. 在圖 2-57 中，W不變，AC距離與AB桿長均為固定，BC繩長可以調整，則θ角之大小因之而變。如果BC繩長縮短，即θ角變大，則 (A)繩所受之張力變大 (B)繩所受之張力及桿所受之壓力均變大 (C)繩所受之張力變小，桿所受之壓力變大 (D)繩所受之張力變大，桿所受之壓力不變 (E)桿所受之壓力不變。但 $0° \leq \theta \leq 90°$。

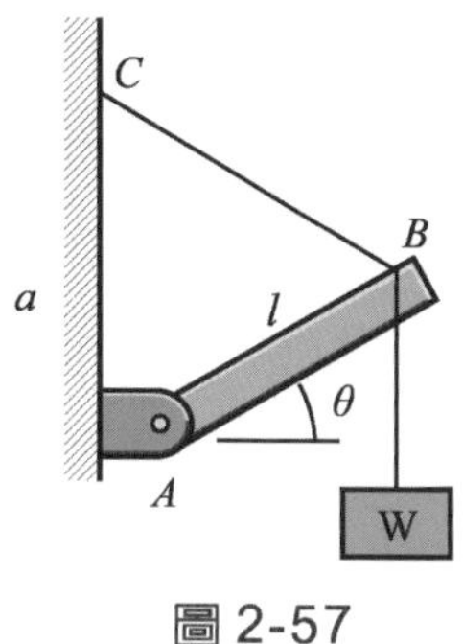

圖 2-57

2.5-2 同平面平行力系

任一力系中，各力之作用線在同一平面但不共點而互相平行者，是為同平面平行力系(非共點)，如圖 2-58 所示，$\mathbf{F}_1$、$\mathbf{F}_2$作用線互相平行均在同一平面$ABCD$上。

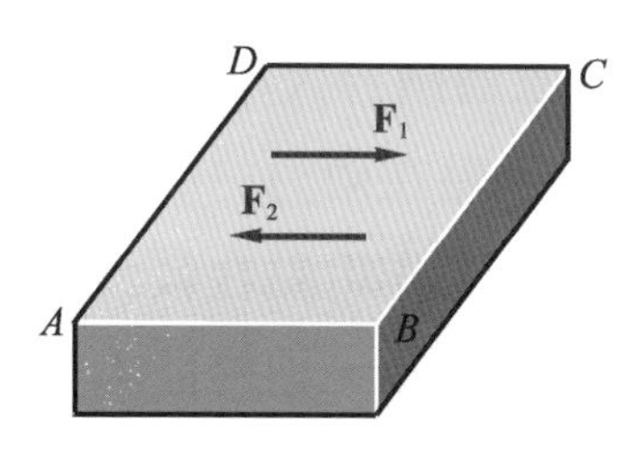

圖 2-58 同平面平行力系

1. 同平面平行力系之合成：

⑴ 兩個平行力之合力

如圖 2-59 所示，$\mathbf{F}_1$、$\mathbf{F}_2$二平行力欲求其合力，如合力為$\mathbf{R}$，距$\mathbf{F}_1$、$\mathbf{F}_2$分別為l_1、l_2。

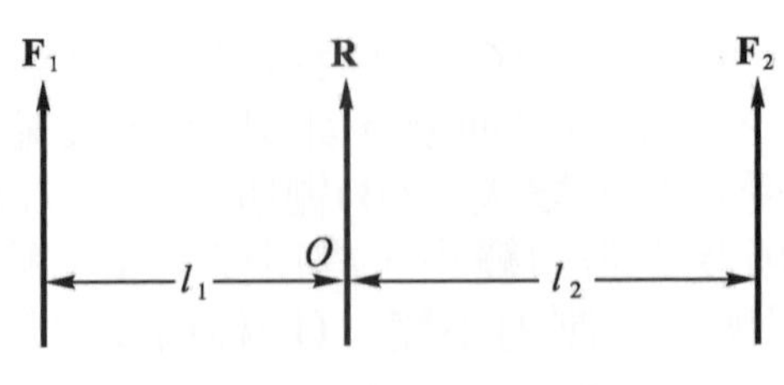

圖 2-59　兩平行力之合力

合力**R**之大小應為二力之代數和，即$\overrightarrow{R}=\overrightarrow{F_1}+\overrightarrow{F_2}$指向同兩力，如兩力反向時，**R**之指向同較大之力。

由力矩原理知，以O點(合力之作用線上)為力矩中心，故

$$R\times 0=F_1\cdot l_1-F_2\cdot l_2$$

即

$$F_1\,l_1-F_2\,l_2=0$$

$$\therefore F_1\,l_1=F_2\,l_2$$

亦即

$$\frac{F_1}{F_2}=\frac{l_2}{l_1}$$

故知合力**R**之位置為兩力大小與兩力間距離成反比。

① 如兩力同向合力作用點在兩力之間，但靠近較大力。

② 如兩力反向時，則合力作用點在較大力之外方。

③ 當兩力反向但大小相等時，則構成力偶。

⑵ 兩個以上平行力之合力

如圖 2-60 中，$\mathbf{F_1}$、$\mathbf{F_2}$、$\mathbf{F_3}$及$\mathbf{F_4}$四平行力作用於一物體上，則其合力**R**為：

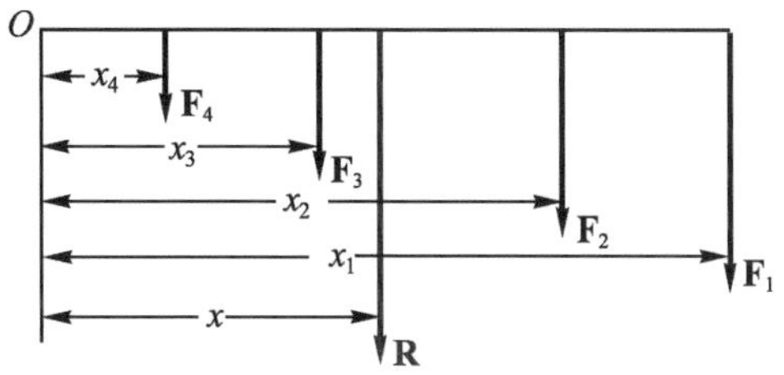

O ... x_4, $\mathbf{F}_4$, x_3, $\mathbf{F}_3$, x_2, $\mathbf{F}_2$, x_1, $\mathbf{F}_1$, x, $\mathbf{R}$

圖 2-60　同平面平行力系之合力

① 合力R之大小等於各分力之代數和，即

$\vec{R} = \vec{F_1} + \vec{F_2} + \vec{F_3} + \cdots = \Sigma F$

② 合力R之方向與各分力平行，即

$R \parallel F_1 \parallel F_2 \parallel F_3 \parallel \cdots$　(同力量較大之一方作用)

③ 合力R作用線位置，如

O：力矩中心(此爲任選之已知點，一般計算問題往往定在一已知作用力線上)

x：合力R與O之距離

x_1，x_2，x_3：分別爲F_1、F_2、F_3……與O之距離

由力矩原理

$\therefore R \cdot x = F_1 x_1 + F_2 x_2 + F_3 x_3 + \cdots = \Sigma M_O$

$\therefore x = \dfrac{\Sigma M_O}{R}$

(如x計算出爲正值，R在假設之方向邊，如爲負值，表示R在力矩中心之另一方)

④ 合力之可能型式：

❶ $R = \Sigma F \neq 0$ ……………………合力爲一力

❷ $R = \Sigma F = 0$，$\Sigma M_O \neq 0$……合力爲一力偶

❸ $R = \Sigma F = 0$，$\Sigma M_O = 0$……合力處於平衡狀態

例題 2.22

試求圖 2-61 所示同平面平行力系之合力。

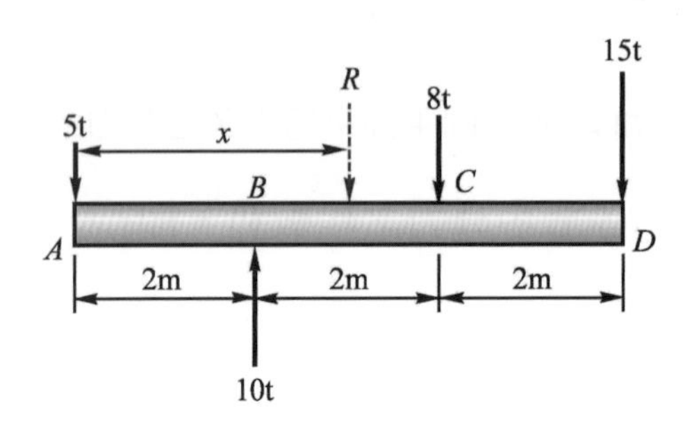

圖 2-61

解

$+\uparrow R = \Sigma F = -5 + 10 - 8 - 15 = -18t = 18t(\downarrow)$

如合力R距A點右方xm 處，由力矩原理

$\therefore -18x = 10\times 2 - 8\times 4 - 15\times 6(\circlearrowright +)$

$\therefore x = 5.67$m(正號表示與假設相符)

故　$R = 18t(\downarrow)$(在A點右方 5.67m 處)

例題 2.23

試求如圖 2-62(a)所示，AB桿上載重之合力。

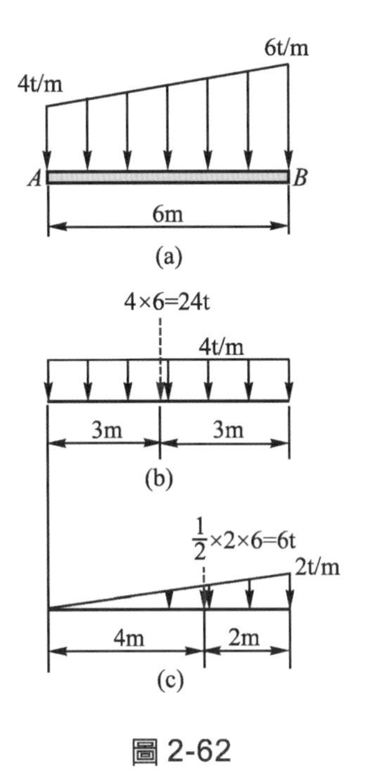

圖 2-62

解

AB桿上載重可分爲均佈力如圖 2-62(b)及均變力如圖 2-62(c)之合成

$\therefore +\downarrow R = 4\times 6 + \frac{1}{2}\times 2\times 6 = 24 + 6 = 30t(\downarrow)$

設合力R在A點右方xm 處，由力矩原理

$30\cdot x = 24\times 3 + 6\times 4(\circlearrowright +)$

$\therefore x = 3.2\text{m}$

故　$R = 30t(\downarrow)$(在A點右方 3.2m 處)

例題 2.24

試求圖 2-63 所示，同平面平行力系之合力。

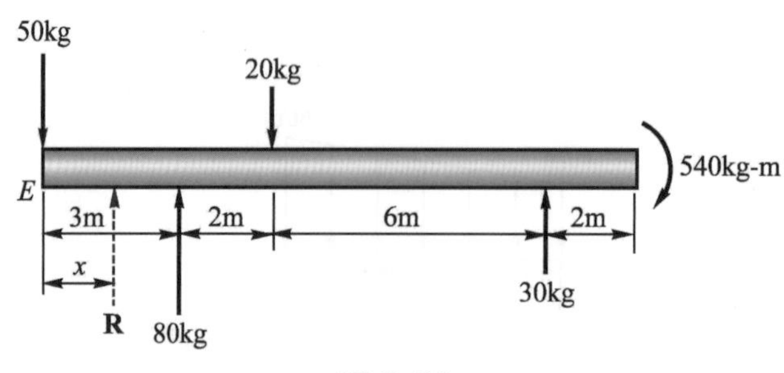

圖 2-63

解

圖中 540kg-m(↻)之力矩僅影響合力之位置與大小無關。

$+\uparrow R = 80 + 30 - 50 - 20 = 40\text{kg}(\uparrow)$

如合力 **R** 在 E 點右方 xm 處，由力矩原理

$\therefore 40 \cdot x = 80 \times 3 + 30 \times (6 + 2 + 3) - 20 \times (2 + 3) - 540(\overset{+}{\circlearrowright})$

$\therefore x = -1.75\text{m}$(負號表示 **R** 在 E 點左方 1.75m 處)

故　$R = 40\text{kg}(\uparrow)$(在 E 點左方 1.75m 處)

2. 同平面平行力系之平衡：

由合力可能型式知，當 $R = \Sigma F = 0$ 及 $\Sigma M_o = 0$ 時，力系處於平衡狀態，故同平面平行力系平衡時必須 $R = 0$ 及 $\Sigma M_o = 0$。因此同平面平行力系平衡之解法為：

$\Sigma F_y = 0$，$\Sigma M_A = 0$　(如力系平行 y 軸，A 為作用面上任一點)

或 $\Sigma M_A = 0$，$\Sigma M_B = 0$　(A、B 為作用面上任意兩點，但其連線不與各力平行)

故同平面平行力系之平衡方程式有兩條，亦即平衡問題僅能解得兩個未知量。在計算時常取未知力作用點為力矩中心較為簡便。

例題 2.25

試求圖 2-64 所示外伸樑之兩支點之作用力爲若干？

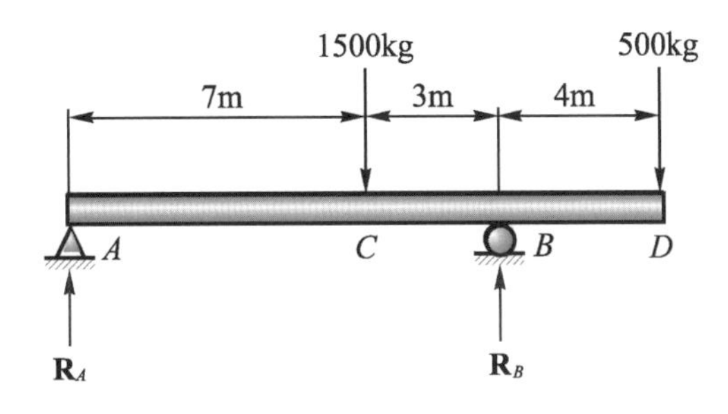

圖 2-64

解

以樑AB爲自由體如圖 2-64 所示

$+\uparrow \Sigma F_y = R_A + R_B - 1500 - 500 = 0 \quad \therefore R_A + R_B = 2000$

$\circlearrowright + \ \Sigma M_A = R_B \times 10 - 1500 \times 7 - 500 \times 14 = 0$

$\therefore \mathbf{R}_B = 1750\text{kg}(\uparrow)$，$\mathbf{R}_A = 250\text{kg}(\uparrow)$

例題 2.26

試求圖 2-65 所示，樑支點之反力爲若干？

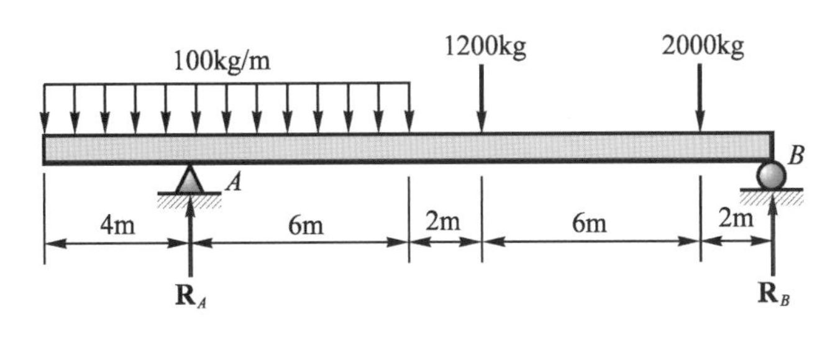

圖 2-65

以樑AB爲自由體如圖 2-65 所示，碰到均佈負荷必須改爲集中力，其位

置在作用段落之中央。

$+\uparrow \Sigma F_y = R_A + R_B - 100\times10 - 1{,}200 - 2{,}000 = 0$

$\therefore R_A + R_B = 4{,}200$

$\circlearrowleft + \ \Sigma M_B = 2{,}000\times2 + 1{,}200\times8 + 100\times10\times15 - R_A \times 16 = 0$

$\therefore \mathbf{R}_A = 1{,}790\text{kg}(\uparrow)$，$\mathbf{R}_B = 2{,}410\text{kg}(\uparrow)$

例題 2.27

試求圖 2-66 所示樑支點之反力爲若干？

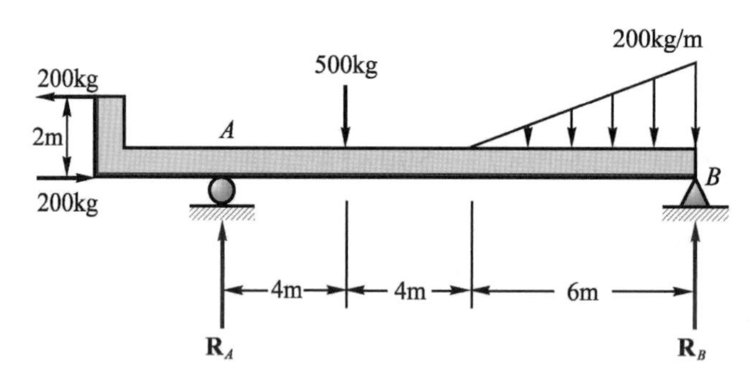

圖 2-66

解

以樑AB爲自由體，如圖 2-66 所示

均變負荷改爲集中力，其位置爲三角形重心位置

力偶之作用不影響力方程式，但力矩不可忽略

$$+\uparrow \Sigma F_y = R_A + R_B - 500 - \frac{1}{2}\times 200 \times 6 = 0$$

$\therefore R_A + R_B = 1100$

$$\circlearrowleft + \ \Sigma M_B = \frac{1}{2}\times 200 \times 6 \times \frac{1}{3}\times 6 + 500\times 10 + 200\times 2 - R_A \times 14 = 0$$

$\therefore \mathbf{R}_A = 471.4\text{kg}(\uparrow)$，$\mathbf{R}_B = 628.6\text{kg}(\uparrow)$

例題 2.28

試求圖 2-67(a)所示樑各支點之反作用力。

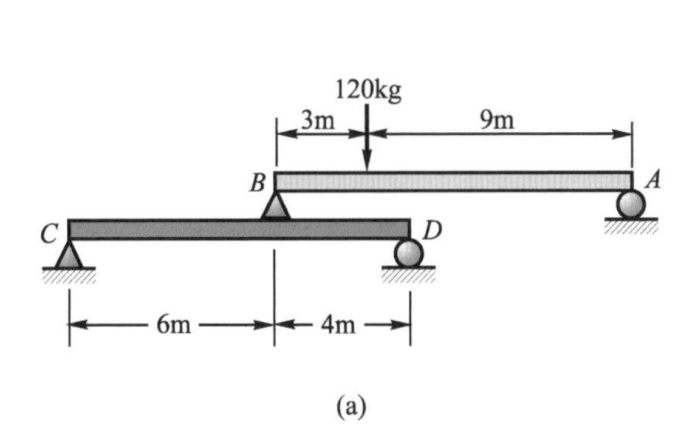

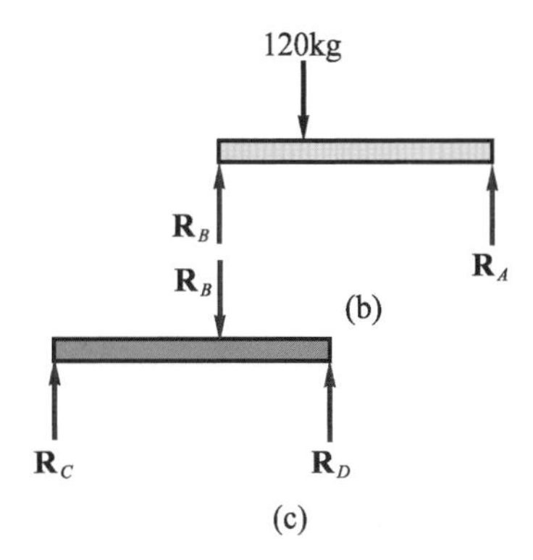

圖 2-67

解

以AB樑為自由體，如圖 2-67(b)所示

$\circlearrowleft + \ \Sigma M_B = 12 \times R_A - 3 \times 120 = 0 \quad \therefore \mathbf{R}_A = 30\text{kg}(\uparrow)$

$+\uparrow \ \Sigma F_y = 30 - 120 + R_B = 0 \quad \therefore \mathbf{R}_B = 90\text{kg}(\uparrow)$

次以CBD樑為自由體如圖 2-67(c)所示

$\circlearrowleft + \ \Sigma M_D = 4 \times 90 - 10 \times R_C = 0 \quad \therefore \mathbf{R}_C = 36\text{kg}(\uparrow)$

$+\uparrow \ \Sigma F_y = 36 - 90 + R_D = 0 \quad \therefore \mathbf{R}_D = 54\text{kg}(\uparrow)$

故 $\mathbf{R}_A = 30\text{kg}(\uparrow)$，$\mathbf{R}_C = 36\text{kg}(\uparrow)$，$\mathbf{R}_D = 54\text{kg}(\uparrow)$

隨堂練習

(　)1. 如圖 2-68 所示，試求P、Q合力R之作用點位置，即$\bar{x}$等於　(A)20cm　(B)30cm　(C)40cm　(D)50cm。

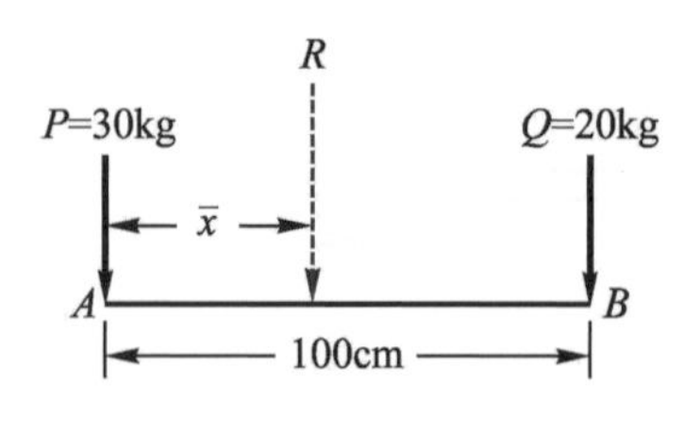

圖 2-68

(　)2. 如圖 2-69 所示之三共面平行力，其合力R之作用位置$\bar{x}$為　(A)2.0m　(B)2.5m　(C)3.0m　(D)3.5m。

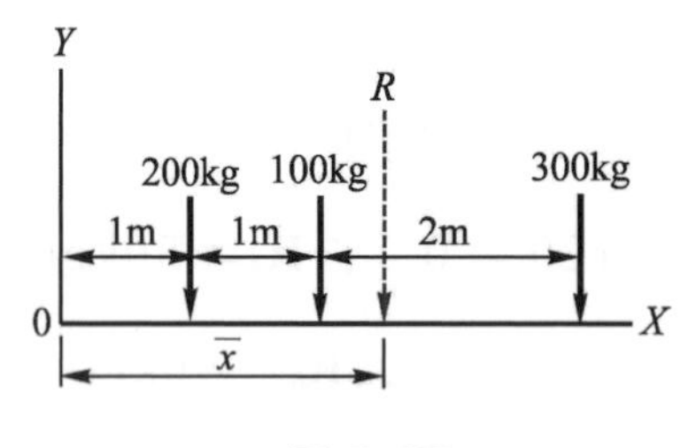

圖 2-69

(　)3. 兩反向之平行力，其合力作用點必在　(A)較小力之外方　(B)兩力之間靠近較大力　(C)兩力之間靠近較小力　(D)較大力之外方。

(　)4. 如圖 2-70 所示之樑，A、B兩支點之反力為　(A)$R_A = 7.25$kg，$R_B = 33.75$kg　(B)$R_A = 33.75$kg，$R_B = 7.25$kg　(C)$R_A = 6.25$kg，$R_B = 33.75$kg　(D)$R_A = 5$kg，$R_B = 35$kg。

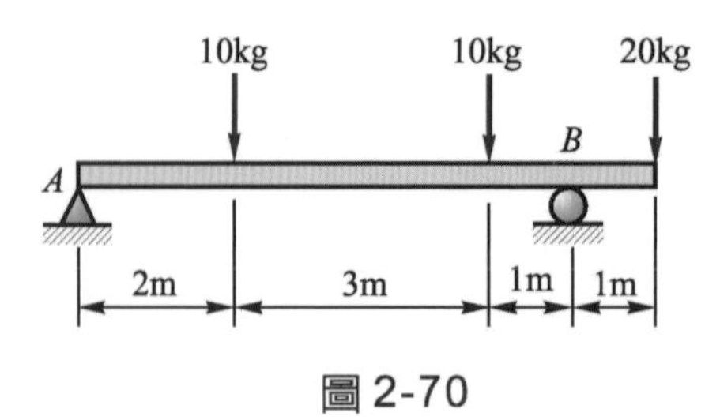

圖 2-70

( )5. 如圖 2-71 所示，B點之反力應為 (A)140N(↑) (B)125N(↑) (C)108N(↑) (D)90N(↑) (E)74N(↑)。

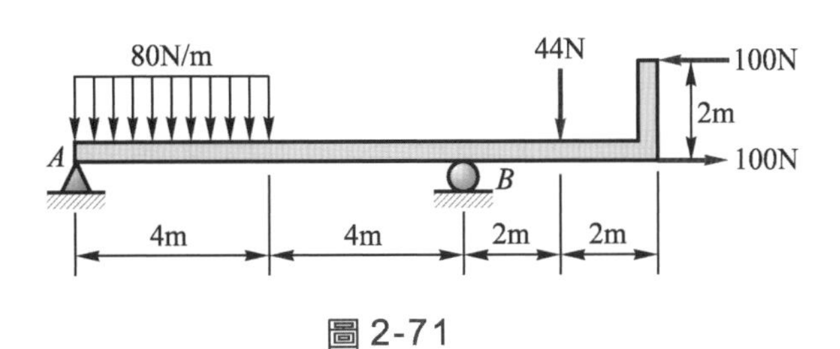

圖 2-71

( )6. 如圖 2-72 所示，在樑中點承受順時針力矩M作用之簡支樑，則在A點之垂直反力R_A為 (A)0 (B)M向上 (C)M向下 (D)M/L向上 (E)M/L向下。

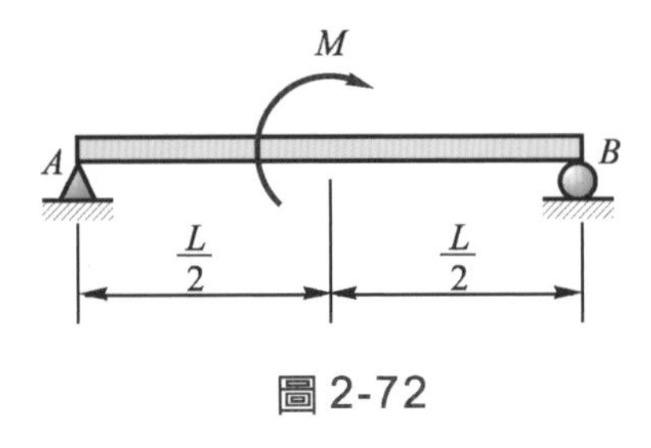

圖 2-72

2.5-3 同平面非共點非平行力系

任一力系中，各力之作用線在同一平面，但不共點不平行者，是為同平面非共點(非平行)力系，如圖 2-73 所示，$\mathbf{F}_1$、$\mathbf{F}_2$及$\mathbf{F}_3$作用線不在同一點相交，均在同一平面$ABCD$上。

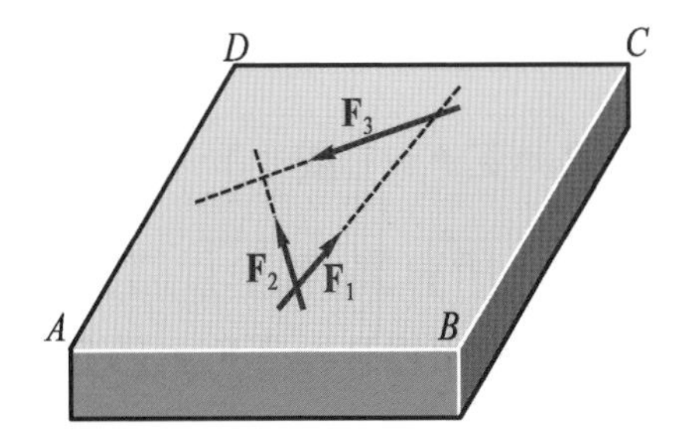

圖 2-73 同平面非共點非平行力系

1. 同平面非共點非平行力系之合成：

對於任何同平面非共點非平行力系，可擇取於x，y軸上每一個力可在其作用線上任一點，分解爲x，y兩分力，此兩分力之大小與所取分解點之位置無關。因合力對於移動上之效應與諸分力之總效應相同。如圖 2-74 所示有$\mathbf{F}_1(\alpha)$，$\mathbf{F}_2(\beta)$，$\mathbf{F}_3(\gamma)$，$\mathbf{F}_4(\delta)$諸力共同作用於物體上，作x，y兩直角座標軸，將此諸力各分解爲兩個分力，一與x軸平行，一與y軸平行。如此便將此力系分解爲兩個互相垂直的平行力系。

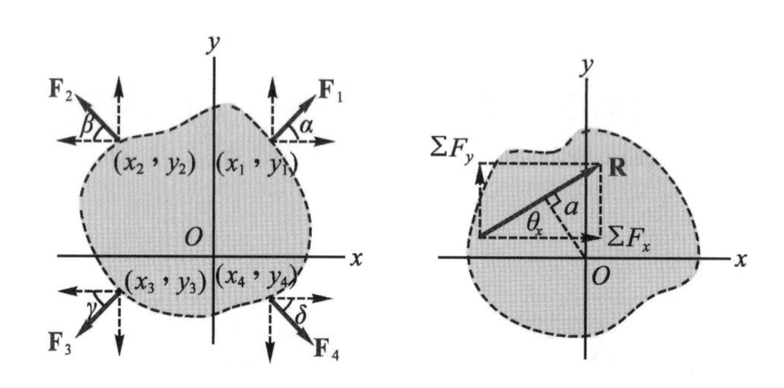

圖 2-74　同平面非共點非平行力系之合成

即

x	y
$F_1\,x = F_1 \cos\alpha$	$F_1\,y = F_1 \sin\alpha$
$F_2\,x = -F_2 \cos\beta$	$F_2\,y = F_2 \sin\beta$
$F_3\,x = -F_3 \cos\gamma$	$F_3\,y = -F_3 \sin\gamma$
$F_4\,x = F_4 \cos\delta$	$F_4\,y = -F_4 \sin\delta$
………………	………………
$R_x = \Sigma F_x$(→或←)	$R_y = \Sigma F_y$(↑或↓)

按同平面共點力系，所有與x軸平行諸分力代數和爲$\mathbf{R}_x = \Sigma\mathbf{F}_x$，又所有與$y$軸平行諸分力代數和爲$\mathbf{R}_y = \Sigma\mathbf{F}_y$，於是此$\Sigma\mathbf{F}_x$與$\Sigma\mathbf{F}_y$之合力即爲$\mathbf{F}_1$，$\mathbf{F}_2$，$\mathbf{F}_3$，$\mathbf{F}_4$之合力。

⑴ 合力**R**之大小

$$\mathbf{R}=\vec{\mathbf{R}}_x+\vec{\mathbf{R}}_x \quad \mathbf{R}=[(\Sigma F_x)^2+(\Sigma F_y)^2]^{\frac{1}{2}}$$

⑵ 合力R之方向(與x軸所夾之角θ_x表示)

$$\tan\theta_x=\frac{\Sigma F_y}{\Sigma F_x} \quad 或 \quad \theta_x=\tan^{-1}\frac{\Sigma F_y}{\Sigma F_x}$$ (θ_x)

或以x，y座標方式表之如：(ΣF_y ΣF_x)

⑶ 合力作用線之位置

根據力矩原理，任一組同平面非共點非平行力系，對於該平面內任一點之力矩代數和，等於其合力對於該點之力矩。如力矩中心定為O點，O點至**R**作用線之垂直距離為a，則

$$\mathbf{R}\cdot a=\Sigma M_O \quad \therefore a=\frac{\Sigma M_O}{\mathbf{R}}$$

① 計算各分力對力矩中心之力矩，可將其水平分力$\mathbf{F}_x$乘以其作用點之縱距y，及其垂直分力$\mathbf{F}_y$乘以其作用點之橫距x，較為方便。

② 合力力矩之方向，必須與ΣM_O之方向(正負號)相符合。

⑷ 合力可能型式

① 合力$\mathbf{R}=\vec{\mathbf{R}}_x+\vec{\mathbf{R}}_y\neq 0$………………一力。

② $\mathbf{R}=\vec{\mathbf{R}}_x+\vec{\mathbf{R}}_y=0$，$\Sigma M_O\neq 0$ ……力偶。

其力偶矩等於諸力對O點之力矩代數和，即$C=\Sigma M_O$

③ $\mathbf{R}=\vec{\mathbf{R}}_x+\vec{\mathbf{R}}_y=0$，$\Sigma M_O=0$ ……平衡狀態。

例題 2.29

試求圖 2-75 所示同平面非共點非平行力系之合力，並註明與O點之位置。(圖中每一方格代表 1m×1m)

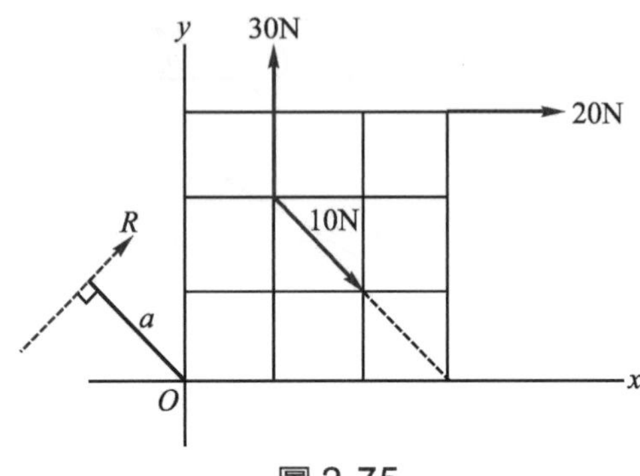

圖 2-75

解

$\xrightarrow{+} \Sigma F_x = 20 + 10 \times \dfrac{1}{\sqrt{2}} = 27.07\text{N}(\rightarrow)$

$+\uparrow \Sigma F_y = 30 - 10 \times \dfrac{1}{\sqrt{2}} = 22.93\text{N}(\uparrow)$

$\theta_x = \tan^{-1}\left(\dfrac{22.93}{27.07}\right) = \tan^{-1}(0.847) = 40.3°$(θ_x)

$R = \sqrt{(27.07)^2 + (22.93)^2} = 35.48\text{N}$(22.93 27.07) 或 (40.3°)

如O點至R作用線之垂直距離為a，假定R在O點之上方如圖 2-75 所示，由力矩原理，以順鐘向為正(+)則

$35.48 \times a = 20 \times 3 - 30 \times 1 + 10 \times \dfrac{1}{\sqrt{2}} \times 3$

$\therefore a = 1.44\text{m}$

故　合力$R = 35.48\text{N}$(27.07 22.93 1.44m O)

例題 2.30

如圖 2-76 所示之物體受三力及一力偶作用，試求此力系之合力。

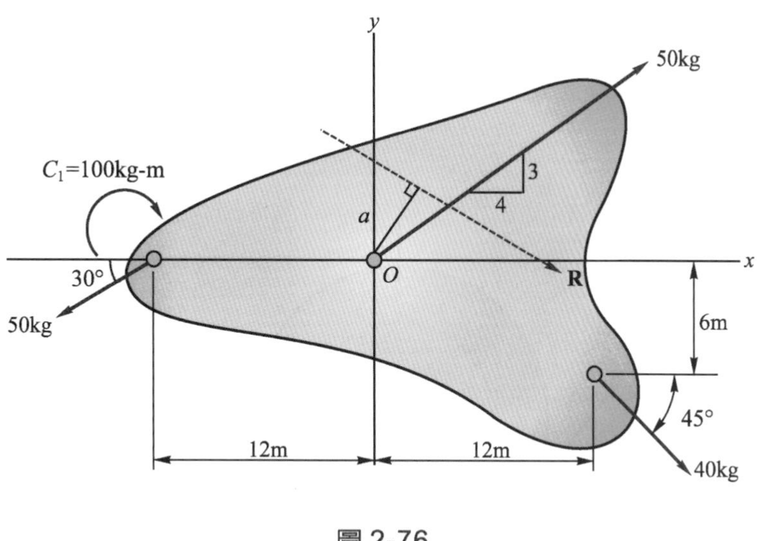

圖 2-76

解

以O為原點定出x、y軸，圖中力偶不影響合力之大小

$$\overset{+}{\rightarrow} \Sigma F_x = 50 \times \frac{4}{5} + 40\cos 45° - 50\cos 30° = 25\text{kg}(\rightarrow)$$

$$+\uparrow \Sigma F_y = 50 \times \frac{3}{5} - 40\sin 45° - 50\sin 30° = -23.3\text{kg} = 23.3\text{kg}(\downarrow)$$

$$\theta_x = \tan^{-1}\frac{-23.3}{25} = \tan^{-1}(-0.932) = -42.98°(\searrow \theta_x)$$

$$R = \sqrt{(25)^2 + (23.3)^2} = 34.2\text{kg}(\ 23.3 \searrow 25\ )\text{或}(\searrow 42.98°)$$

如O點至R作用線之垂直距離為a，假定R在O點之上方如圖 2-76 所示，由力矩原理，以順鐘向為正(↻+)則，

$$34.2 \times a = -(40\cos 45°) \times 6 + (40\sin 45°) \times 12 - (50\sin 30°) \times 12 + 100$$

$\therefore a = -0.887\text{m}$　(負號表示與假設相反即R在O點之下方)

故　合力$R = 34.2\text{kg}$(23.3 ↘ 25，O 0.887m)

例題 2.31

試求作用於圖 2-77 所示，複合滑輪上三力之合力，但內輪半徑$\frac{1}{2}$m，外輪半徑 1m。

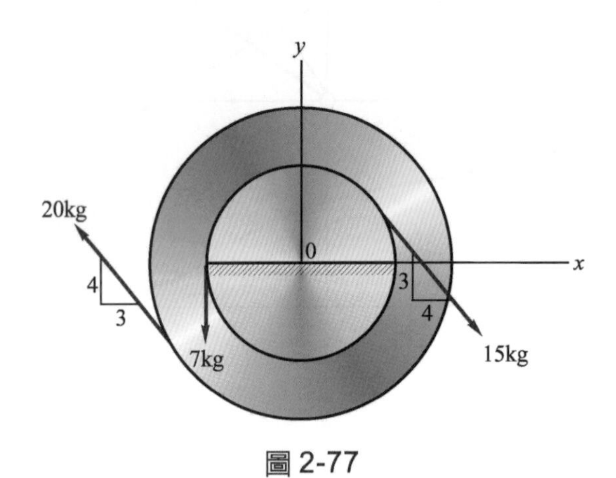

圖 2-77

解

$\xrightarrow{+} \Sigma F_x = 15 \times \frac{4}{5} - 20 \times \frac{3}{5} = 0$

$+\uparrow \Sigma F_y = -15 \times \frac{3}{5} - 7 + 20 \times \frac{4}{5} = 0$

$\therefore R = 0$

$\circlearrowleft + \ \Sigma M_o = -15 \times \frac{1}{2} + 7 \times \frac{1}{2} - 20 \times 1 = -24\text{kg-m} = 24\text{kg-m}(\curvearrowright)$

故　三力之合力為力偶，其力偶矩為 24kg-m($\curvearrowright$)

2. 同平面非共點非平行力系之平衡：

由合力可能型式知，當$R=\vec{R}_x+\vec{R}_y=0$及$\Sigma M_O=0$時，物體處於平衡狀態，故同平面非同點非平行力系平衡時充要條件爲：

(1) **力系中各力在任一方向之分力之代數和必等於零**

(2) **力系中各力對平面內任一點之力矩代數和必等於零**

故同平面非同點非平行力系平衡之解法爲：

(1) $\Sigma F_x=0$，$\Sigma F_y=0$，$\Sigma M_A=0$(A爲作用面上任一點)，或

(2) $\Sigma F_x=0$或$\Sigma F_y=0$，$\Sigma M_A=0$，$\Sigma M_B=0$(A、B兩點連線不得垂直於x軸或y軸)，或

(3) $\Sigma M_A=0$，$\Sigma M_B=0$，$\Sigma M_C=0$(A、B、C爲平面上任意之三點，但不可在同一直線上)

由以上可知同平面非同點非平行力系平衡問題，僅能包含三個未知量，亦即所能決定之未知數，不能超過三個。

應用力矩方程式時，對力矩中心之選擇，須恰當，茲提兩點說明之：

(1) 在第一種解法中其力矩中心應取作用點(含未知量)作用力較多之點，如此可少去許多計算項目，如圖2-78中之橫樑當以A點爲力矩中心適宜。

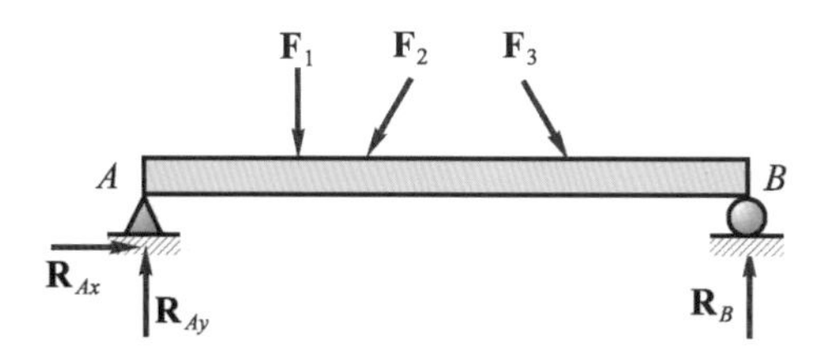

圖2-78　力矩中心選擇(1)

⑵ 如力矩方程式較多，最好以不須聯立方程式解決，即一方程式即得到一答案為佳。如圖 2-79 為一屋架之一部分，$\mathbf{R}_A$、$\mathbf{Q}$、$\mathbf{F}_1$、$\mathbf{F}_2$、$\mathbf{F}_3$五力作用其上，而成平衡，但$\mathbf{R}_A$、$\mathbf{Q}$為已知，欲求$\mathbf{F}_1$、$\mathbf{F}_2$、$\mathbf{F}_3$三力之大小(方向為已知)時，當以

$\Sigma M_D = 0$……僅一F_3未知量

$\Sigma M_C = 0$……僅一F_1未知量

$\Sigma M_A = 0$……僅一F_2未知量

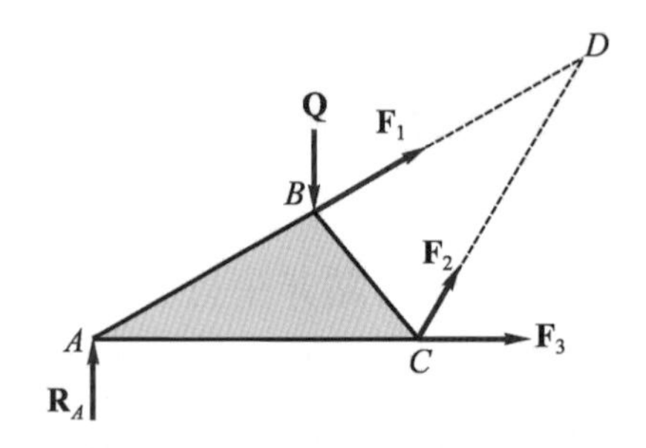

圖 2-79 力矩中心選擇(2)

再如圖 2-80 中$\mathbf{R}$、$\mathbf{P}$、$\mathbf{Q}$為已知，欲求$\mathbf{F}_1$、$\mathbf{F}_2$、$\mathbf{F}_3$之大小(方向已知)，當以

$\Sigma M_A = 0$…… 僅一F_3未知量

$\Sigma M_B = 0$…… 僅一F_1未知量

$\Sigma F_y = 0$ …… 僅一F_2未知量

如此力矩中心之選取恰當，無須聯立方程式。

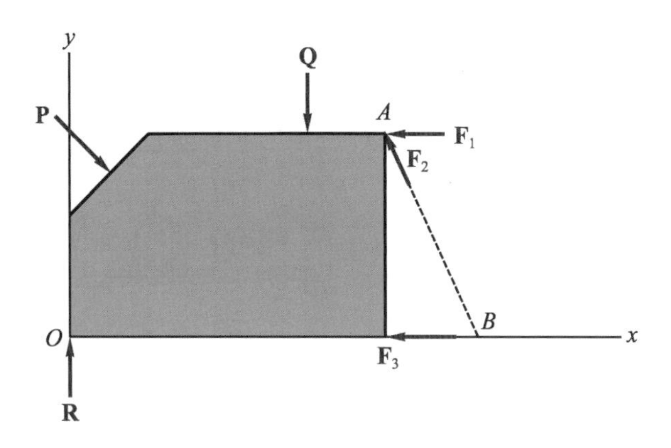

圖 2-80　力矩中心之選擇(3)

例題 2.32

試求圖 2-81 所示外伸樑，支點之反力爲若干？

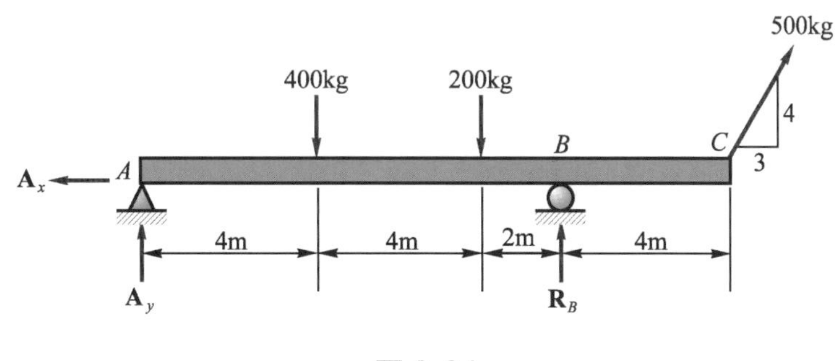

圖 2-81

解

以樑ABC爲自由體，假設支點反力之方向如圖 2-81 所示

$$\circlearrowleft + \ \Sigma M_A = -400 \times 4 - 200 \times 8 + R_B \times 10 + 500 \times \frac{4}{5} \times 14 = 0$$

$\therefore R_B = -240\text{kg}$(負號表示與假設方向相反)

即$R_B = 240\text{kg}(\downarrow)$

$$\xrightarrow{+} \Sigma F_x = 500 \times \frac{3}{5} - A_x = 0$$

$\therefore A_x = 300\text{kg}(\leftarrow)$

$+\uparrow \Sigma F_y = A_y - 400 - 200 - 240 + 500 \times \dfrac{4}{5} = 0$

$\therefore A_y = 440\text{kg}(\uparrow)$

$\theta_x = \tan^{-1}\left(\dfrac{440}{-300}\right) = \tan^{-1}(-1.47) = 55.7°$(θ_x)

$R_A = \sqrt{(300)^2 + (440)^2} = 532.5\text{kg}$(22 15)或(55.7°)

故　$R_A = 532.5\text{kg}$(22 15)或(55.7°)，$R_B = 240\text{kg}(\downarrow)$

例題 2.33

試求圖 2-82 所示，懸臂樑支點之反力。

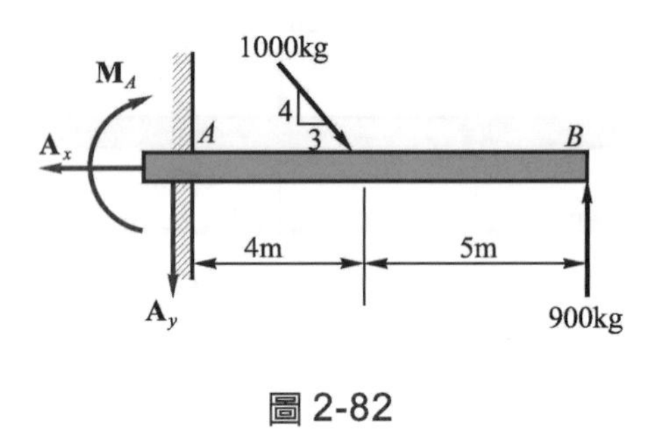

圖 2-82

解

以樑AB為自由體，並假定反力方向，如圖 2-82 所示

$\circlearrowleft + \Sigma M_A = 900 \times 9 - 1000 \times \dfrac{4}{5} \times 4 - M_A = 0$

$\therefore M_A = 4900\text{kg-m}(\curvearrowright)$

$\overset{+}{\rightarrow} \Sigma F_x = 1000 \times \dfrac{3}{5} - A_x = 0 \quad \therefore A_x = 600\text{kg}(\leftarrow)$

$+\uparrow \Sigma F_y = 900 - 1000 \times \dfrac{4}{5} - A_y = 0 \quad \therefore A_y = 100\text{kg}(\downarrow)$

故　$A_x = 600\text{kg}(\leftarrow)$，$A_y = 100\text{kg}(\downarrow)$，$M_A = 4900\text{kg-m}(\curvearrowright)$

例題 2.34

試求圖 2-83(a)中BC繩之張力及銷釘A處之反作用力，但不計AB桿及BC繩之自重。

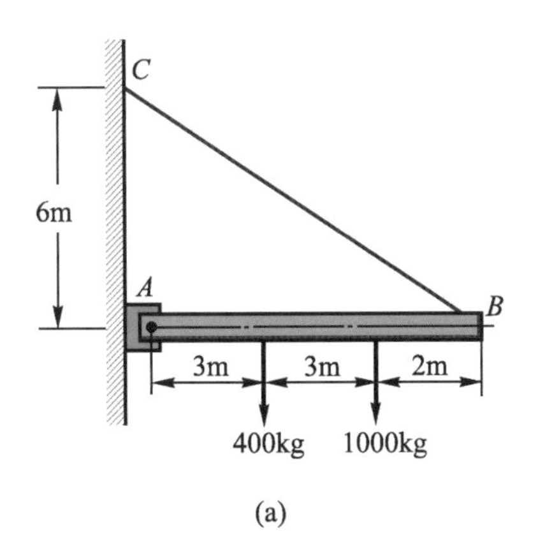

(a)

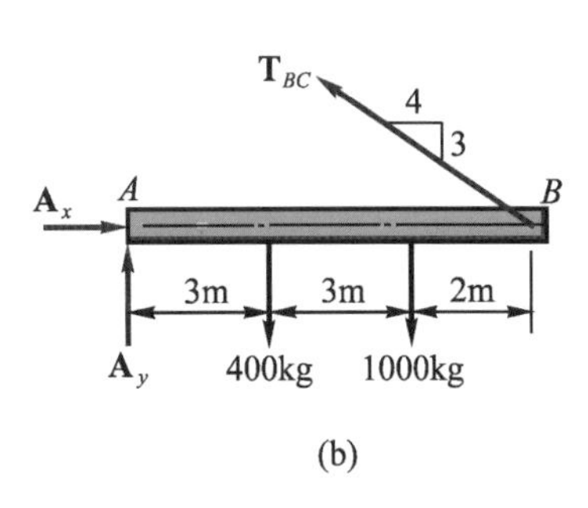

(b)

圖 2-83

解

以AB桿為自由體，並假定反力方向，如圖 2-83(b)所示

$$\circlearrowleft + \Sigma M_A = -400\times 3 - 1000\times 6 + T_{BC}\times\frac{3}{5}\times 8 = 0$$

$$\therefore T_{BC} = 1500\text{kg}(\ \text{3:4 斜向左上}\ )$$

$$\xrightarrow{+} \Sigma F_x = A_x - 1500\times\frac{4}{5} = 0 \quad \therefore A_x = 1200\text{kg}(\rightarrow)$$

$$+\uparrow \Sigma F_y = A_y - 400 - 1000 + 1500\times\frac{3}{5} = 0 \quad \therefore A_y = 500\text{kg}(\uparrow)$$

$$\theta_x = \tan^{-1}\left(\frac{500}{1200}\right) = \tan^{-1}(0.417) = 22.6°(\ \theta_x\ )$$

$$R_A = \sqrt{(1200)^2+(500)^2} = 1300\text{kg}(\ \text{5:12}\ )\text{或}(\ 22.6°\ )$$

故 $T_{BC} = 1500\text{kg}(\ \text{3:4}\ )$或$(\ 37°\ )$

$R_A = 1300\text{kg}(\ \text{5:12}\ )$或$(\ 22.6°\ )$

在工程上，常有數個物體連結一起而構成平衡，欲討論其間各力之作用，最好將每一個物體分離成爲一自由體，利用所述之平衡條件列出所需之方程式來求其未知值即可。對較複雜之結構，如按此方式連續使用，則很容易解得其未知值。茲舉例說明之。

例題 2.35

如圖 2-84(a)中，AB桿在E處受 80kg力作用，CD桿在C處受一30kg力作用，如二桿件之重量不計，試求A、D兩支點之水平及垂直反力。

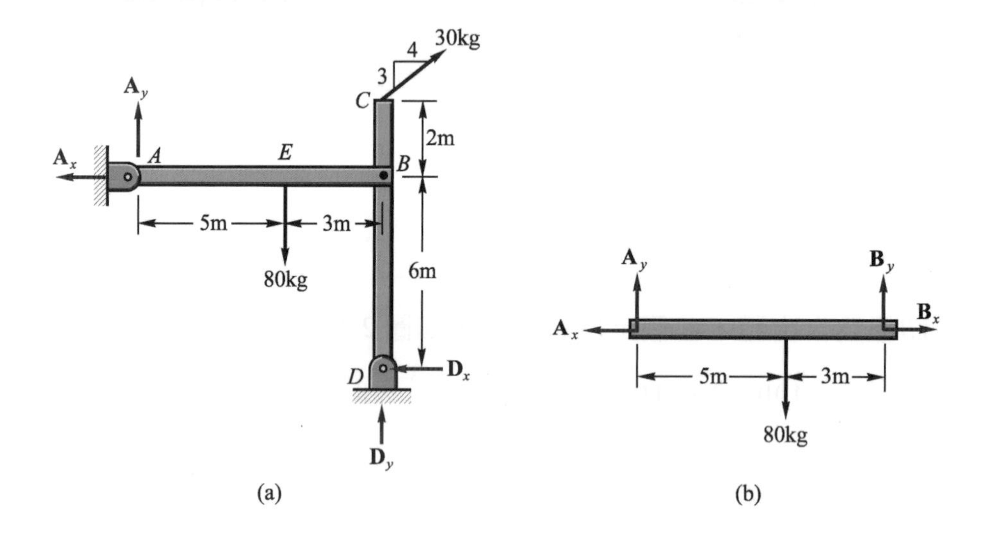

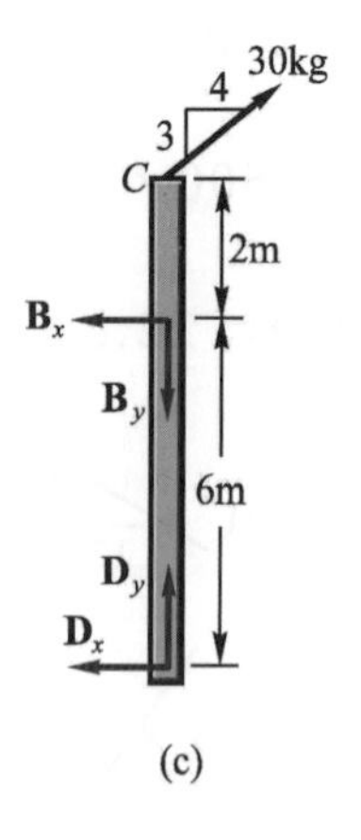

圖 2-84

解

以整個結構爲自由體如圖 2-84(a)中，指出有四個未知數，但此力系(同平面非同點非平行力系)於平衡時僅有三條平衡方程式。另桿AB附加之自由體圖2-84(b)，增加兩個多餘未知數(總共6個)並產生三條以上之平衡方程式，因此兩個自由體圖有六條平衡方程式，即可求得六個未知數，所以所有未知力即可解得。

以AB爲自由體如圖 2-84(b)中(並假定反力方向)

$$\circlearrowleft + \Sigma M_B = 80 \times 3 - A_y \times 8 = 0$$

$$\therefore A_y = 30\text{kg}(\uparrow)$$

次以整個結構爲自由體如圖 2-84(a)(並假定反力方向)

$$\circlearrowleft + \Sigma M_D = -30 \times \frac{4}{5} \times 8 + 80 \times 3 - 30 \times 8 + A_x \times 6 = 0$$

$$\therefore A_x = 32\text{kg}(\leftarrow)$$

$$\xrightarrow{+} \Sigma F_x = 30 \times \frac{4}{5} - 32 - D_x = 0$$

$$\therefore D_x = -8\text{kg}(\text{與假定方向相反})$$

$$\therefore D_x = 8\text{kg}(\rightarrow)$$

$$+\uparrow \Sigma F_y = 30 + D_y - 80 + 30 \times \frac{3}{5} = 0$$

$$\therefore D_y = 32\text{kg}(\uparrow)$$

該題亦可取CBD爲自由體如圖2-84(c)，先求得D_x，D_y次求A_x及A_y

故　$A_x = 32\text{kg}(\leftarrow)$，$A_y = 30\text{kg}(\uparrow)$

　　$D_x = 8\text{kg}(\rightarrow)$，$D_y = 32\text{kg}(\uparrow)$

※教師如上課時間充裕，可再講授桁架應力分析，請參閱本書附錄四。

(　)1. 在一共面非共點非平行力系中，R爲力系之合力，a爲力作用線至旋轉軸O之距離，ΣM_O爲合成力矩。若$R=0$，但$\Sigma M_O \neq 0$，則 (A)力系之合力爲一力偶 (B)此爲一平衡力系 (C)力偶矩(Couple Moment)爲0 (D)力系之合力爲一單力。

(　)2. 如圖2-85所示，0點至三力合力作用線之垂直距離爲 (A)0.7 (B)0.526 (C)1.9 (D)0.303 m。

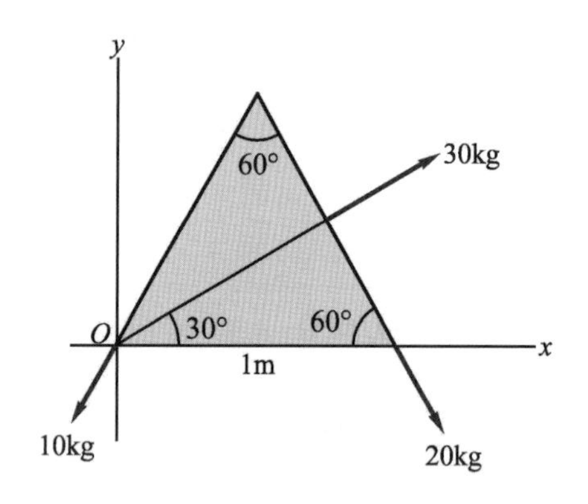

圖2-85

(　)3. 有一15kg之水平力作用於一拔釘器，恰能將釘子拔出，如圖2-86所示，則釘子對拔釘器之阻力爲 (A)45 (B)60 (C)104 (D)52 kg。

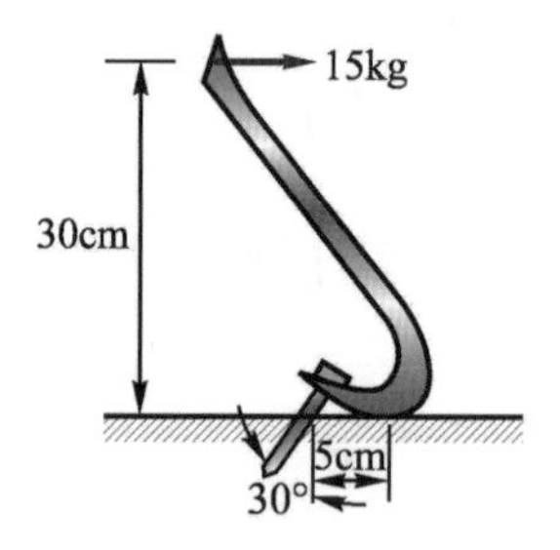

圖2-86

( )4. 如圖 2-87 所示，*B*支點之反力爲 (A)60 (B)70.8 (C)96.6 (D)80 *t*。

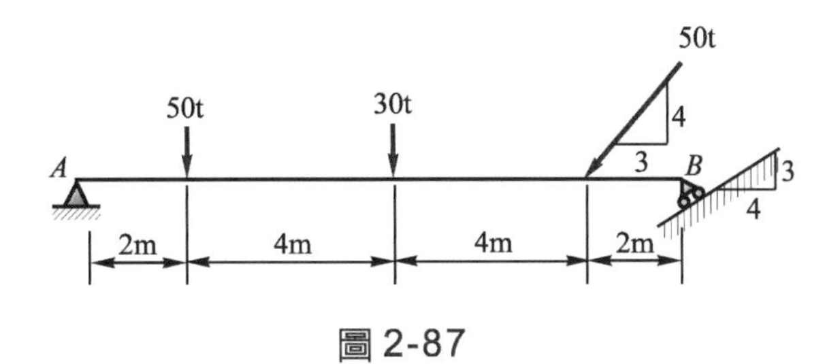

圖 2-87

( )5. 共面力系之平衡方程式數目，最多有 (A)一 (B)二 (C)三 (D)六 條。

本章重點整理

1. 將力系以一單力代之而外效應不變，稱爲力之合成。此單力稱爲合力。
2. 求合力之方法：
   (1) 平行四邊形法。
   (2) 三角形法。
   (3) 力多邊形法。
   (4) 由餘弦定律：$R=\sqrt{F_1^2+F_2^2+2F_1F_2\cos\theta}$。(二共點力之合成)
   (5) 直角座標法：$R=\sqrt{(\Sigma F_x)^2+(\Sigma F_y)^2}$。
3. 將一力分解成數個分力，其外效應並不改變，稱爲力之分解。
   (1) 一力系之分力有無限多個。
   (2) 力爲向量，故合力與分力間沒有一定大小關係。
4. 力矩：施力於物體，使受力物體繞一固定點或某一固定軸線產生轉動之量，常以符號“M”代表之。
   (1) 大小：力矩＝力×力臂。
   (2) 爲向量，一般取逆時針方向爲正，順時針方向爲負。
   (3) 力矩原理：任何力系之合力對於任何一點或任一軸之力矩，等於力系中各分力對同點或同軸之力矩之代數和。
   (4) 力矩爲零之情形：
      ① 力作用線經力矩中心(力矩軸)
      ② 力作用線平行力矩軸
5. 力偶：大小相等、方向相反且作用線不在同一直線上之兩平行力。力偶不能以一單力平衡。
   (1) 力偶之特性(要素)：
      ① 力偶矩之大小：常以符號“C”代表之
      $C=F\times d$，力偶矩之大小與力偶矩中心位置無關

② 力偶作用面之傾度(方位)

③ 力偶迴轉之方向(轉動指向)

(2) 力偶之變換：

① 力偶可在其所作用之平面上移動或轉至任一位置

② 力偶可移至與其作用面平行之任一平面

③ 任一力偶可以在同一作用面內任意用另一力矩值相等之力偶代替之

(3) 力偶之合成：

① 一組同平面(平行面)力偶之合力仍爲一力偶，力矩等於各個力偶矩之代數和

② 一單力及一力偶(一組力偶)之合力爲一單力，大小等於原單力，並平行同指向於原單力。合力與原單力之距離等於相等力偶之力偶臂

(4) 力之平移(分解一力爲經過所設點之一力及一力偶)：

① 分解得之一力，只改變作用點之位置

② 分解得之力偶，其力偶矩之值，等於原一力對所定點之力矩

6. 同平面共點力系之合力可能型式：

(1) 一力。(力多邊形不閉合，或$R \neq 0$時)

(2) 零，即力系平衡。(力多邊形閉合，或$R = 0$時)

7. 力之平衡與平衡力：

(1) 力之平衡：兩個或兩個以上之力同時作用於物體上，而物體不產生任何外效應時，謂之力系平衡。(平衡包括了靜止和等速直線運動)

(2) 平衡力：一組力作用於物體，如達平衡時，則其中任一力必須與其餘諸力之合力大小相等，方向相反此任何力即稱平衡力。如圖2-88中$\mathbf{R}$爲$\mathbf{F}_1$，$\mathbf{F}_2$，$\mathbf{F}_3$之合力，故$\mathbf{F}_4$即爲$\mathbf{F}_1$，$\mathbf{F}_2$，$\mathbf{F}_3$之平衡力。

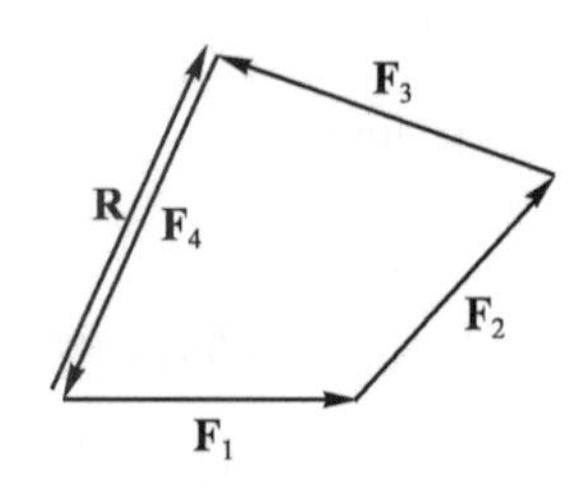

圖 2-88

8. 二力平衡與三力平衡之條件：

(1) 二力平衡：

① 大小相等

② 方向相反

③ 共線

(2) 三力平衡：

① 三力作用線若不平行必交於一點

② 三力必作用於同一平面上

③ 三力必成一閉合三角形

9. 三力平衡解法：

(1) 與共面共點力系平衡解法相同。

(2) 利用拉密定理：$\dfrac{F_1}{\sin\theta_1}=\dfrac{F_2}{\sin\theta_2}=\dfrac{F_3}{\sin\theta_3}$。

10. 同平面共點力系平衡：

(1) 力多邊形閉合。

(2) $R=0$，即$\Sigma F_x=0$，$\Sigma F_y=0$或$\Sigma F_x=0\,(\Sigma F_y=0)$，$\Sigma M_A=0$或$\Sigma M_A=0$，$\Sigma M_B=0$。

11. 同平面平行力系之合成：

(1) $R=\Sigma F$。

(2) $R \mathbin{/\!/} F_1 \mathbin{/\!/} F_2 \mathbin{/\!/} F_3\cdots$。(同較大力之一方作用)

(3) 位置：由力矩原理，$x=\dfrac{\Sigma M_O}{R}$。

(4) 合力可能型式：

① $R=\Sigma F\neq 0$ ……………………一力

② $R=\Sigma F=0$，$\Sigma M_O\neq 0$ ……力偶

③ $R=\Sigma F=0$，$\Sigma M_O=0$ ……平衡

12. 同平面平行力系之平衡：

(1) 條件：$R=0$，$\Sigma M_O=0$。

(2) 解法：$\Sigma F_y=0$，$\Sigma M_A=0$。(如力系平行y軸，A爲作用面上任一點)或$\Sigma M_A=0$，$\Sigma M_B=0$。(A，B爲作用面上任意兩點，但其連線不與各力平行)

13. 同平面非共點非平行力系之合力：

(1) 大小：

$$R=\vec{R}_x+\vec{R}_y \quad 即 R=\sqrt{(\Sigma F_x)^2+(\Sigma F_y)^2}$$

(2) 方向(與x軸所夾角θ_x表示)：

$$\theta_x=\tan^{-1}\frac{\Sigma F_y}{\Sigma F_x}$$
(圖：θ_x)或(圖：ΣF_y，ΣF_x)

(3) 位置：

$$a=\frac{\Sigma M_O}{R}$$
(a爲合力至0點之垂直距離)

(4) 合力可能型式：

① $R=\vec{R}_x+\vec{R}_y\neq 0$……………………一力

② $R=\vec{R}_x+\vec{R}_y=0$，$\Sigma M_O\neq 0$………力偶

③ $R=\vec{R}_x+\vec{R}_y=0$，$\Sigma M_O=0$………平衡

14. 共面非共點非平行力系之平衡：

(1) 條件：

① 力系中各力在任一方向之分力之代數和必等於零

② 力系中各力對平面內任一點之力矩代數和必等於零

(2) 解法：

① $\Sigma F_x = 0$，$\Sigma F_y = 0$，$\Sigma M_A = 0$ (A為作用面上任一點)，或

② $\Sigma F_x = 0$ 或 $\Sigma F_y = 0$，$\Sigma M_A = 0$，$\Sigma M_B = 0$ (A、B兩點連線不得垂直於x軸或y軸)，或

③ $\Sigma M_A = 0$，$\Sigma M_B = 0$，$\Sigma M_C = 0$ (A、B、C為平面上任意之三點，但不可在同一直線上)

學後評量

( )1. 兩力之合力 (A)必大於分力 (B)不一定大或小於分力 (C)必小於分力 (D)必等於分力之平均值。

( )2. 有二質點各有其運動向量(非零向量)其大小相等，若其合向量之大小亦與各向量之大小相等，則此合向量與各向量間之夾角為 (A)0° (B)60° (C)45° (D)135° (E)140°。

( )3. 如圖2-89所示，兩力之合力R為 (A)69kg (B)79kg (C)89kg (D)99kg。

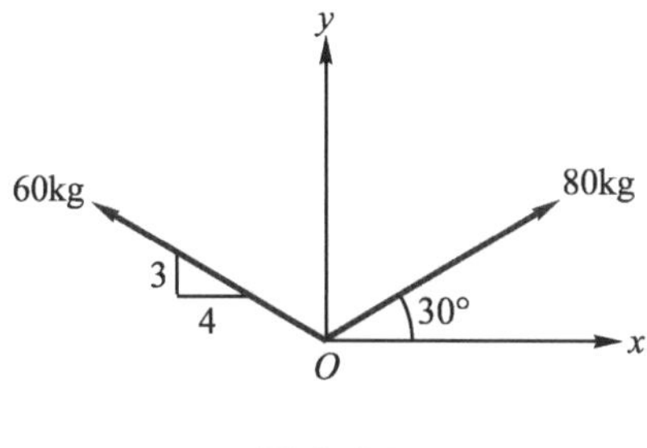

圖2-89

( )4. 如圖2-90所示，100kg之力對O點所造成之力矩大小為 (A)400kg-cm (B)320kg-cm (C)240kg-cm (D)0。

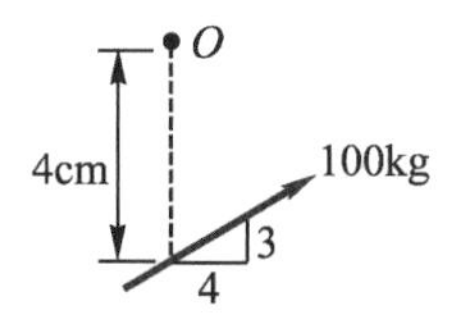

圖2-90

( )5. 如圖2-91所示，作用於懸臂樑上A點之力F為30公斤，試求該力對O點之力矩大小 (A)90公斤 (B)90公斤-公尺 (C)120公斤-公尺 (D)150公斤-公尺。

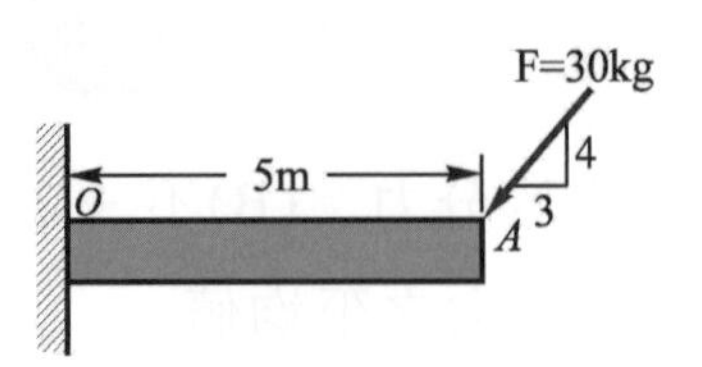

圖 2-91

( )6. 將平面上之F力分解為一單力P及一力偶C，則下列敘述何者有誤？ (A)P與F大小相等 (B)P與F方向相同 (C)P與F著力點相同 (D)P與F著力點不同。

( )7. 如圖 2-92 所示，圓筒重 50kg，靜止作用於光滑之壁上，則A點之反力為 (A)100kg← (B)100kg→ (C)50kg← (D)50kg→ (E)100kg$\sqrt{5}$kg←。

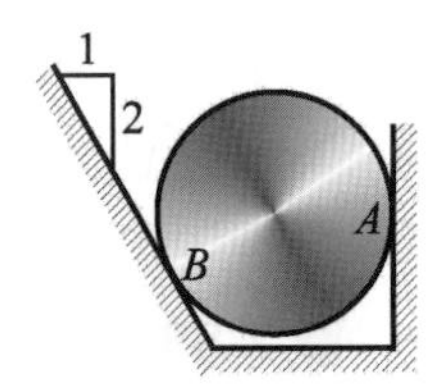

圖 2-92

( )8. 如圖 2-93 所示為一圓球以繩索繫於光滑牆上a點，繩索之拉力為T，球所受之反力為R，如球重W不變，則 (A)球徑愈小，R愈大 (B)球徑愈小，T愈大 (C)球徑愈大，R愈大 (D)T及R隨 W 而變，與球徑無關。

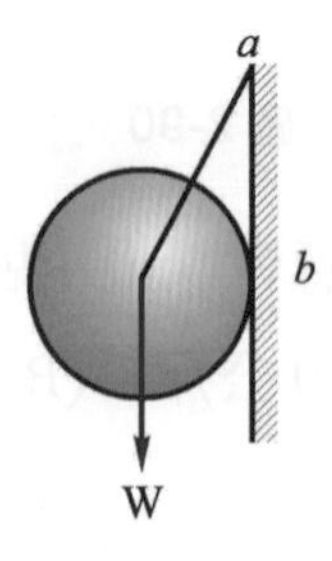

圖 2-93

(　)9. 共面平行力系，有幾個獨立平衡方程式？　(A)1 個　(B)2 個　(C)3 個　(D)不一定。

(　)10. 如圖 2-94 所示之簡支樑，承受一均變負載，試求A點之反力為　(A)$R_A = 233$　(B)$R_A = 250$　(C)$R_A = 150$　(D)$R_A = 300$　kg。

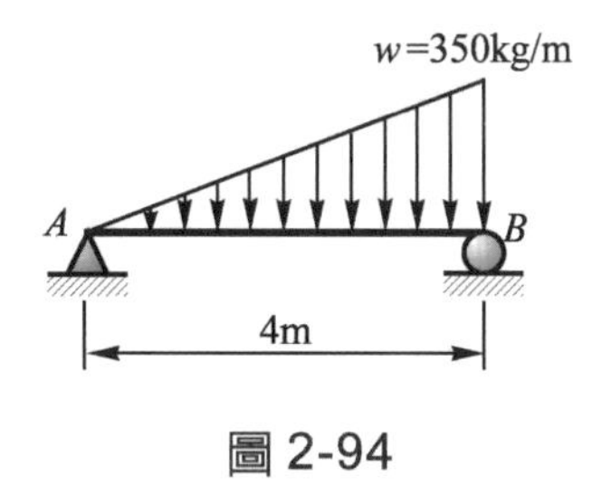

圖 2-94

(　)11. 如圖 2-95 所示，B點之反力應為　(A)140N(↑)　(B)125N(↑)　(C)108N(↑)　(D)90N(↑)　(E)74N(↑)。

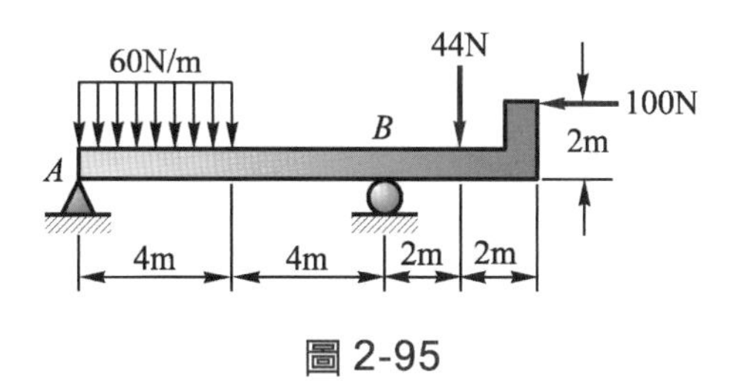

圖 2-95

(　)12. 如圖 2-96 所示之圓柱重 20kg，若框架重及摩擦不計，D點的反力為　(A)10　(B)15　(C)20　(D)25　kg。

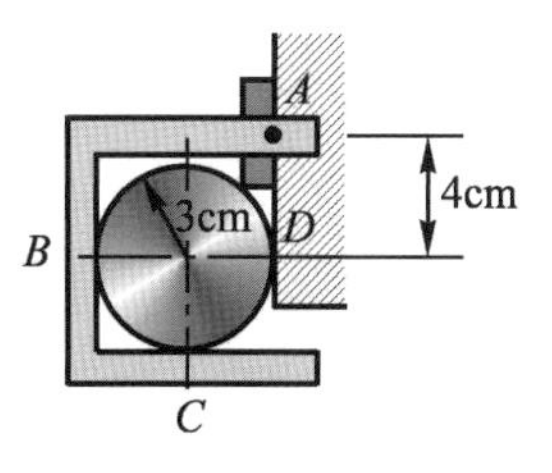

圖 2-96

習題 2-2

1. 試求下圖所示，同平面共點力系之合力。

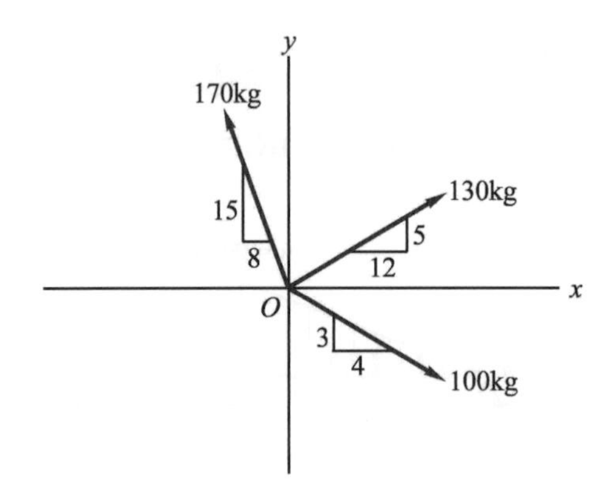

2. 如圖所示，10kg 為兩力之合力，其中一力為 39kg，如圖所示，試求另一未知力之大小與方向。

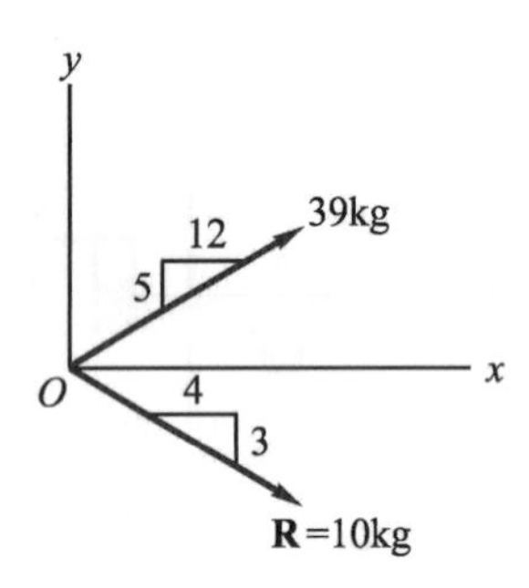

3. 如圖中，設圓柱重 50kg，用軟繩懸掛之，並靠於光滑斜面，試求繩之張力及斜面之反力各為若干？

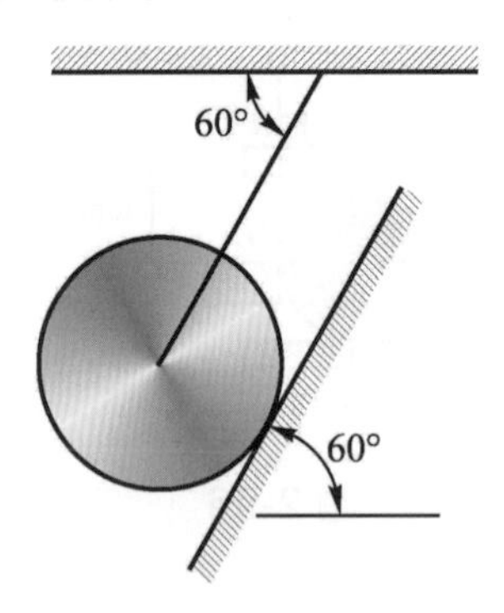

4. 圖中之二圓柱，其半徑如圖所示，若各物體之表面光滑，求A、B、C及D之反作用力。

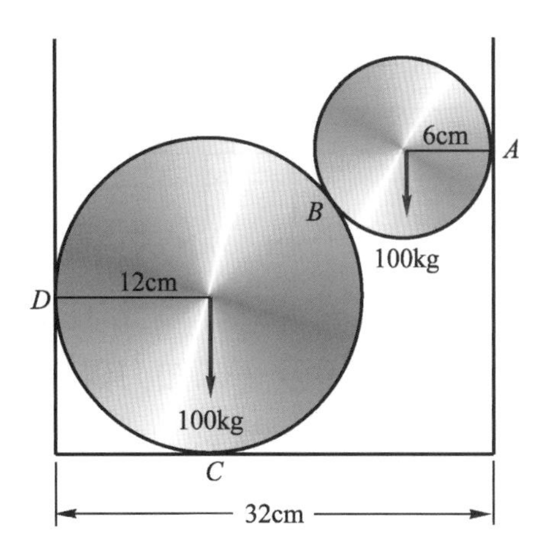

5. 如圖所示，試求AC繩之張力及BC桿之壓力各爲若干？但BC桿重不計。

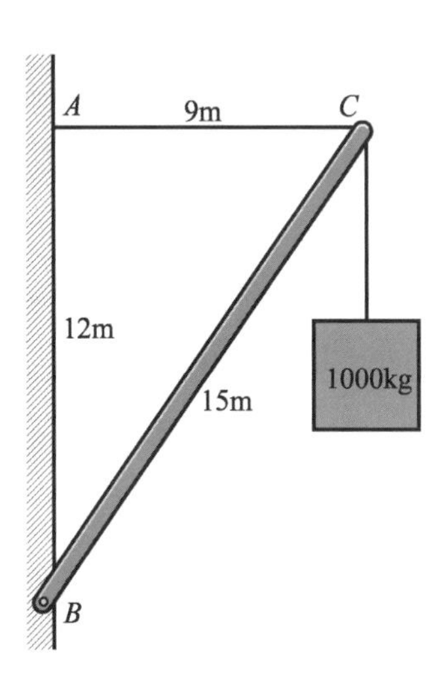

6. 試求如圖作用橫桿AB上四同平面平行力系之合力。

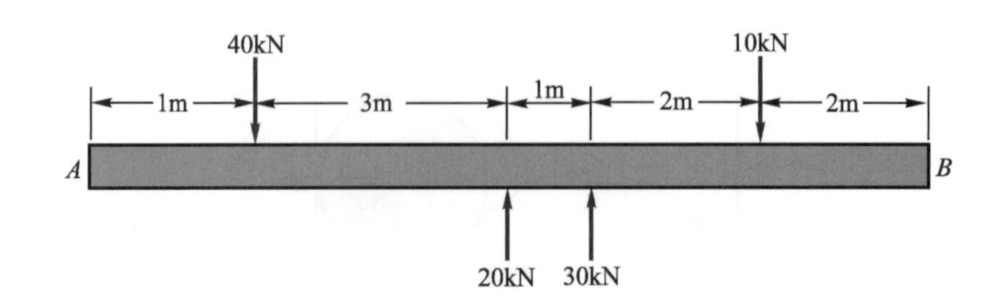

7. 如圖所示，四同平面平行力系及一未知力偶作用於H形樑上，如合力**R**在B點左方8m處如圖所示，試求合力之大小及方向，及未知力偶**C**爲若干？

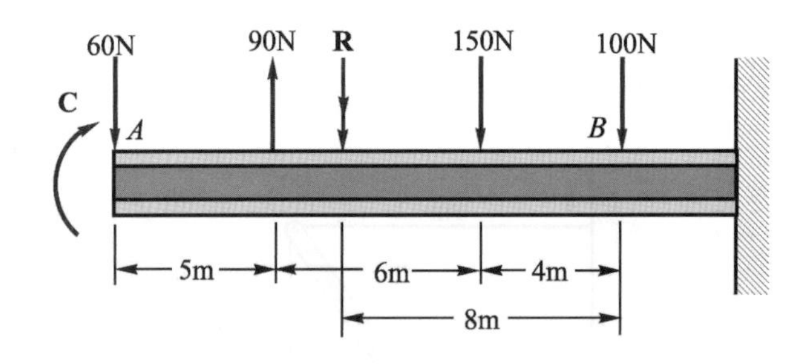

8. 如圖所示，橫桿受五個平行力作用，其中三個力已知另兩個力**P**、**Q**未知，如其合力爲一順時針方向之力偶415t-m，但**P**沿ab線，**Q**沿cd線，試求**P**、**Q**二力之大小及方向。

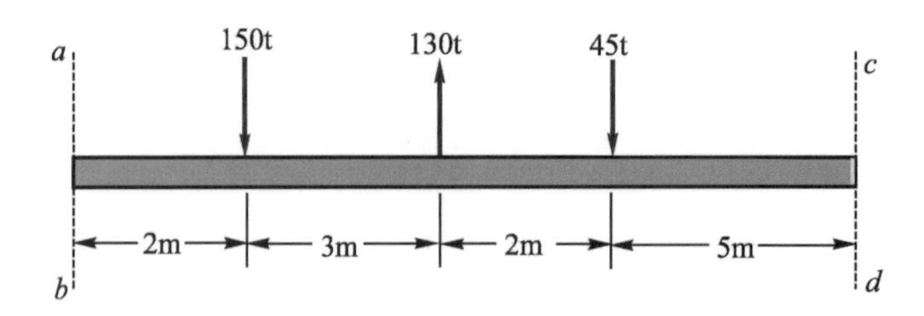

9. 試求圖所示樑兩支點之反力。

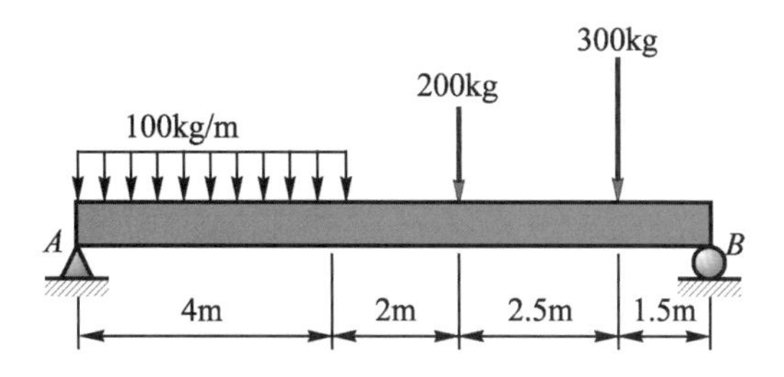

10. 試求圖所示外伸樑，兩支點之反力。

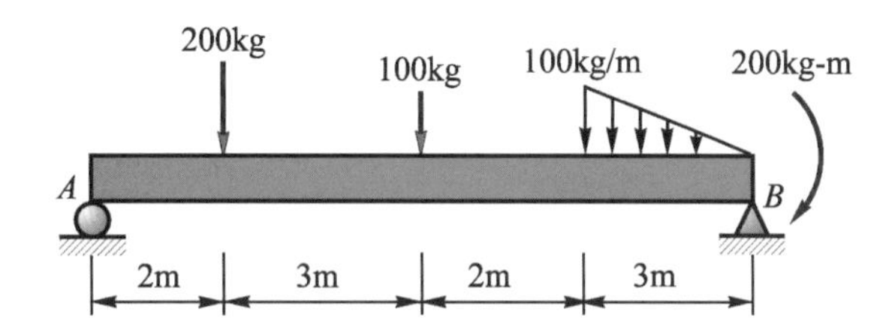

11. 試求作用於圖所示物體上四力之合力，並於O點分解為一力及一力偶。

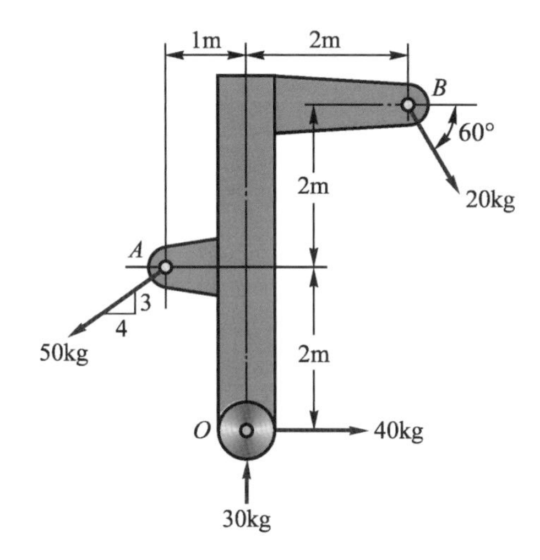

12. 試求如圖所示力系之合力。

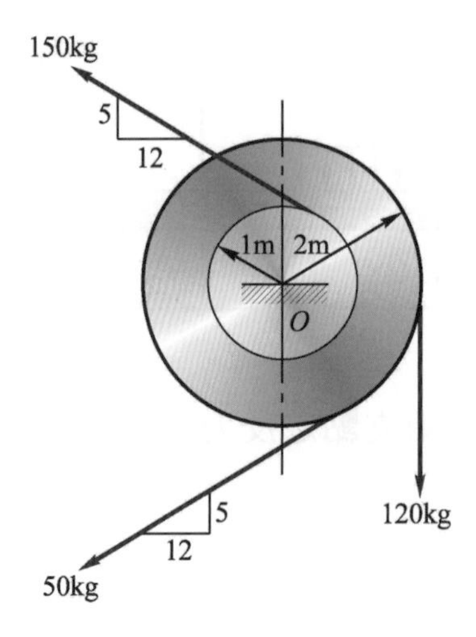

13. 如圖中，200kN之作用力爲三個力及一力偶之合力，其中兩個力爲已知，試求第三個作用力之大小，方向及與O點之垂直距離。

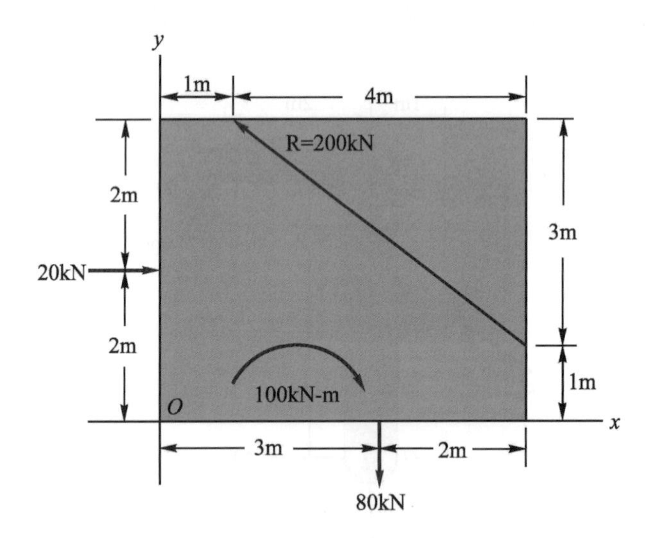

14. 如圖所示懸臂樑，試求支點反力若干？

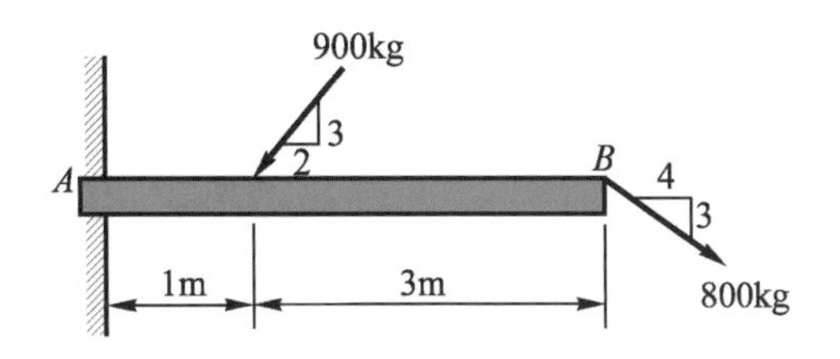

15. 水平樑AB用銷釘A及繩CD與牆聯接，如圖所示，試求銷釘A之反力及繩CD之張力，但AB重不計。

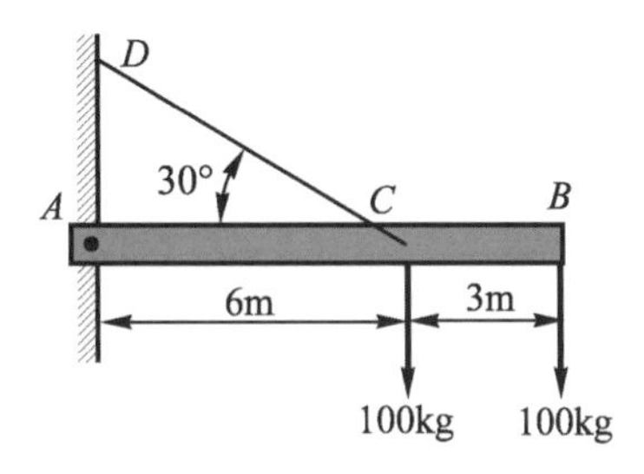

16. 如圖所示一繩跨過一光滑木釘C，當D物(重 40kg)放置於水平AB棒時，如該棒重不計，試求A點之水平及垂直反力及D物作用於AB棒之力及繩上之張力各若干？

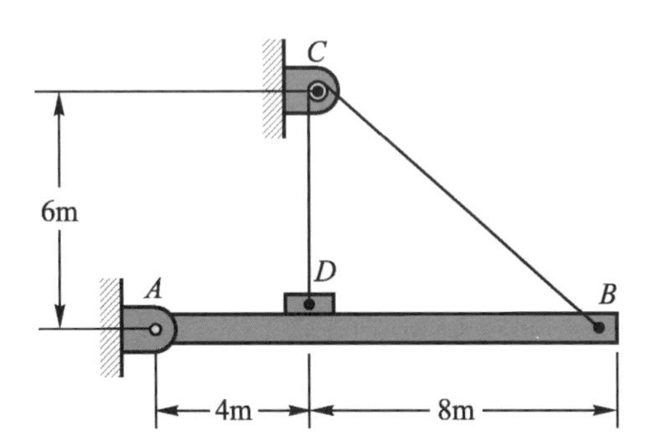

17. 如圖所示，AB桿斜倚於光滑之垂直柱上，A端置於光滑水平面上，繫以軟繩，如桿重不計，試求在A與B對於桿之反力及下部繩之拉力。

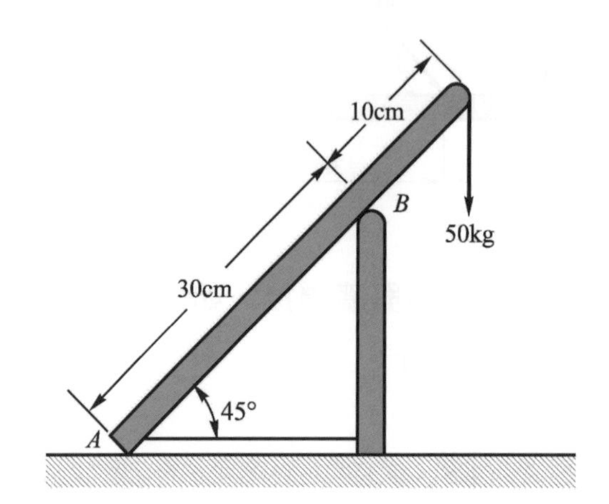

18. 試求圖中，插銷連結構架上，插銷A及C點上垂直及水平分力。

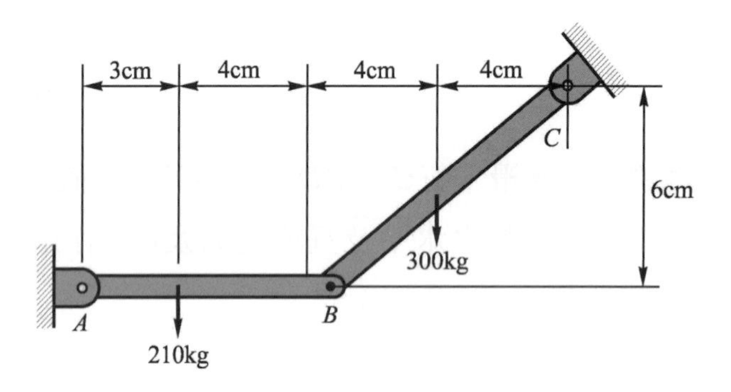

CHAPTER 3

重　心

單元目標

本單元分為三大部分，第一部份為線之重心，第二部份為面之重心，及第三部份為體積之重心。讀者讀完本單元後，應具備以下之能力：

◇ 瞭解重心、形心與質量中心之意義、特性。

◇ 瞭解線之重心之求法：
　①能瞭解一條線、一群線及圓弧線重心之求法。
　②能正確運算線重心之問題。

◇ 瞭解面之重心之求法：
　①能瞭解各種簡單形面積、一群面積及扇形面積之求法。
　②能正確運算面重心之問題。

◇ 瞭解體積之重心之求法：
　①能瞭解各種簡單形體、一群體積重心之求法。
　②能正確運算體積重心之問題。

3.1 重心、形心與質量中心

3.1-1 物體之重心(Center of Gravity)

任何一物體都可看成是由無數個小質點所構成，每個小質點受地心引力的作用。因爲各質點間之距離與質點至地心的距離相比甚小，所以各質點所受的地心引力可視爲無數個同方向的平行力，如圖 3-1 所示。這些平行力的合力，等於整個物體所受的地心引力。也就是物體的重量。合力的作用點稱爲物體的重心，物體之重心可視爲物體全部重量均集中於該點。

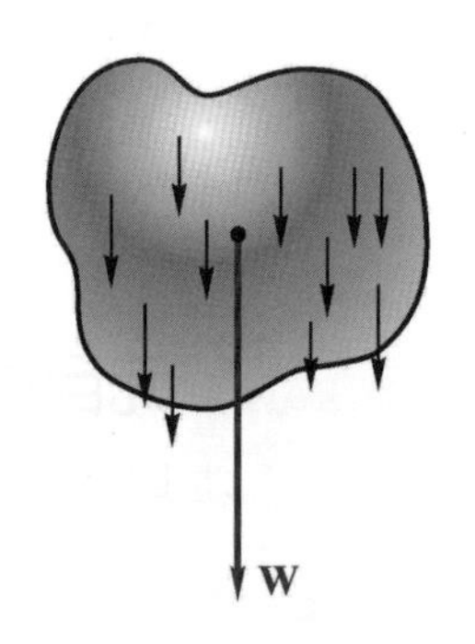

圖 3-1 物體之重心

凡是由均勻物質所組成且形狀規則的物體，其重心正好在物體的幾何中心，如圖 3-2 所示之六種物體，其重心如圖中之黑圓點所示。若物體形狀不規則，則其重心的求法，我們可由圖 3-3 所示之方法求得，即先選一點A將物體懸起，當平衡時，則其重心必在經過A點的鉛直線上；再另選一點B將物體懸起，則重心也必在經過B點的鉛直線上，所以兩線的交點即爲該物體的重心。

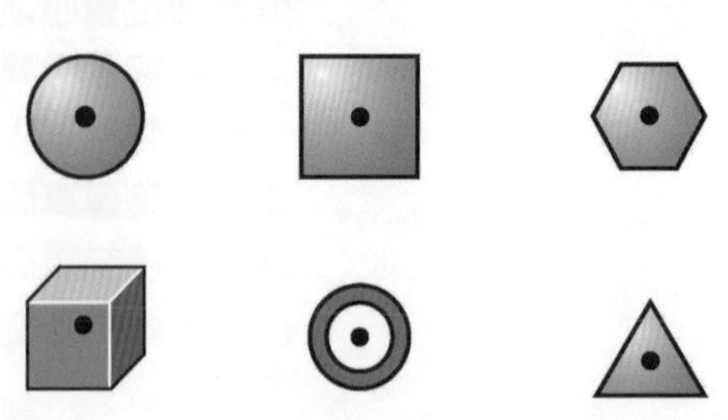

圖 3-2 均勻物質形狀規則物體之重心

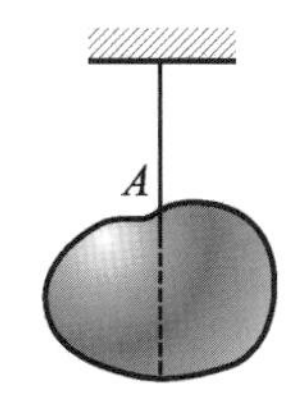

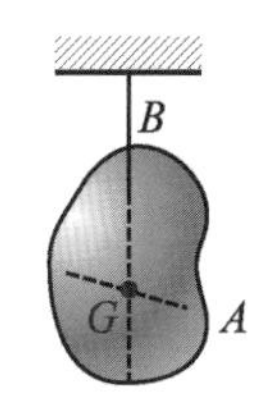

圖 3-3　懸掛法決定物體重心

茲說明物體重心求法如下：

1. 如各質點之重心位於同一平面者：

　　即物體爲一薄板，如圖 3-4 所示，設該物體由無數塊小物體組成，如

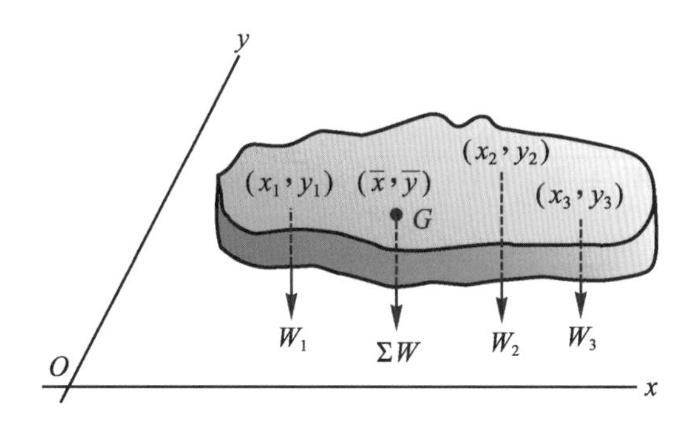

圖 3-4　重心之求法

W_1，W_2，W_3，$\cdots W_n$ ……… 各小質點之重量

$\sum_{i=1}^{i=n} W_i$ ……………………………… 該物體之總重量

x_1，x_2，x_3，$\cdots x_n$ …………… 各小質點至oy軸之距離

y_1，y_2，y_3，$\cdots y_n$ …………… 各小質點至ox軸之距離

$\overline{x}$，$\overline{y}$ ……………………………… 物體重心G至oy，ox軸之距離

則

$$\sum_{i=1}^{i=n} W_i = W_1 + W_2 + W_3 + \cdots + W_n$$

$$(W_1 + W_2 + W_3 + \cdots + W_n)\overline{x}$$
$$= W_1 x_1 + W_2 x_2 + W_3 x_3 + \cdots W_n x_n$$

即

$$\Sigma W_i \overline{x} = W_1x_1 + W_2x_2 + W_3x_3 + \cdots + W_nx_n = \sum_{i=1}^{i=n} W_ix_i$$

$$\therefore \overline{x} = \frac{W_1x_1 + W_2x_2 + W_3x_3 + \cdots W_nx_n}{W_1 + W_2 + W_3 + \cdots + W_n} = \frac{\sum_{i=1}^{i=n} W_ix_i}{\sum_{i=1}^{i=n} W_i}$$

同理

$$\overline{y} = \frac{W_1y_1 + W_2y_2 + W_3y_3 + \cdots W_ny_n}{W_1 + W_2 + W_3 + \cdots + W_n} = \frac{\sum_{i=1}^{i=n} W_iy_i}{\sum_{i=1}^{i=n} W_i}$$

上式$W_1x_1 + W_2x_2 + W_3x_3 + \cdots$或$W_1y_1 + W_2y_2 + W_3y_3 + \cdots$稱爲**重量力矩**。

2. 非同平面物體之重心：

   同理即爲：

$$\overline{x} = \frac{\sum_{i=1}^{i=n} W_i x_i}{\sum_{i=1}^{i=n} W_i}，\overline{y} = \frac{\sum_{i=1}^{i=n} W_i y_i}{\sum_{i=1}^{i=n} W_i}，\overline{z} = \frac{\sum_{i=1}^{i=n} W_i z_i}{\sum_{i=1}^{i=n} W_i}$$

3. 重心之特性：
   (1) 物體之重量集中於物體之重心，重心以外之部份均可視爲無重量。
   (2) 物體之重心爲固定的，不因物體位置之變更而移動(假定地球重心場爲均勻)。

(3)① 經重心之直線，謂之重心軸。

② 經重心之平面，謂之重心面。

③ 平面之重心，必爲兩重心軸之相交點。

④ 立體之重心，必爲一重心軸與一重心面之相交點，或爲三個重心面之相交點。

(4)① 平面之平分線，即分該平面爲兩個相等部份之線，亦即該平面之重心線。

② 物體之平分面，如分該物體爲兩個相等部份之面，即爲該物體之重心面。

3.1-2 質量中心(Center of Mass)

質量中心簡稱質心，假設物體之質量全部彙集於該點。計算質量中心之方法與計算重心方法類似，仍對該欲求物體取參考座標面，如

M……………………………………………………… 總質量

m_1，m_2，m_3，…，m_n， ……………………… 各分子之質量

$(x_1，y_1，z_1)$，$(x_2，y_2，z_2)$，$(x_3，y_3，z_3)$…… 各分子質量中心之座標

$\overline{x}$，$\overline{y}$，$\overline{z}$ ……………………………………… 物體質量中心之座標

因 $W = Mg$，$W_1 = m_1 g$，$W_2 = m_2 g$，$W_3 = m_3 g$，…

故

$$\overline{x} = \frac{m_1x_1 + m_2x_2 + m_3x_3 + \cdots}{M} = \frac{\sum_{i=1}^{i=n} m_i x_i}{M}$$

$$\overline{y} = \frac{m_1y_1 + m_2y_2 + m_3y_3 + \cdots}{M} = \frac{\sum_{i=1}^{i=n} m_i y_i}{M}$$

$$\overline{z} = \frac{m_1z_1 + m_2z_2 + m_3z_3 + \cdots}{M} = \frac{\sum_{i=1}^{i=n} m_i z_i}{M}$$

3.1-3 形心(Centroid)

幾何形狀之中心稱爲形心，如爲均質，則該中心亦是重心，如圓周、圓面及圓球之中心即爲其重心。

1. 重心、質心、形心之關係：

   在普通工程計算應用中，若係同一材料製成之物體，而密度又整個相同，則重心、質心及形心即合而爲一。

2. 對稱平面及對稱軸：

   (1) 設有一幾何圖形體，無論其爲一體積、面積或線，對於任一平面係成對稱，則其重心必在此平面內。

   (2) 若有兩個或兩個以上之對稱平面，相交於一直線，則此直線即稱爲對稱軸，軸內即爲重心所在。如圖 3-5(a)(b)所示，y-y軸即爲對稱軸。

   (3) 若有三個或三個以上之對稱平面相交於一點，則此點即爲重心。

   (4) 凡多數幾何形體，若其全部質量均勻，則其質量中心或重心(形心)皆可根據上述情形直接求得，茲舉例於下：

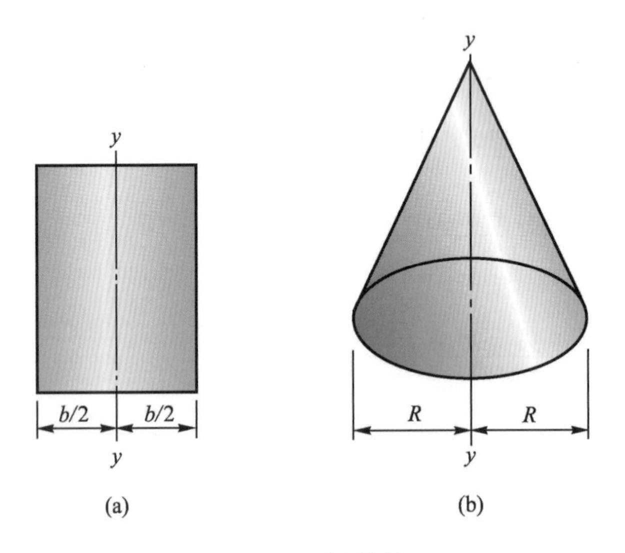

圖 3-5 對稱軸

① 一條直線之重心，即在其中點。

② 一條圓弧之重心，即在平分該圓弧(弧所對圓心角之分角線上)之半徑上。

③ 一個圓或圓周之重心即在圓心。

④ 一個橢圓或其圓周之重心，即在其中心。

⑤ 一個等腰三角形之重心，即在平分其兩腰交角之中線。

⑥ 一矩形或其周界之重心，在兩對角線之交點。

⑦ 一個球體或其球面之重心，即其球心。

⑧ 一橢圓體或其表面之重心，即其中心。

⑨ 一正圓錐體之重心在其軸線上。

⑩ 一正稜柱體之重心在平行其底面軸線之中點。

⑪ 一圓柱體或其表面之重心在軸線之中點。

例題 3.1

設A，B，C三質點之重量分別為 4kg，6kg，10kg，其平面座標依序為(2,5)、(7,－5)、(3,－7)，座標之長度單位為公尺，則此三質點之重心位置$(\overline{x},\overline{y})$為若干？

解

$$\overline{x}=\frac{\Sigma W_i x_i}{\Sigma W_i}=\frac{4\times2+6\times7+10\times3}{4+6+10}=4$$

$$\overline{y}=\frac{\Sigma W_i y_i}{W_i}=\frac{4\times5+6\times(-5)+10\times(-7)}{4+6+10}=-4$$

故　三質點之重心位置為$\overline{x}=4\text{m}$，$\overline{y}=-4\text{m}$

3.2 線的重心之求法

3.2-1 一條線之重心(形心)

1. 設此線為一直線，則其重心即在此直線之中點。
2. 若為一折線，可將全線分為若干小段，此小段假定其為直線，由力矩原理得：

$$\overline{x} \cdot L = \Sigma X_i \cdot L_i$$

$$\therefore \overline{x} = \frac{\Sigma X_i L_i}{L} = \frac{M_y}{L}$$

$$\overline{y} \cdot L = \Sigma Y_i \cdot L_i$$

$$\therefore \overline{y} = \frac{\Sigma Y_i L_i}{L} = \frac{M_x}{L}$$

3.2-2 圓弧線之重心(形心)

弧線之重心必在其圓心角之分角線上，其重心位置，如圖 3-6 所示為：

$$\overline{x} = \frac{r\sin\theta}{\theta}$$

式中　r：弧線之半徑

θ：弧線所對圓心角之半(以弧度計)

如為半圓周時；

$$\theta = \frac{\pi}{2}$$

則　$$\overline{x} = \frac{2r}{\pi} = 0.637r$$

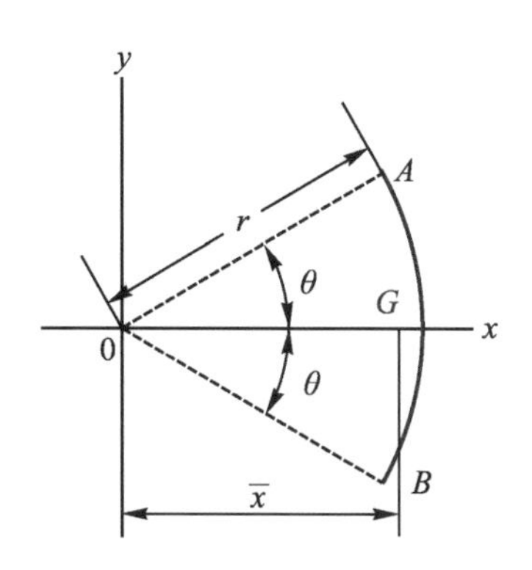

圖 3-6 弧線之形心

3.2-3 一群線之重心(形心)

設所有各線皆在同一平面上：如圖 3-7 所示如

L_1，L_2，L_3……各線之長

(x_1, y_1)，(x_2, y_2)，(x_3, y_3)……各線之重心座標

L……各線長之總和

$\overline{x}$，$\overline{y}$……該群線之重心座標

則 $L = L_1 + L_2 + L_3 + \cdots$

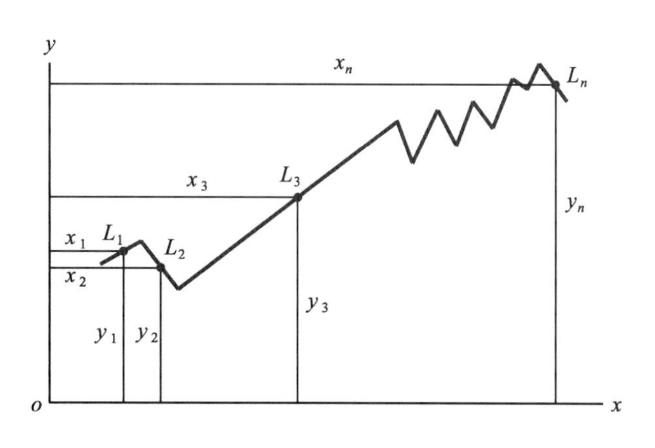

圖 3-7 一群線之重心

根據力矩原理，對oy軸取力矩，則

$$L \cdot \overline{x} = L_1x_1 + L_2x_2 + L_3x_3 + \cdots = \sum_{i=1}^{i=n} L_ix_i = M_y$$

$$\therefore \overline{x} = \frac{\sum_{i=1}^{i=n} L_ix_i}{L} = \frac{M_y}{L}$$

對ox軸取力矩，則

$$L \cdot \overline{y} = L_1y_1 + L_2y_2 + L_3y_3 + \cdots = \sum_{i=1}^{i=n} L_iy_i = M_x$$

$$\therefore \overline{y} = \frac{\sum_{i=1}^{i=n} L_iy_i}{L} = \frac{M_x}{L}$$

上述ΣL_ix_i，ΣL_iy_i稱為直線之一次矩(直線力矩)

例題 3.2

試求圖 3-8 所示線段$ABCD$之重心。

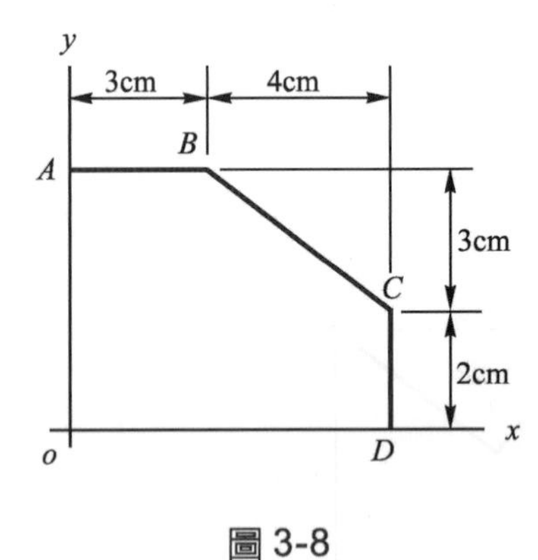

圖 3-8

解

此線由三直線AB、BC、CD所組成，故各段之重心在各段之中點

$AB = L_1 = 3\text{cm}$，$BC = L_2 = \sqrt{4^2 + 3^2} = 5\text{cm}$

$CD = L_3 = 2\text{cm}$

全長$L = L_1 + L_2 + L_3 = 3 + 5 + 2 = 10\text{cm}$

對y軸取力矩為：

$M_y = L_1x_1 + L_2x_2 + L_3x_3$

$\quad = 3 \cdot (1.5) + 5 \cdot (5) + 2 \cdot (7)$

$\quad = 43.5\text{cm}^2$

$\therefore \overline{x} = \dfrac{M_y}{L} = \dfrac{43.5}{10} = 4.35\text{cm}$

對x軸取力矩為：

$M_x = L_1y_1 + L_2y_2 + L_3y_3$

$\quad = 3 \cdot (5) + 5 \cdot (3.5) + 2 \cdot (1)$

$\quad = 34.5\text{cm}^2$

$\therefore \overline{y} = \dfrac{M_x}{L} = \dfrac{34.5}{10} = 3.45\text{cm}$

故　重心為$\overline{x} = 4.35\text{cm}$，$\overline{y} = 3.45\text{cm}$

例題 3.3

試求圖3-9所示$OABC$線段之重心。

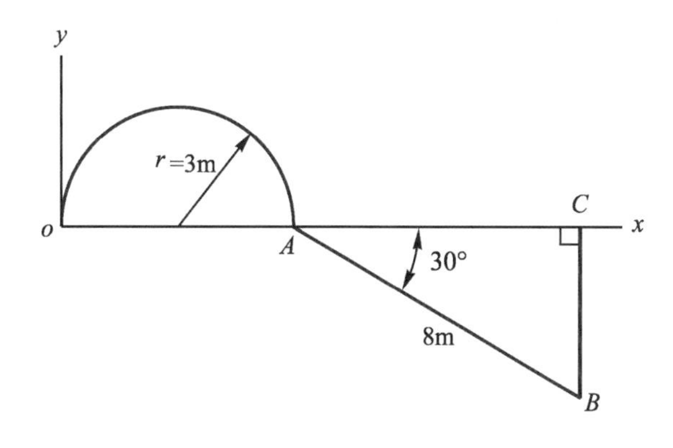

圖 3-9

解

此線段由$\overset{\frown}{OA}$、AB、BC三段組成

$\overset{\frown}{OA}=L_1=\pi\times 3=9.42\text{m}$

$AB=L_2=8\text{m}$

$BC=AB\sin 30°=8\sin 30°=4\text{m}$

$L=L_1+L_2+L_3=9.42+8+4=21.42\text{m}$

$$M_y=L_1x_1+L_2x_2+L_3x_3=9.42\times 3+8\times\left(6+\frac{8\cos 30°}{2}\right)+4\times(6+8\cos 30°)$$

$$=155.7\text{m}^2$$

$$\therefore \overline{x}=\frac{M_y}{L}=\frac{155.7}{21.42}=7.27\text{m}$$

$$M_x=L_1y_1+L_2y_2+L_3y_3=9.42\times\frac{2\times 3}{\pi}+8\times\left(-\frac{4}{2}\right)+4\times\left(-\frac{4}{2}\right)$$

$$=-6\text{m}^2$$

$$\therefore \overline{y}=\frac{M_x}{L}=\frac{-6}{21.42}=-0.28\text{m}$$

故　重心為$\overline{x}=7.27\text{m}$，$\overline{y}=-0.28\text{m}$

隨堂練習

(　) 1. 下列敘述何者為錯誤？　(A)平面之重心，必為兩重心軸之相交點　(B)立體之重心，必為一重心軸與重心面之相交點　(C)若有兩個或兩個以上之對稱平面相交於一直線，則此直線，即為重心軸　(D)圓弧之重心必在弧上。

(　) 2. 一均質圓形截面之細鐵線，彎成半徑 4m 之半圓弧，則其重心至圓心之距離為多少 m？　(A)$1/\pi$　(B)$1/2\pi$　(C)$2/\pi$　(D)$4/\pi$　(E)$8/\pi$。

( ) 3. 如圖3-10所示一20m長之鐵絲，其形心為 (A)$\overline{x}=6$m，$\overline{y}=2$m (B)$\overline{x}=6$m，$\overline{y}=1.6$m (C)$\overline{x}=\overline{y}=4$m (D)$\overline{x}=\overline{y}=2$m。

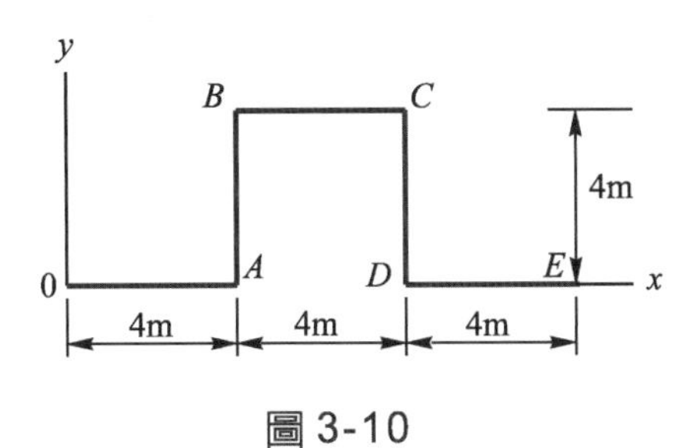

圖 3-10

( ) 4. 一鐵絲彎成封閉的半圓形如圖 3-11 所示，則其重心為 (A) $\overline{x}=6$cm，$\overline{y}=2.33$cm (B)$\overline{x}=6$cm，$\overline{y}=3.82$cm (C)$\overline{x}=3$cm，$\overline{y}=3.82$cm (D)$\overline{x}=6$cm，$\overline{y}=3$cm。

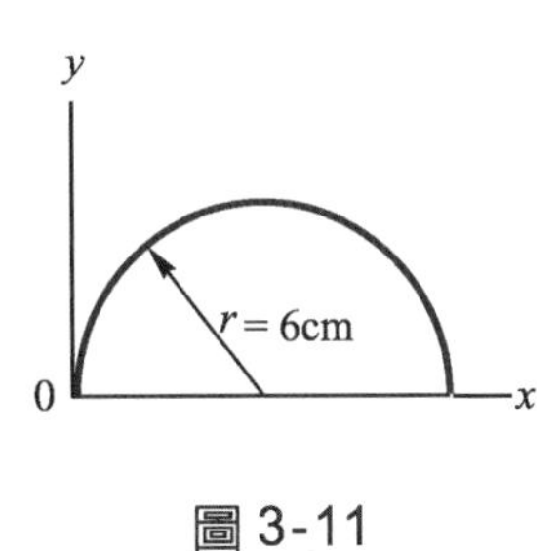

圖 3-11

3.3 面的重心之求法

3.3-1 簡單形面積之重心(形心)

1. 長方形(正方形)(菱形)之重心，為其對角線之交點，或相對兩邊中點聯線之交點，如圖3-12(a)(b)中之G點即為重心位置。
2. 圓形之重心在其圓心上。

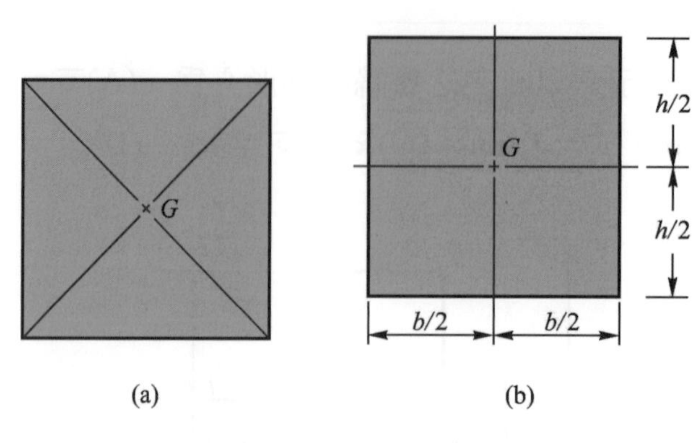

圖 3-12　長方形之重心

3. 三角形之重心爲三中線之交點，如圖 3-13(a)(b)中之G點，但在演算問題中：

   ⑴ 任意之三角形往往分成兩個直角三角形。

   ⑵ 任意之四邊形往往分成兩個三角形。

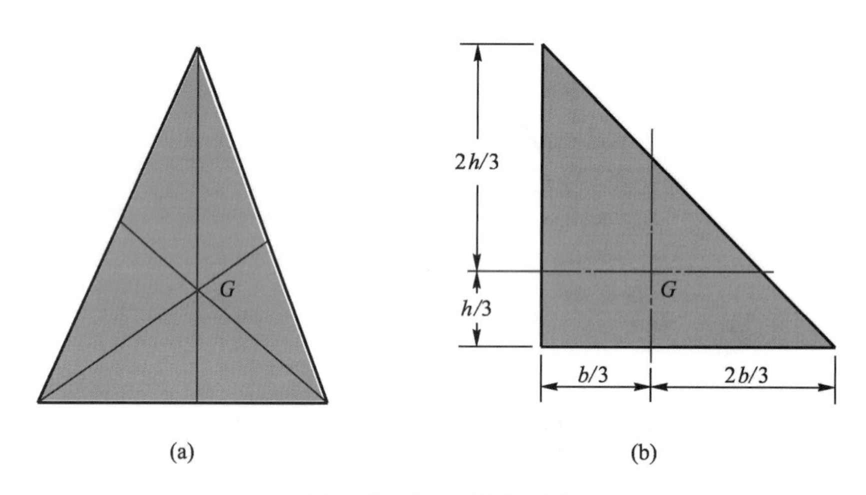

圖 3-13　三角形之重心

3.3-2　扇形面積之重心(形心)

扇形之重心必在其所對圓心角之分角線上，如圖 3-14 所示OAB扇形，其重心必在Ox上，將AB分爲無數微小部份，如其中一部份PQ，則小扇形OPQ接近於三角形，故其重心在離O點$\frac{2}{3}r$處，故扇形AOB之重心與具有同一重量及同一圓心角，半徑$\frac{2}{3}r$之圓弧KL之重心相同，即重心爲：

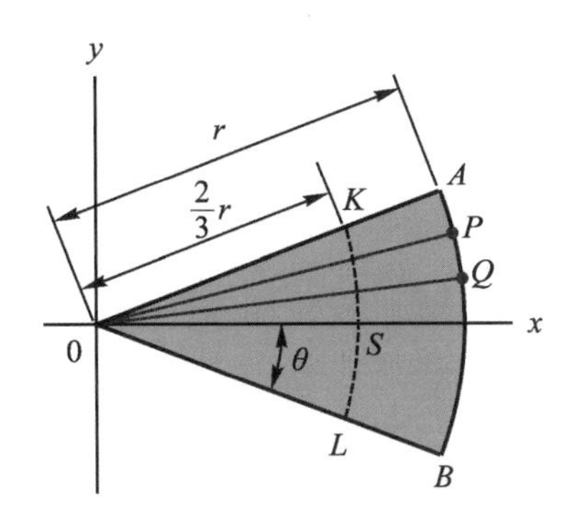

圖 3-14　扇形面積重心

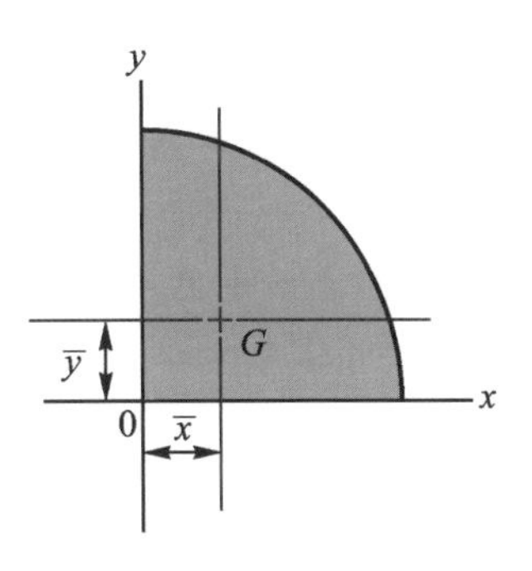

圖 3-15　$\frac{1}{4}$圓面積重心

$$OS=\overline{x}=\frac{\frac{2}{3}\cdot r\sin\theta}{\theta}=\frac{2}{3}\cdot\frac{r\sin\theta}{\theta}\quad(\theta\text{爲所對圓心角之一半})$$

如爲半圓面積時，$\theta=\frac{\pi}{2}$，則

$$\overline{x}=\frac{4r}{3\pi}$$

如爲 1/4 圓時，由對稱原理，於圖 3-15 中知$\overline{x}=\overline{y}=\frac{4r}{3\pi}$，此點須善加應用。

而扇形面積之求法爲：

$$A=\frac{1}{2}r^2\theta'\ (\theta'\text{爲所對之圓心角})$$

3.3-3　不規則形狀之一塊面積之重心(形心)

設abc表一幾何面積如圖 3-16 所示，在同一平面內作ox，oy兩直角座標軸，將abc分成無數微小面積ΔA，其座標分別爲$(x_1, y_1)(x_2, y_2)(x_3\,y_3)\cdots$，如$\overline{x}$，$\overline{y}$爲$abc$之重心座標，由力矩原理，則

$$\overline{y}=\frac{\Delta A_1y_1+\Delta A_2y_2+\Delta A_3y_3+\cdots}{\Delta A_1+\Delta A_2+\Delta A_3+\cdots}=\frac{\sum_{i=1}^{i=n}A_iy_i}{A}=\frac{M_x}{A}$$

$$\overline{x}=\frac{\Delta A_1x_1+\Delta A_2x_2+\Delta A_3x_3+\cdots}{\Delta A_1+\Delta A_2+\Delta A_3+\cdots}=\frac{\sum_{i=1}^{i=n}A_ix_i}{A}=\frac{M_y}{A}$$

上述ΣAy，ΣAx稱爲面積力矩(面積矩)(面積之一次矩)。

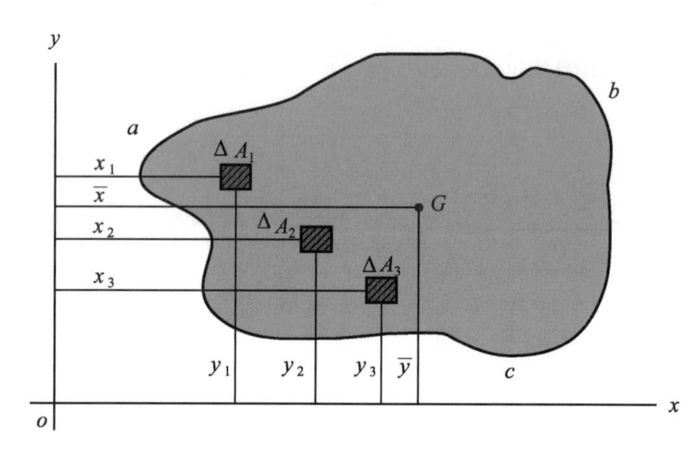

圖 3-16　不規則形狀面積之重心

3.3-4　組合面積之重心(形心)

將一面積分爲兩個或兩個以上之簡單形，如三角形、長方形、圓形等。如：

A_1，A_2，A_3……在同一平面內之組合面積之各面積大小

(x_1,y_1)，(x_2,y_2)，(x_3,y_3)…各該面積之重心座標

A……組合面積之總和

$\overline{x}$，$\overline{y}$……組合面積之重心座標

則　$A=A_1+A_2+A_3+\cdots$

根據力矩原理，分別對ox及oy軸取力矩，則

$$A_1x_1 + A_2x_2 + A_3x_3 + \cdots = \sum_{i=1}^{i=n} A_ix_i = M_y$$

$$A_1y_1 + A_2y_2 + A_3y_3 + \cdots = \sum_{i=1}^{i=n} A_iy_i = M_x$$

故 $$\overline{x} = \frac{\sum_{i=1}^{i=n} A_ix_i}{A} = \frac{M_y}{A}，\overline{y} = \frac{\sum_{i=1}^{i=n} A_iy_i}{A} = \frac{M_x}{A}$$

在演算面積重心時，必須小心組合形體是否可以找出對稱軸，以及形體之組成是由幾個簡單形體加起來，或是由某個簡單形體減去其他之簡單形體，比較兩者之計算孰易，並且注意面積力矩之正負。

例題 3.4

試求圖 3-17 中斜線部份面積之重心。

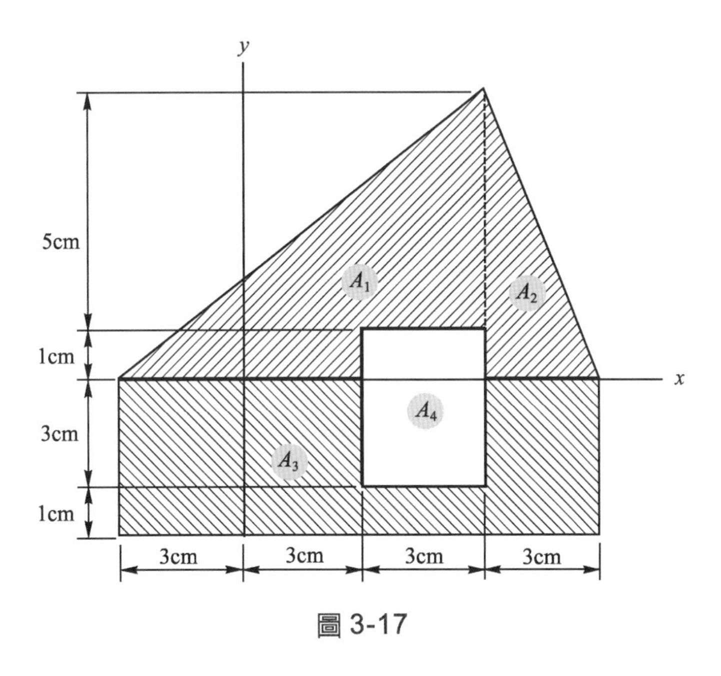

圖 3-17

解

此題將分成A_1，A_2，A_3，A_4四塊不同之簡單形面積，如圖 3-17 所示

$A_1 = \frac{9 \times 6}{2} = 27\text{cm}^2$，$A_2 = 3 \times 6 \times \frac{1}{2} = 9\text{cm}^2$

$A_3 = 12 \times 4 = 48\text{cm}^2$，$A_4 = -3 \times 4 = -12\text{cm}^2$

$A = A_1 + A_2 + A_3 + A_4 = 27 + 9 + 48 - 12 = 72\text{cm}^2$

$$\begin{aligned} M_x &= A_1 y_1 + A_2 y_2 + A_3 y_3 + A_4 y_4 \\ &= 27 \times 2 + 9 \times 2 + 48 \times (-2) + (-12) \times (-1) \\ &= -12\text{cm}^3 \end{aligned}$$

$$\begin{aligned} M_y &= A_1 x_1 + A_2 x_2 + A_3 x_3 + A_4 x_4 \\ &= 27 \times 3 + 9 \times 7 + 48 \times 3 + (-12) \times 4.5 \\ &= 234\text{cm}^3 \end{aligned}$$

$\overline{x} = \dfrac{M_y}{A} = \dfrac{234}{72} = 3.25\text{cm}$，$\overline{y} = \dfrac{M_x}{A} = \dfrac{-12}{72} = -0.167\text{cm}$

故　重心為 $\overline{x} = 3.25\text{cm}$，$\overline{y} = -0.167\text{cm}$

例題 3.5

試求圖 3-18 所示斜線部份面積之重心，圖中尺寸以 cm 為單位。

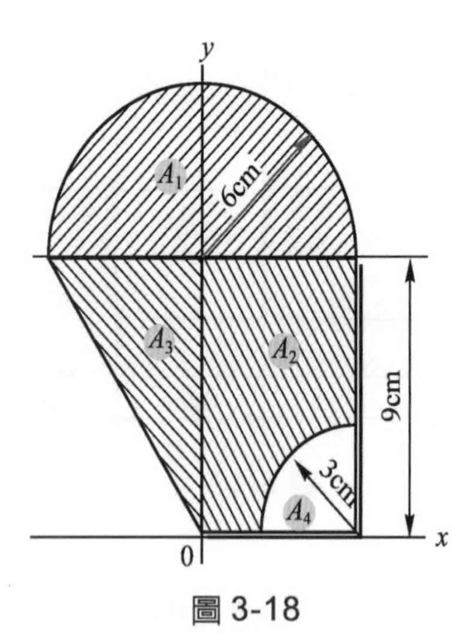

圖 3-18

解

將平面分成A_1，A_2，A_3，A_4四塊，如圖3-18所示

$$A_1 = \frac{\pi \times 6^2}{2} = 18\pi \text{cm}^2$$

$$A_2 = 6 \times 9 = 54\text{cm}^2$$

$$A_3 = 6 \times 9 \times \frac{1}{2} = 27\text{cm}^2$$

$$A_4 = -\frac{\pi \times 3^2}{4} = -2.25\pi \text{cm}^2$$

$$A = 18\pi + 54 + 27 - 2.25\pi = 130.5\text{cm}^2$$

$$M_x = 18\pi \times \left(9 + \frac{4 \times 6}{3\pi}\right) + 54 \times \frac{9}{2} + 27 \times \frac{2}{3} \times 9$$

$$+ (-2.25\pi) \times \frac{4 \times 3}{3\pi} = 1049.2\text{cm}^3$$

$$\therefore \overline{y} = \frac{M_x}{A} = \frac{1049.2}{130.5} = 8.04\text{cm}$$

$$M_y = 54 \times \frac{6}{2} + 27 \times \left(-\frac{6}{3}\right) + (-2.25\pi) \times \left(6 - \frac{4 \times 3}{3\pi}\right)$$

$$= 74.385\text{cm}^3$$

$$\therefore \overline{x} = \frac{M_y}{A} = \frac{74.385}{130.5} = 0.57\text{cm}$$

故　重心爲$\overline{x} = 0.57\text{cm}$，$\overline{y} = 8.04\text{cm}$

例題 3.6

試求圖 3-19 所示平面形斜線部份面積之重心。

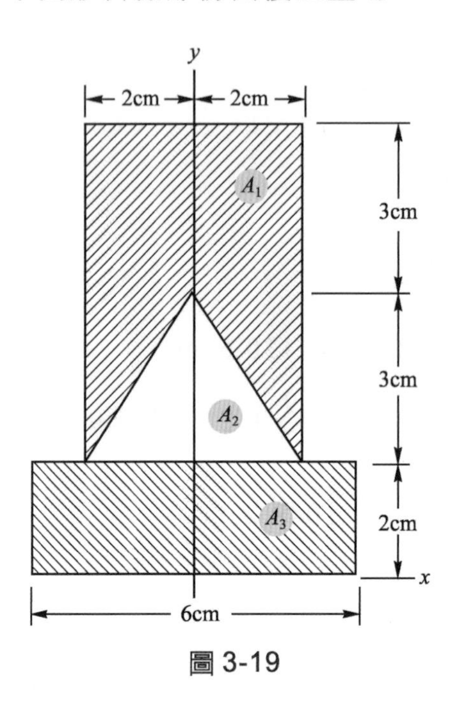

圖 3-19

解

此題可分成A_1(長方形)，A_2及A_3三塊不同之簡單形面積如圖 3-19 所示

$A_1 = 4\times6 = 24\text{cm}^2$

$A_2 = -\dfrac{3\times4}{2} = -6\text{cm}^2$

$A_3 = 2\times6 = 12\text{cm}^2$

$A = 24 - 6 + 12 = 30\text{cm}^2$

因對稱y軸　$\therefore \overline{x} = 0$

$M_x = 24\times5 + (-6)\times\left(2 + 3\times\dfrac{1}{3}\right) + 12\times\dfrac{2}{2} = 114\text{cm}^3$

$\therefore \overline{y} = \dfrac{M_x}{A} = \dfrac{114}{30} = 3.8\text{cm}$

故　重心座標爲$\overline{x} = 0$，$\overline{y} = 3.8\text{cm}$

隨堂練習

(　)1. 如圖 3-20，其面積形心座標為　(A)$\overline{x}=5$cm，$\overline{y}=2.5$cm　(B)$\overline{x}=5$cm，$\overline{y}=1.96$cm　(C)$\overline{x}=4$cm，$\overline{y}=2.16$cm　(D)$\overline{x}=4$cm，$\overline{y}=3.04$cm　(E)$\overline{x}=6$cm，$\overline{y}=1.96$cm。

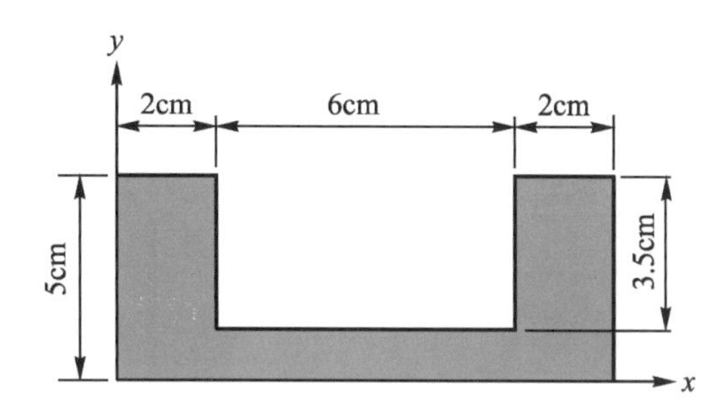

圖 3-20

(　)2. 半圓面積之重心位於距圓心$\dfrac{4r}{3\pi}$處，如圖 3-21 畫斜線部份之重心為　(A)$\overline{x}=\overline{y}=0.21r$　(B)$\overline{x}=\overline{y}=0.23r$　(C)$\overline{x}=\overline{y}=0.25r$　(D)$\overline{x}=\overline{y}=0.27r$　(E)以上皆非。

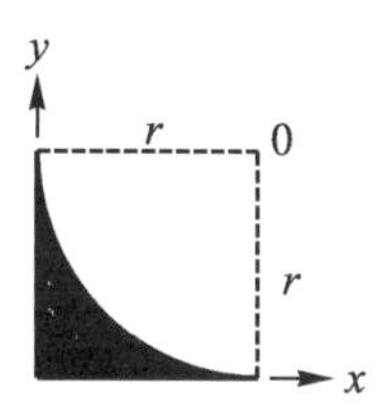

圖 3-21

3.4 體積的重心之求法

3.4-1 簡單形體之重心(形心)

1. 正稜柱體與圓柱體，如圖 3-22(a)(b)所示。

   由觀察即可得知(因對稱)其形心在軸線之中點上。而圓柱體積；

   $V=\pi R^2 h$

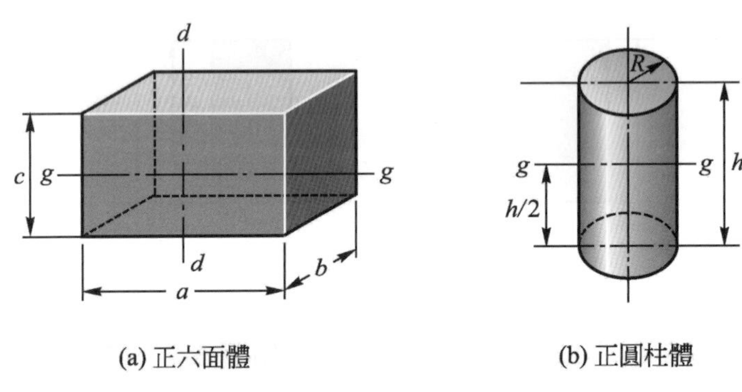

(a) 正六面體　　(b) 正圓柱體

圖 3-22　簡單形體之重心

2. 稜錐體(三角錐及圓錐體)，如圖 3-23(a)(b)所示。

   若其高爲h，則重心在對稱軸上，距底面$\frac{h}{4}$處。

   而正圓錐體之體積；$V=\frac{\pi R^2 h}{3}$，正角錐體之體積$V=\frac{abh}{3}$。

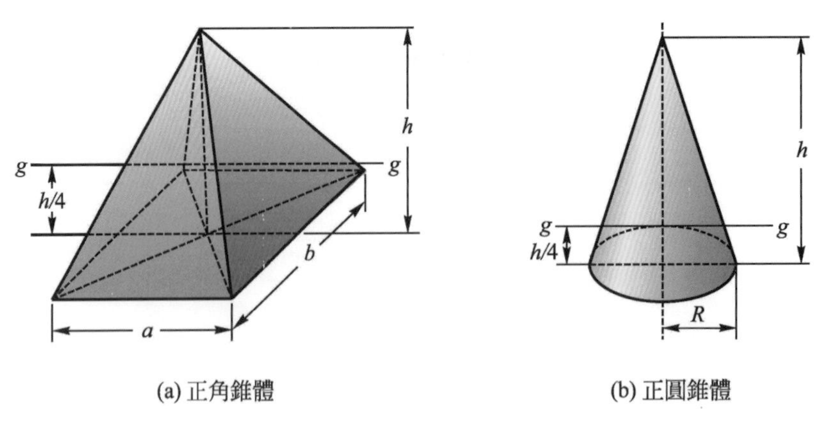

(a) 正角錐體　　(b) 正圓錐體

圖 3-23　簡單形體之重心

3. 球及空心球體

由觀察即可得知其重心，即爲球心，如球體半徑爲R，則球體之體積；

$$V=\frac{4\pi R^3}{3}$$

4. 半球體：如球體半徑爲R。

重心應在其對稱軸上至球心距離爲$\frac{3}{8}R$，而半球體之體積$V=\frac{2\pi R^3}{3}$。

3.4-2 不規則形狀一塊體積之重心(形心)

如圖 3-24 所示，將體積分成無數微小體積ΔV_1，ΔV_2，ΔV_3⋯則

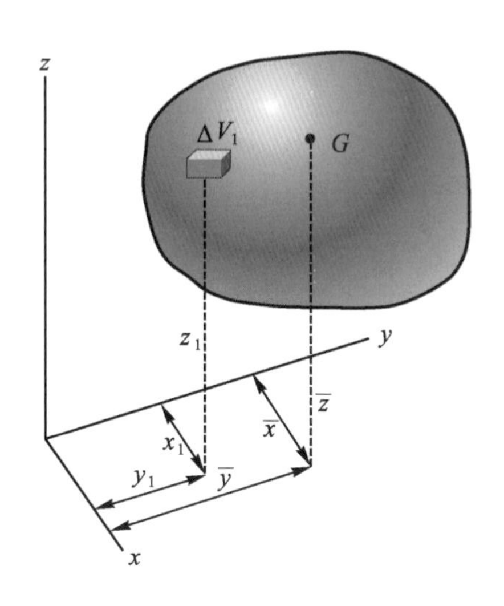

圖 3-24　體積形心

(x_1,y_1,z_1)，(x_2,y_2,z_2)，(x_3,y_3,z_3)⋯⋯各微小體積之重心座標

V⋯⋯總體積

$\overline{x}$，$\overline{y}$，$\overline{z}$⋯⋯總體積之重心座標

則　$V=\Delta V_1+\Delta V_2+\Delta V_3+\cdots$

對xy面取力矩，依力矩原理則

$$V\cdot\overline{z}=\Delta V_1 z_1+\Delta V_2 z_2+\Delta V_3 z_3+\cdots=\sum_{i=1}^{i=n}V_i z_i=M_{xy}$$

$$\therefore\overline{z}=\frac{\sum_{i=1}^{i=n}V_i z_i}{V}=\frac{M_{xy}}{V}$$

同理 $$\overline{y}=\frac{\sum_{i=1}^{i=n}V_i y_i}{V}=\frac{M_{xz}}{V}$$

$$\overline{x}=\frac{\sum_{i=1}^{i=n}V_i x_i}{V}=\frac{M_{yz}}{V}$$

上述ΣVx，ΣVy，ΣVz稱爲體積力矩。

3.4-3　組合體積之重心

將一體積分爲兩個或兩個以上之簡單形體，如圓柱體、圓錐體、球體等。如

V_1，V_2，V_3……各不同之體積

(x_1,y_1,z_1)，(x_2,y_2,z_2)，(x_3,y_3,z_3)……各該體積之重心座標

V……組合體積之和

$\overline{x}$，$\overline{y}$，$\overline{z}$……組合體積之重心座標

則 $V=V_1+V_2+V_3+\cdots$

對xy面取力矩，依力矩原理則

$$V\cdot\overline{z}=V_1 z_1+V_2 z_2+V_3 z_3+\cdots=\sum_{i=1}^{i=n}V_i z_i=M_{xy}$$

$$\therefore\overline{z}=\frac{\sum_{i=1}^{i=n}V_i z_i}{V}=\frac{M_{xy}}{V}$$

同理 $$\overline{y}=\frac{\sum_{i=1}^{i=n}V_i y_i}{V}=\frac{M_{xz}}{V}$$

$$\overline{x}=\frac{\sum_{i=1}^{i=n}V_i x_i}{V}=\frac{M_{yz}}{V}$$

例題 3.7

有一正圓柱體及半球之均質結合體，自其底部挖去一正圓錐體，如圖3-25所示，試求該形體之重心。

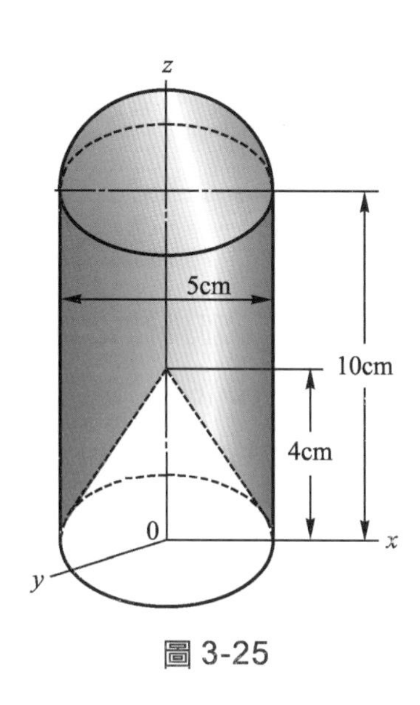

圖 3-25

解

因對稱關係，故$\overline{x}=\overline{y}=0$

半球之體積$=\frac{2}{3}\pi\cdot\left(\frac{5}{2}\right)^3=\frac{125}{12}\pi\ \text{cm}^3$

圓柱之體積$=\pi\cdot\left(\frac{5}{2}\right)^2\cdot 10=\frac{125}{2}\pi\ \text{cm}^3$

圓錐之體積$=\frac{1}{3}\pi\cdot\left(\frac{5}{2}\right)^2\cdot 4=\frac{25}{3}\pi\ \text{cm}^3$

形體之體積$=\frac{125}{12}\pi+\frac{125}{2}\pi-\frac{25}{3}\pi=\frac{775}{12}\pi\ \text{cm}^3$

對xy面之體積力矩M_{xy}

$\therefore M_{xy}=\frac{125}{12}\pi\cdot\left(\frac{3}{8}\cdot\frac{5}{2}+10\right)$

$$+\frac{125}{2}\pi\cdot\frac{10}{2}-\frac{25}{3}\pi\cdot\frac{1}{4}\cdot 4=418\pi\ \text{cm}^4$$

$$\therefore \overline{z}=\frac{M_{xy}}{V}=\frac{418\pi}{\frac{775\pi}{12}}=6.47\ \text{cm}$$

故　形體之重心爲$\overline{x}=\overline{y}=0$，$\overline{z}=6.47$ cm

隨堂練習

(　) *1.* 如圖 3-26 所示直立均質實心圓錐體之重心與底面距離y大約爲 (A)37.5　(B)40　(C)50　(D)60。

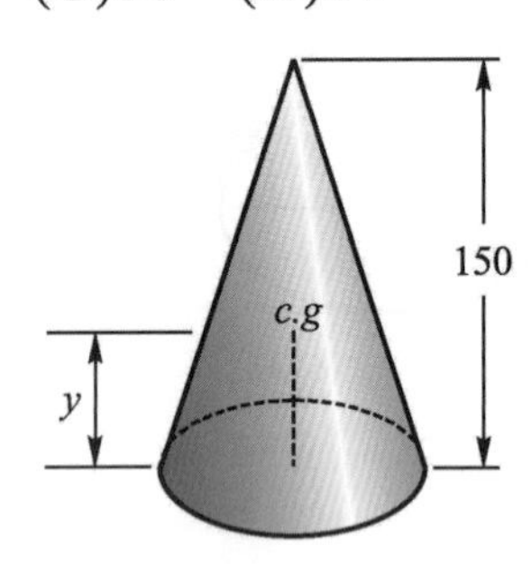

圖 3-26

(　) *2.* 有一半球體，若半徑爲R，則其形心y如圖 3-27 所示爲　(A)$\frac{1}{4}R$　(B)$\frac{4R}{3\pi}$　(C)$\frac{3}{8}R$　(D)$\frac{1}{3}R$。

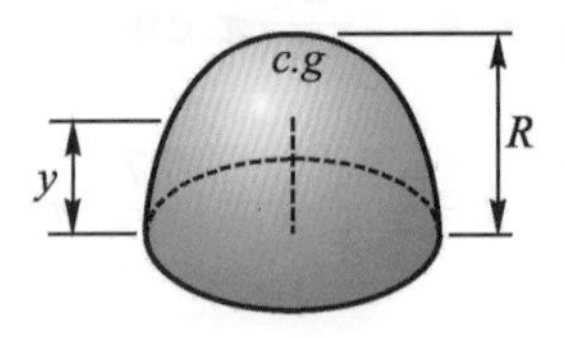

圖 3-27

本章重點整理

1. 重心、質量中心、形心：

   ⑴ 重心：凡物體乃由多數小分子集合而成，故物體之重量爲地心引力作用於此等小分子之平行力之合成。此合力之作用點，即爲物體之重心。

   ⑵ 質量中心：凡一物體各部份的質量，可集中於一點以代替全部質量，此點即爲質量中心，簡稱質心。

   ⑶ 形心：物體幾何形狀之中心，稱爲形心。

   ⑷ 若同一材料製成之物體，密度又整個相同，則重心、質心及形心合而爲一。

   ⑸ 任何物體之重心，必在其對稱面或對稱軸上。

2. 線之形心：

   ⑴ 若爲一直線，則其形心，即在此直線之中點。

   ⑵ 圓弧線之形心必在其圓心角之分角線上。

   $\overline{x}=\dfrac{r\sin\theta}{\theta}$，如半圓弧$\overline{x}=\dfrac{2r}{\pi}$

   ⑶ 複合折線：

   $$\overline{x}=\frac{\Sigma Lx}{L}=\frac{M_y}{L}$$

   $$\overline{y}=\frac{\Sigma Ly}{L}=\frac{M_x}{L}$$

3. 面積之形心：

   ⑴ 簡單形面積之形心：

   ① 長方形爲其對角線之交點，或相對兩邊中點聯線之交點

② 圓形在圓心

③ 三角形為三中線交點，但以直角三角形時離尖端$\frac{2}{3}$，離鈍端 1/3

(2) 扇形面積之形心：

$$\overline{x}=\frac{2}{3}\cdot\frac{r\sin\theta}{\theta}，A=\frac{1}{2}r^2\alpha\,(\alpha=2\theta)$$

半圓時$\overline{x}=\frac{4r}{3\pi}$，$\frac{1}{4}$圓時$\overline{x}=\overline{y}=\frac{4r}{3\pi}$

(3) 組合面積之形心：

$$\overline{x}=\frac{\Sigma Ax}{A}=\frac{M_y}{A}，\overline{y}=\frac{\Sigma Ay}{A}=\frac{M_x}{A}$$

4. 體積之形心：

(1) 簡單形體之形心：

① 正稜形體與圓柱體

$$V=\pi R^2h，\overline{y}=\frac{h}{2}$$

② 稜錐體(三角錐及圓錐體)

$$V=\frac{\pi R^2h}{3}(\text{正圓錐})，V=\frac{abh}{3}(\text{正角錐體})，\overline{y}=\frac{1}{4}h$$

③ 實心體或空心球體

$$V=\frac{4\pi R^3}{3}，\text{在球心}$$

④ 半球體

$$V=\frac{2\pi R^3}{3}，\overline{y}=\frac{3}{8}R$$

⑵ 組合體積之形心：

$$\overline{x}=\frac{\Sigma Vx}{V}=\frac{M_{yz}}{V}$$

$$\overline{y}=\frac{\Sigma Vy}{V}=\frac{M_{xz}}{V}$$

$$\overline{z}=\frac{\Sigma Vz}{V}=\frac{M_{xy}}{V}$$

學後評量

(　)1. 如圖 3-28 所示之線段ABC，其重心座標爲？ (A)(12.00,6.00) (B)(9.02,7.67) (C)(8.50,6.00) (D)(10.42,8.88)。

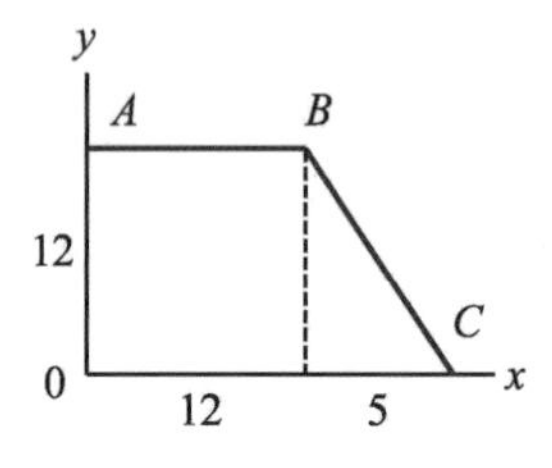

圖 3-28

(　)2. 如圖 3-29 斜線區域之形心座標$(\overline{x},\overline{y})$爲 (A)$\overline{x}=1.25$cm，$\overline{y}=3.25$cm (B)$\overline{x}=1.75$cm，$\overline{y}=2.50$cm (C)$\overline{x}=2.00$cm，$\overline{y}=2.00$cm (D)$\overline{x}=2.50$cm，$\overline{y}=1.75$cm (E)$\overline{x}=3.25$cm，$\overline{y}=1.25$cm。

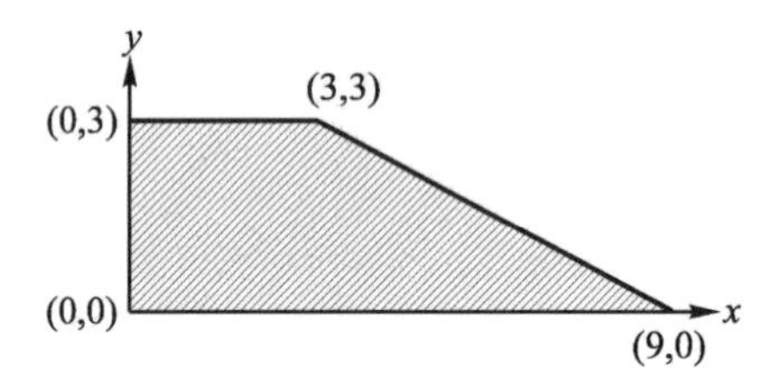

圖 3-29

(　)3. 已知圖 3-30 所示三角形ABC之面積爲三角形ECD之面積之 2 倍，試問此兩三角形所形成之聯合區域，其面積之形心位置$\overline{y}$爲 (A)$\frac{3}{9}h$ (B)$\frac{4}{9}h$ (C)$\frac{5}{9}h$ (D)$\frac{6}{9}h$。

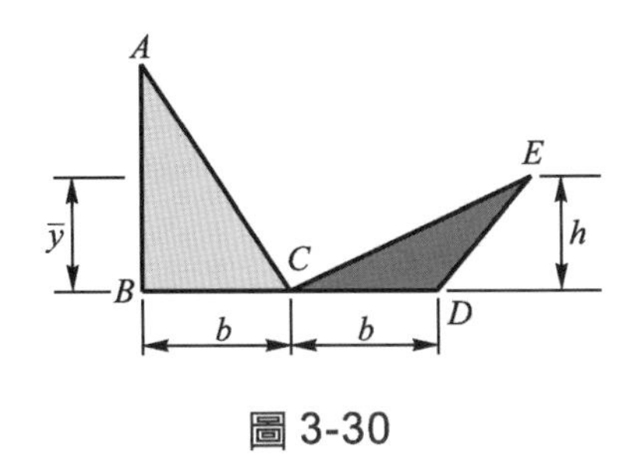

圖 3-30

(　)4. 如圖3-31所示斜線面積之形心位置之x座標約爲 (A)－0.6 (B)－0.7 (C)－0.8 (D)－0.9。

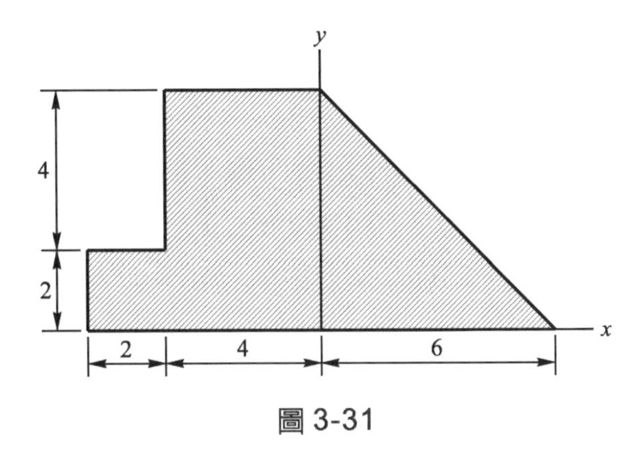

圖 3-31

(　)5. 如圖3-32所示，欲在薄板上挖直徑爲4cm之圓洞，使圓心與剩餘之陰影之形心重合，則圓心之座標爲 (A)$\overline{x}$＝3.62cm，$\overline{y}$＝2.72cm (B)$\overline{x}$＝4cm，$\overline{y}$＝3cm (C)$\overline{x}$＝2.72cm，$\overline{y}$＝3.62cm (D)$\overline{x}$＝2.67cm，$\overline{y}$＝3.33cm。

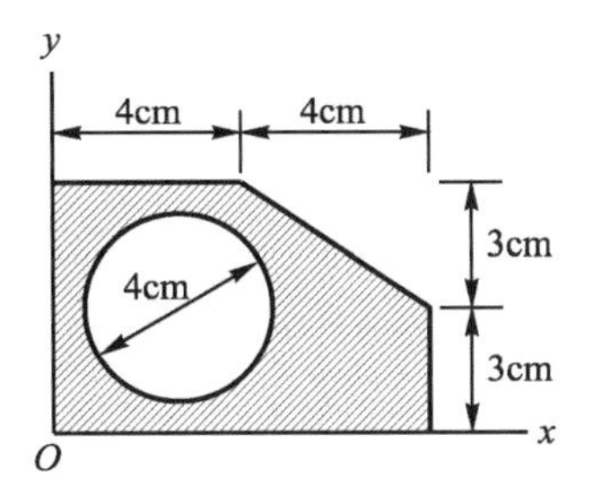

圖 3-32

(　)6. 如圖 3-33 所示，斜線部份面積之重心在 x 軸上，則 h 爲　(A)7.35cm　(B)10.39cm　(C)10.54cm　(D)5.2cm。

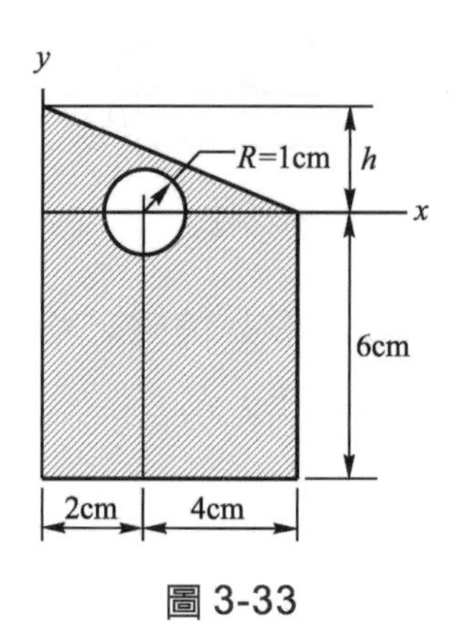

圖 3-33

(　)7. 如圖 3-34 所示平面形，斜線部份面積之形心爲　(A)$\overline{x}=3.95$cm，$\overline{y}=0.196$cm　(B)$\overline{x}=-0.196$cm，$\overline{y}=3.95$cm　(C)$\overline{x}=2$cm，$\overline{y}=4$cm　(D)$\overline{x}=-1$cm，$\overline{y}=3$cm。

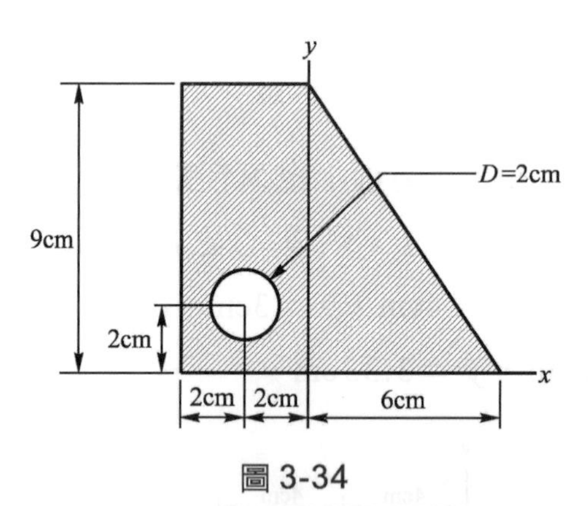

圖 3-34

(　)8. 如圖 3-35 所示之平板，每平方公寸面積重 10kg，並有一 2 公寸之直徑圓孔，則此平板之重心位置爲　(A)$\overline{x}=9$，$\overline{y}=0$　(B)$\overline{x}=8.45$，$\overline{y}=0$　(C)$\overline{x}=10$，$\overline{y}=0$　(D)$\overline{x}=6$，$\overline{y}=0$。(圖中尺寸爲公寸)

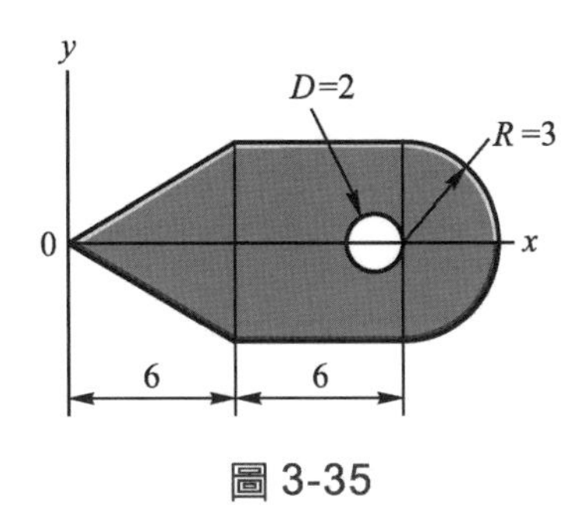

圖 3-35

( )9. 如圖 3-36 所示斜線部份面積之重心為 (A)$\overline{x}=0.34$cm，$\overline{y}=1$cm (B)$\overline{x}=6$cm，$\overline{y}=0$ (C)$\overline{x}=6.34$cm，$\overline{y}=0$ (D)$\overline{x}=7$cm，$\overline{y}=1$cm。

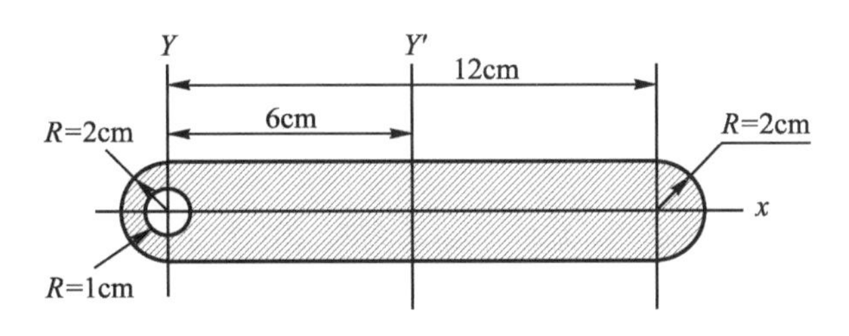

圖 3-36

( )10. 如圖 3-37 所示之體積重心為 (A)$\overline{x}=3.17$m，$\overline{y}=2.5$m，$\overline{z}=1.5$m (B)$\overline{x}=3.33$m，$\overline{y}=2.5$m，$\overline{z}=1.5$m (C)$\overline{x}=4$m，$\overline{y}=2.5$m，$\overline{z}=1.5$m (D)$\overline{x}=5.5$m，$\overline{y}=2.5$m，$\overline{z}=1.5$m。

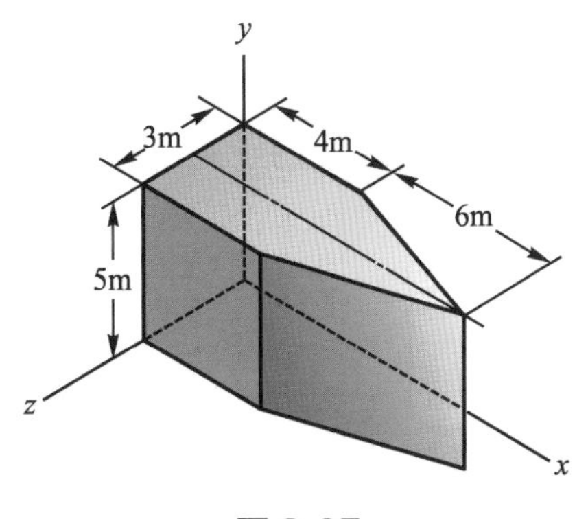

圖 3-37

習 題

1. 試求下圖(a)(b)(c)中所示各線段之重心。

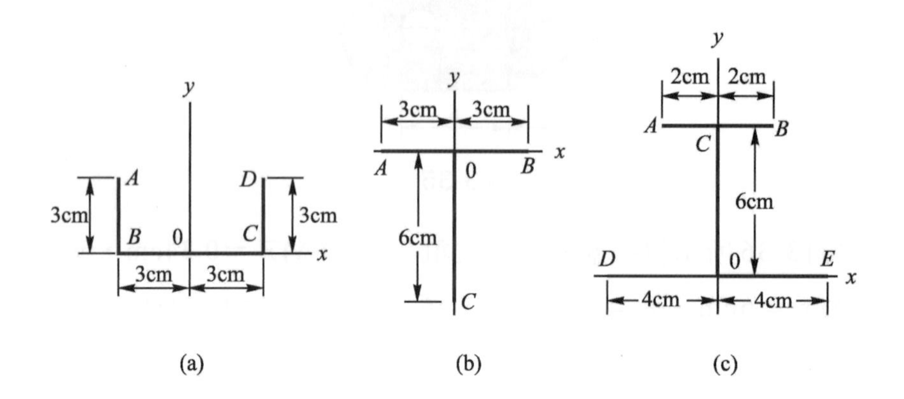

2. 如圖所示，試求線段$ABCDE$之重心。

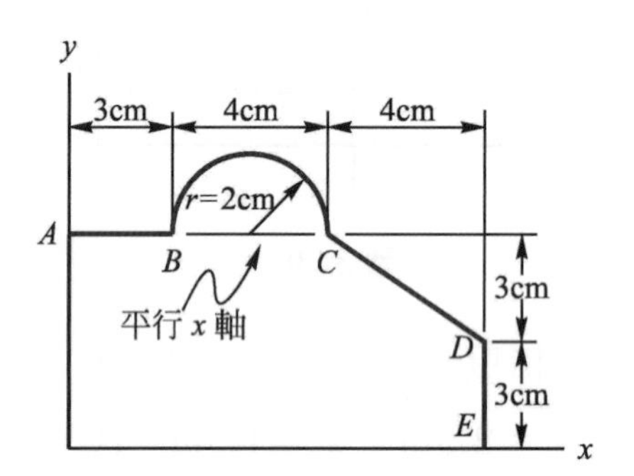

3. 試求圖中工形斷面之重心座標。

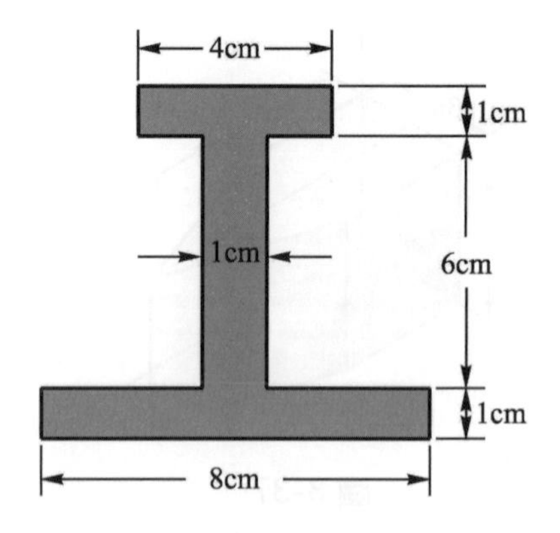

4. 試求圖所示，斜線部份面積之重心，圖中尺寸以cm爲單位。

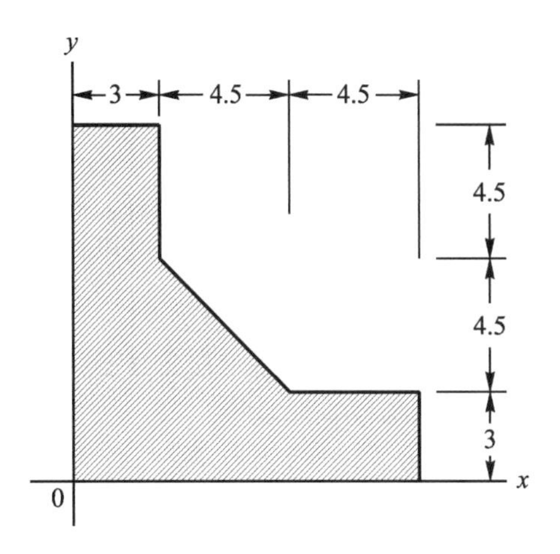

5. 試求圖中斜線部份面積之重心。

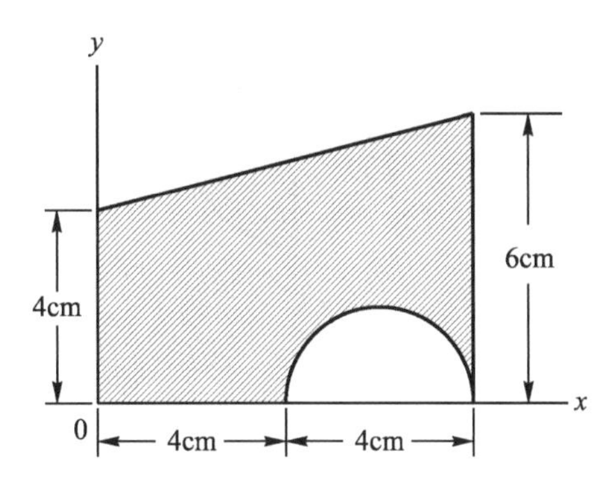

6. 試求圖中斜線部份面積之重心。

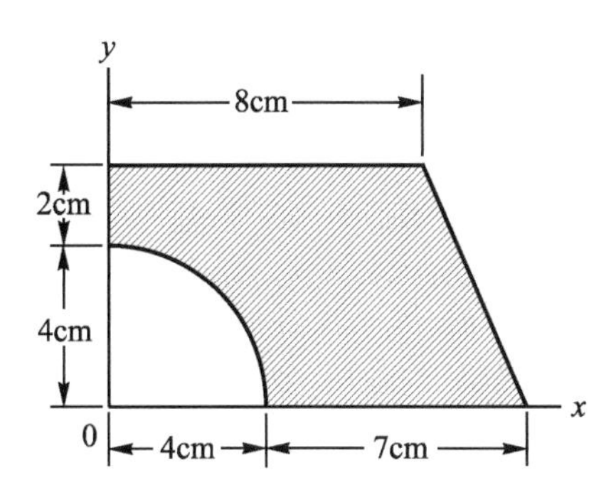

7. 求圖所示斜線部份面積之重心，圖中尺寸以 cm 爲單位。

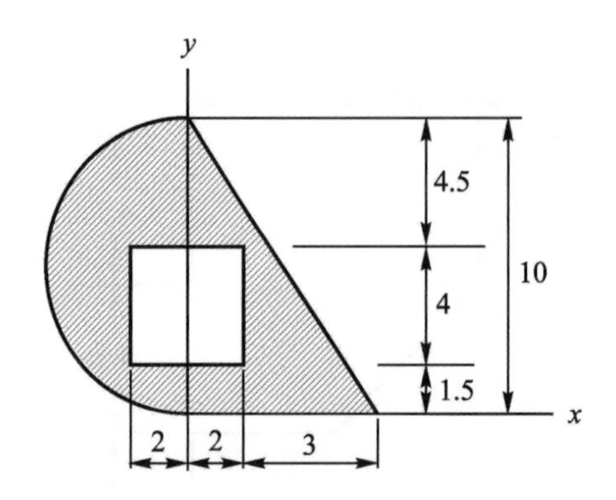

8. 試求圖所示斜線部份面積之重心。

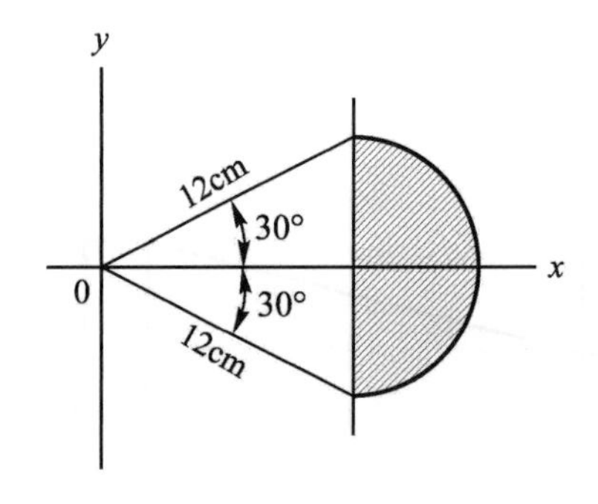

9. 如圖中有一圓錐及半球之均質結合體，已知$r=6\text{cm}$，$h=18\text{cm}$，試求該形體之重心。

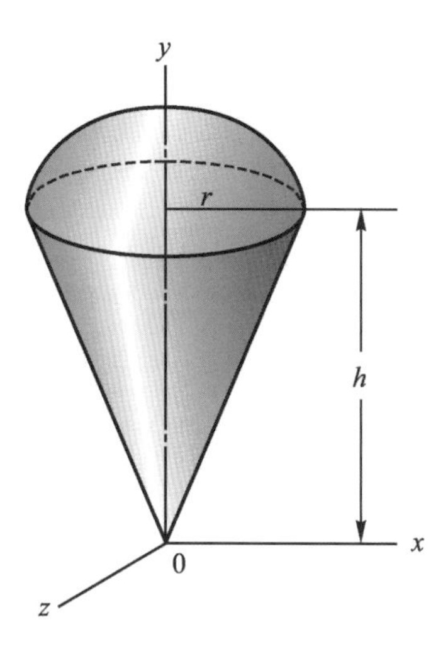

10. 如圖所示一鋼飛輪，試求其重心位置。

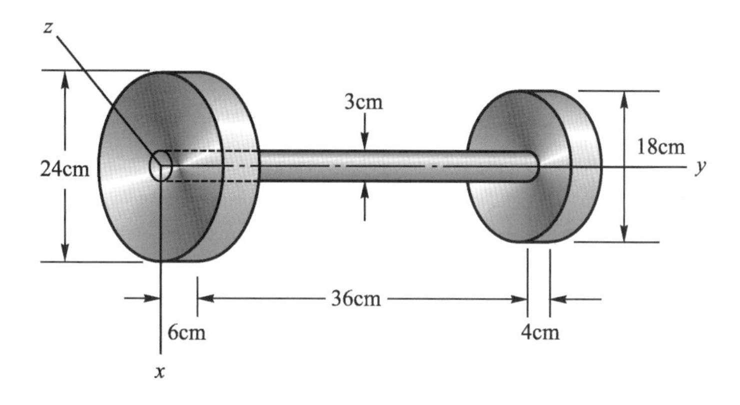

CHAPTER 4

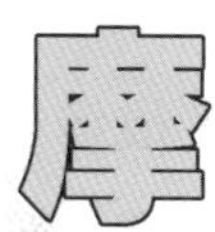

摩　擦

單元目標

本單元分為三大部分，第一部份為摩擦之性質，第二部份為滑動摩擦問題分析，第三部份為摩擦在機械上之應用。讀者讀完本單元後，應有下列之能力：

◇ 瞭解摩擦之意義、種類，摩擦定律、摩擦係數及摩擦角與靜止角之意義。

◇ 能正確運算各種不同型式之滑動摩擦問題。

◇ 能瞭解摩擦在機械上之應用：

①能瞭解尖劈之原理，並能運算問題。

②能瞭解螺旋及螺旋起重機之原理，並能運算問題。

③能瞭解軸承之原理，並能運算問題。

④能瞭解皮帶摩擦之原理，並能運算問題。

4.1 摩擦的種類

4.1-1 概述

當兩物體彼此間有相對運動或有滑動之傾向時，在其接觸面上，會產生阻礙此相對運動或滑動傾向之力，稱爲摩擦力，二物體能產生摩擦力之現象者，可簡稱爲摩擦(Friction)。所以摩擦力之作用平行於接觸面，與即將進行運動之方向相反。

摩擦在實際應用上佔很重要之角色，有很多機器及工作程序等需要將摩擦力的減速效能予以減低，如各種不同的軸承，傳遞功率的螺絲，流體通過管道時，齒輪傳動，飛機的推進及火箭通過大氣層時等。但相反的摩擦有時是被利用，如煞車閘離合器、皮帶轉動及楔、手之持物、足之行路等。

4.1-2 摩擦的種類

在力學上摩擦可分爲以下所述數種：

1. 滑動摩擦(Sliding Friction)：

滑動摩擦是兩固體於接觸面所生的效應。在正要滑動的期間以及已經滑動的時候所生的摩擦力，兩者均切於接觸面。摩擦力之方向永遠跟進行運動中的方向相反。

此種摩擦又可分爲：

⑴ 靜摩擦(Static Friction)(f_s)

① 靜摩擦：兩物體接觸時，無相對運動發生，或僅有相對運動之趨勢，而未實際發生滑動時之摩擦力稱爲靜摩擦。

② 最大靜摩擦(極限摩擦)：物體在開始滑動時之瞬間之摩擦，其值最大，稱爲最大靜摩擦。

設平行於兩物體接觸面之外加作用力漸次增加時，其摩擦力亦漸次增加，但摩擦力之增加有一定之極限值，即爲最大靜摩擦，若外加作用力等於最大靜摩擦時，物體即開始滑動，但未達極限時，摩擦力等於外加作用力。

⑵ 動摩擦(Kinetic Friction)(f_K)

物體滑動開始後，接觸面對運動所呈之阻力，稱爲動摩擦。恆比最大靜摩擦小。

動摩擦，最大靜摩擦，靜摩擦之關係如圖 4-1(b)所示。

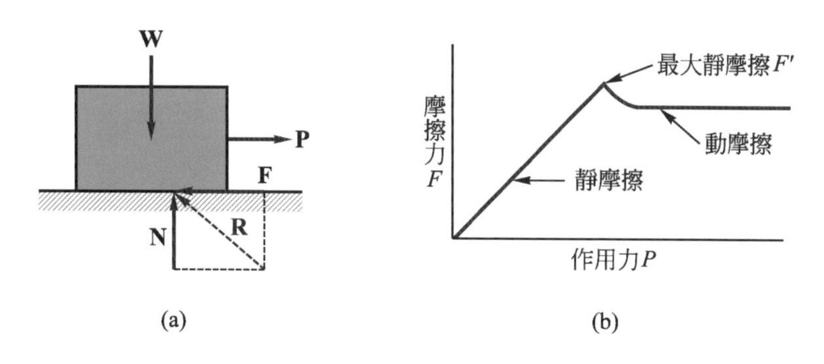

圖 4-1　動摩擦、最大靜摩擦、靜摩擦之關係

2. 滾動摩擦(Rolling Friction)：

一物體在另一物體表面上滾動所受之阻力，稱爲滾動摩擦。

4.2 摩擦定律

4.2-1 摩擦定律

研究乾燥表面之摩擦，早在西元 1699 年由 Amouton 研究而供給一些最早的摩擦定律。後經學者庫倫、摩林等實驗整理而寫下了以下之摩擦定律：

1. 最大靜摩擦力與接觸面之正壓力呈正比。如圖 4-1(a)中垂直於接觸面之分力N，稱爲正壓力。
2. 最大靜摩擦與接觸面積之大小無關，僅與兩種物質之性質及接觸面間有無潤滑劑等有關。
3. 動摩擦之數值與接觸面間之相對速度無關。

4.2-2 摩擦係數

依實驗之結果，極限摩擦力與接觸面正壓力之比一定稱爲摩擦係數。在滑動摩擦中又可分爲兩種，即

1. 靜摩擦係數(μ_s)：

   最大靜摩擦力與接觸面間正壓力之比，稱爲靜摩擦係數。

   如

   f'……最大靜摩擦力

   N……接觸面間之正壓力

   μ_s……靜摩擦係數

   則

   $$\mu_s=\frac{f'}{N} \quad 或 \quad f'=\mu_s \cdot N$$

2. 動摩擦係數(μ_k)：

   動摩擦力與接觸面間正壓力之比，稱爲動摩擦係數

   如

   f_k……動摩擦

   則

   $$\mu_k=\frac{f_k}{N} \quad 或 \quad f_k=\mu_k \cdot N$$

μ_s與μ_k之值視材料不同而異，普通μ_s較μ_k大，當$\mu=0$時稱爲完全滑面(光滑)，$\mu=\infty$時稱爲完全粗面。

所以$0<\mu<\infty$

表4-1爲摩林(Morin)等學者之實驗結果，係表示主要接觸面之摩擦係數。

表 4-1　主要接觸面之摩擦係數

互相接觸材料之種類	接觸面之狀況	摩擦係數	
		μ_s	μ_k
木材與木材	乾燥	0.3～0.5	0.20～0.48
	灌注肥皂水	0.22～0.44	0.14～0.16
	塗抹脂肪	0.3～0.4	0.02～0.10
木材與金屬	乾燥	0.6	0.20～0.62
	塗抹脂肪	0.1	0.10～0.16
木材與皮革	乾燥	0.62	0.3～0.5
	灌油	0.13	−
金屬與麻繩	乾燥	−	0.20～0.34
	塗抹脂肪	−	0.15
金屬與金屬	乾燥	0.15～0.24	0.15～0.24
	時時灌油	0.11～0.16	0.07～0.08
	不斷灌油	−	0.04～0.06
金屬與皮革	乾燥	0.62	0.56
	濕潤	0.30	0.36
	塗抹脂肪	0.27	0.23
	灌油	0.13	0.15

例題 4.1

若以重量爲100公斤之物體置於水平面上，其開始運動時需要水平拉力30公斤，則接觸面間之摩擦係數爲若干？

解

由圖4-2知

$N=100\text{kg}$，$F'=30\text{kg}$

$\therefore \mu=\dfrac{F'}{N}=\dfrac{30}{100}=0.30$

故　接觸面間之摩擦係數爲0.30

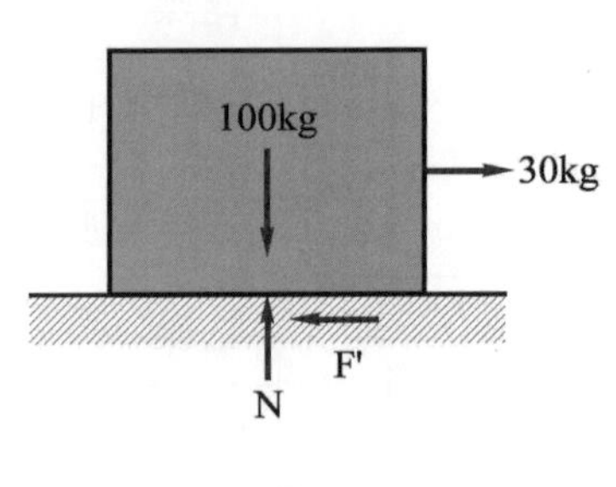

圖4-2

4.3 摩擦角與靜止角

4.3-1 摩擦角(極限角)(Angle of Friction)

在圖4-3所示一物體置於粗糙之平面上受一向右之拉力**P**作用，使物體有向右運動之企圖，其所受之正壓力爲**N**(爲不計摩擦時，平面對物體之反作用力)，與平面間之最大靜摩擦**F**′(亦爲平面對物體之反作用力)，二者(**N**與**F**′)之合力**R**爲有摩擦時平面對物體之總反作用力。

故摩擦角即爲**R**之方向與平面之法線所夾之角(亦即**R**與**N**之夾角)如圖4-3中之ϕ角，亦稱極限角。

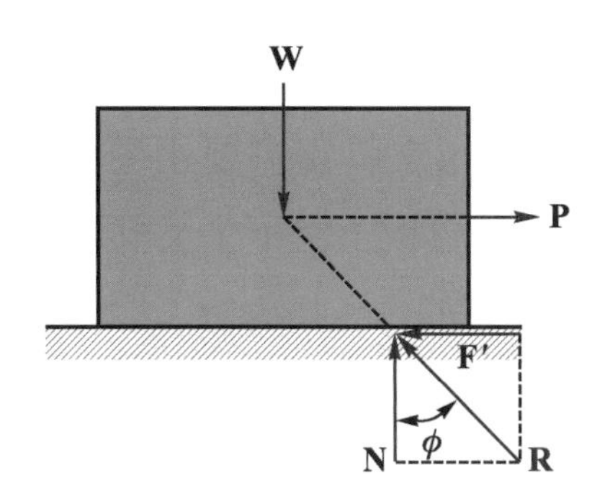

圖 4-3

再由圖 4-3 中知：$R\cos\phi = N$，$R\sin\phi = F'$

$$\therefore \frac{R\sin\phi}{R\cos\phi} = \frac{F'}{N}\text{，即}\tan\phi = \frac{F'}{N} = \mu$$

故　[靜摩擦係數]＝[摩擦角之正切]

4.3-2　靜止角(休止角)(摩擦係數之測定)

一物體置於斜面上，使斜面之傾斜角逐漸增加至物體開始下滑時之傾斜角稱爲物體與斜面間之靜止角(休止角)亦即摩擦角，此實爲求物體間之摩擦係數及摩擦角之方法。

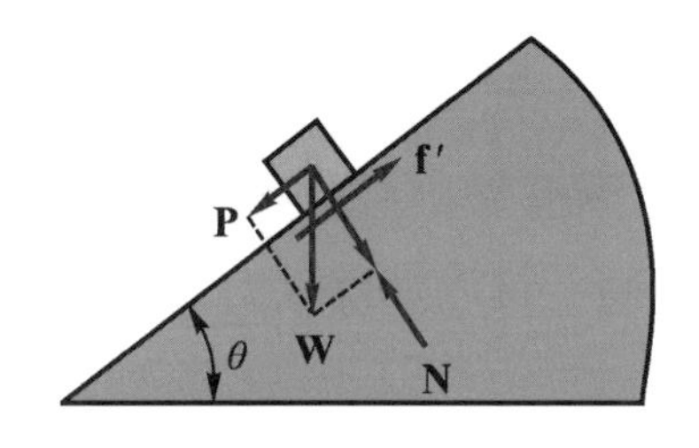

圖 4-4　靜止角

如圖 4-4 中，一物體置於斜面上時，下滑力$P = W\sin\theta$，垂直正壓力$N = W\cos\theta$，物體開始下滑時，$W\sin\theta$與摩擦力f'相等。即

$$W\sin\theta = f' = \mu N = \mu W\cos\theta$$

$\therefore \mu = \tan\theta$，又$\mu = \tan\phi$

$\therefore \tan\theta = \tan\phi$，即$\theta = \phi$(靜止角＝摩擦角)

例題 4.2

移動水平板上所置重量18kg之物體需要水平力6.5kg，今取此板使對於水平面傾斜至若干度，則此物體自板上滑下？又其摩擦係數、摩擦角為若干？

解

由 $f'=\mu N$ 知　$\therefore f'=6.5\text{kg}$，$N=18\text{kg}$

$\therefore 6.5=\mu\times 18$　$\therefore \mu=0.36$ ……………… 摩擦係數

$\because \mu=\tan\phi$　$\therefore 0.36=\tan\phi$

$\therefore \phi=\tan^{-1}(0.36)\doteqdot 20°$ ………………… 摩擦角

但$\theta=\phi$，$\therefore \theta=\tan^{-1}(0.36)\doteqdot 20°$ …… 板與水平面傾斜角

隨堂練習

(　) 1. 一物體置於斜面上，當斜面之傾角逐漸增加至物體開始下滑時之傾斜角θ，則接觸面間之靜摩擦係數為　(A)θ　(B)$1/\theta$　(C)$\sin\theta$　(D)$\cos\theta$　(E)$\tan\theta$。

(　) 2. 下列有關摩擦的敘述，何者為錯誤？　(A)摩擦力與正壓力成正比例之關係　(B)動摩擦係數較靜摩擦係數大　(C)靜摩擦係數等於靜摩擦角之正切值　(D)動摩擦力與兩接觸物體運動之相對速度無關。

(　) 3. 若有一物體置於平面上，在平面方向施以一作用力，而不致滑動，此時之摩擦力應為　(A)靜摩擦係數乘以正壓力　(B)作用力　(C)靜摩擦角乘以正壓力　(D)以上皆非。

(　) 4. 一物體置於一平板上，若將此平板之一端緩慢上移，當平板之傾斜角度為60°時，物體開始滑落，因此可知該物體與平板間之摩擦係數為　(A)0.5　(B)0.866　(C)0.577　(D)1.732。

4.4 滑動摩擦

平面滑動摩擦力之問題，將有下列所述三種：

4.4-1 所有接觸面之摩擦力，確定會企圖運動或產生相對運動之問題

1. 寫出所有企圖運動表面之平衡方程式、摩擦方程式，而$F=F'=\mu N$確定摩擦力之方向。
2. 由平衡方程式及摩擦方程式求出未知數，本類型之問題無需驗算，因沒有假定項目之故。

例題 4.3

如圖 4-5(a)所示，使A物企圖運動之**P**力若干？但A物重 30kg，B物重 20kg，A與B間之摩擦係數 1/4，A與地面之摩擦係數為 1/3。

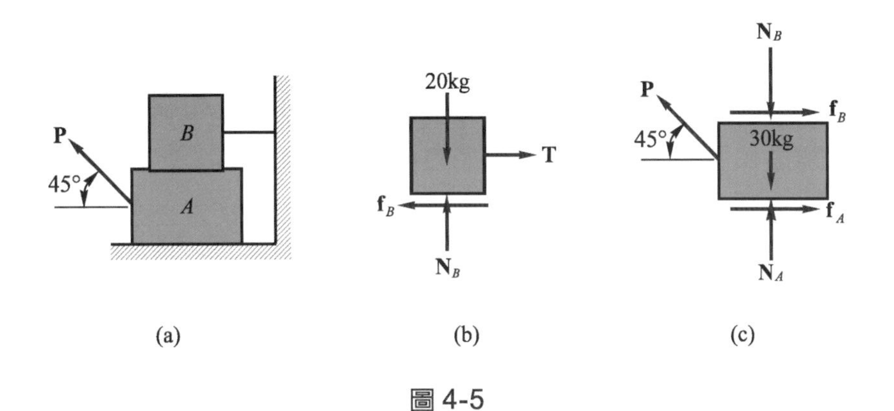

圖 4-5

解

以B物體為自由體如圖 4-5(b)所示

$+\uparrow \Sigma F_y = N_B - 20 = 0 \quad \therefore N_B = 20\text{kg}$

$\therefore f_B = \dfrac{1}{4} \times 20 = 5\text{kg}$

次以A物體爲自由體如圖 4-5(c)所示

$+\uparrow \Sigma F_y = N_A - 30 - 20 + P\sin45° = 0$

$\therefore N_A = 50 - P\sin45°$

$f_A = \frac{1}{3} \times (50 - P\sin45°)$

$\overset{+}{\rightarrow} \Sigma F_x = -P\cos45° + \frac{1}{3} \times (50 - P\sin45°) + 5 = 0$

$\therefore P = 22.9\text{kg}$

4.4-2 無法確定物體是否企圖滑動之問題

1. 假定力系成平衡狀況。
2. 由平衡方程式求得摩擦力和正壓力。
3. 比較由計算得之F和F' $(F' = \mu N)$，(μ爲靜摩擦係數)。
   如$F \leqq F'$則假定正確，即物體不產生滑動。
   $F > F'$則成不平衡狀況，即物體產生滑動。

例題 4.4

茲有一物重 80kg，置於與水平成 30°角之斜面上，如圖 4-6(a)所示，物體與斜面之摩擦係數爲 0.3，如受水平力$P = 20$kg 作用，此物體是否發生滑動？如有滑動，其方向朝上抑朝下？如無滑動，則摩擦力之大小應爲若干？其方向如何？

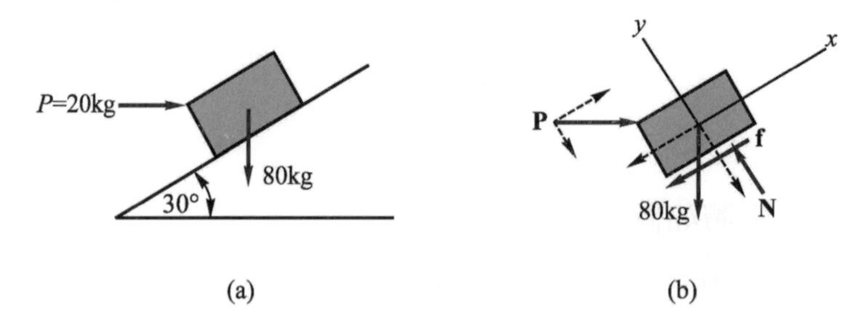

圖 4-6

解

假設物體在平衡狀況下，企圖向上運動，以物體為自由體如圖 4-6(b)所示

$+\nwarrow \Sigma F_y = N - 80\cos 30° - 20\sin 30° = 0$

$\therefore N = 79.28\text{kg}$

$f' = \mu N = 0.3 \times 79.28 = 23.78\text{kg}$

$+\nearrow \Sigma F_x = 20\cos 30° - 80\sin 30° - f = 0$

$\therefore f = -22.68\text{kg} < f'$(負號代表方向相反)

故　該物體無滑動，摩擦力$f = 22.68\text{kg}$(30°)

本題目如 P=15kg 時，重物便會下滑，讀者可按上述解法自行研討。

4.4-3 無法確定物體是否企圖運動，即使是企圖運動，亦無法確定是傾倒或滑移之類型問題

1. 未知數往往超過平衡方程式之數目，因此必須假定一個或一個以上之物體，依可能之方式而運動。假定在產生滑移處$F = F' = \mu N$，或假定傾倒時，此時正壓力發生於傾倒物體之角隅。
2. 求其他未假定企圖運動之物體上之摩擦力和正壓力。
3. 檢驗：如假定滑移時，比較F和$F' = \mu N$；如假定傾倒時檢定正壓力之位置。如$F \leqq \mu N$，正壓力不在物體底面積之外時，則假定滑移正確，如相反時，則另一假定再做起。

例題 4.5

如圖 4-7(a)所示，如物體重 50kg，與地面之摩擦係數為 0.30，當**P**逐漸增加時，物體開始何種運動？

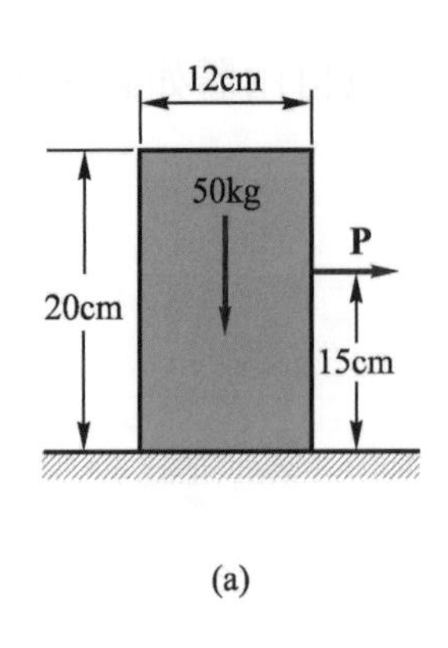

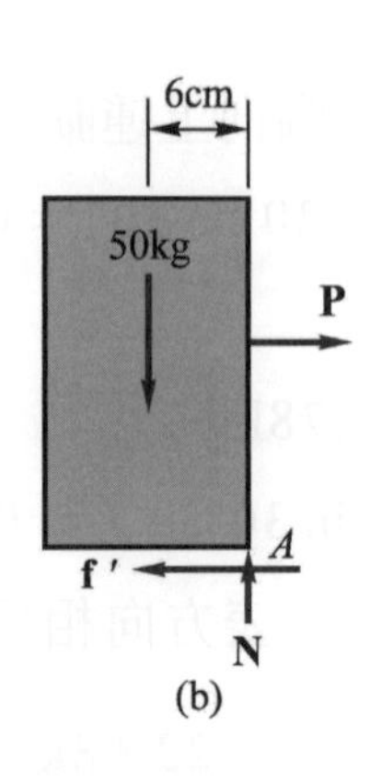

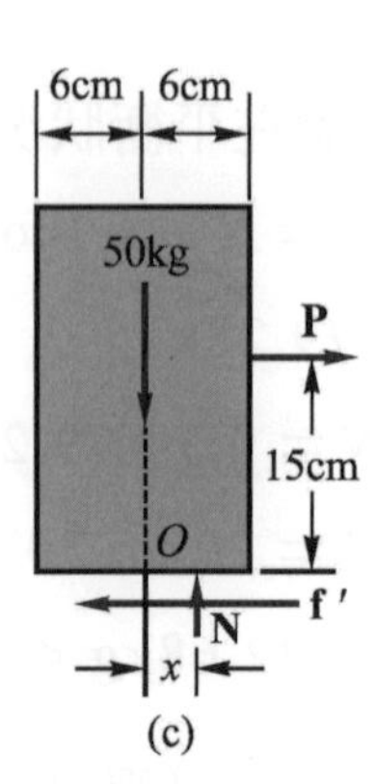

圖 4-7

解

(解法 1)由圖 4-7(b)所示

⑴當開始滑動之P

$+\uparrow \Sigma F_y = N - 50 = 0 \quad \therefore N = 50\text{kg}$

$f' = \mu N = 0.3 \times 50 = 15\text{kg}$

$\overset{+}{\rightarrow} \Sigma F_x = P - 15 = 0 \quad \therefore P = 15\text{kg}$

⑵當開始傾倒之P

開始傾倒時N應在右下角A

$\therefore \circlearrowleft + \Sigma M_A = 50 \times 6 - P \times 15 = 0 \quad \therefore P = 20\text{kg}$

由⑴⑵可知當 **P** 逐漸增加時，物體開始滑動

(解法 2)求N之位置，由圖 4-7(c)所示

$+\uparrow \Sigma F_y = N - 50 = 0 \quad \therefore N = 50\text{kg}$

$\overset{+}{\rightarrow} \Sigma F_x = P - 15 = 0 \quad \therefore P = 15\text{kg}$

$\circlearrowleft + \Sigma M_0 = 50 \times (x) - 15 \times 15 = 0 \quad \therefore x = 4.5\text{cm} < 6\text{cm}$

故**N**在物體內部，物體產生滑動(如**N**在物體外部時，物體將產生傾倒)。

茲就平面滑動摩擦之問題再舉數例說明。

例題 4.6

設有重量爲**W**之物體，置於與水平α角之斜面，物體與斜面間之摩擦角爲ϕ，如圖 4-8(a)所示，試證使物體向上運動之水平**P**力爲

$$P = W\tan(\phi+\alpha)$$

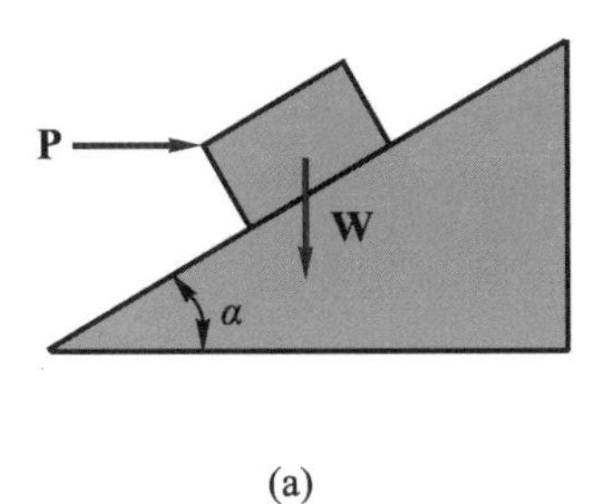

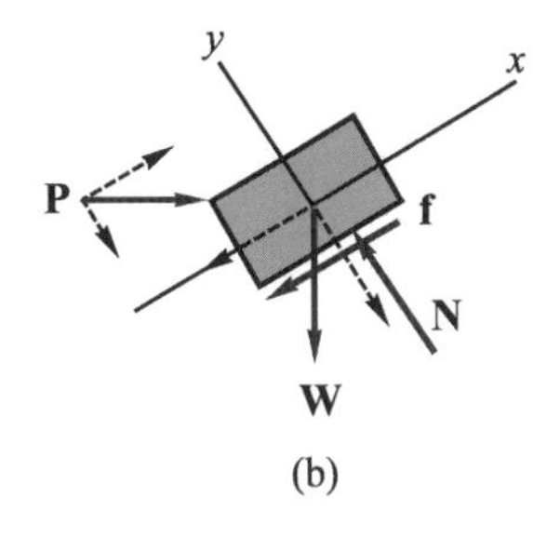

圖 4-8

解

以物體爲自由體，如圖 4-8(b)所示

$+\nwarrow \Sigma F_y = N - W\cos\alpha - P\sin\alpha = 0$

$\therefore N = W\cos\alpha + P\sin\alpha$

$f = \mu N = \mu(W\cos\alpha + P\sin\alpha)$

$+\nearrow \Sigma F_x = P\cos\alpha - W\sin\alpha - \mu(W\cos\alpha + P\sin\alpha) = 0$

$$\therefore P = W\cdot\frac{\sin\alpha+\mu\cos\alpha}{\cos\alpha-\mu\sin\alpha}$$

由$\mu = \tan\phi$

$$\therefore P = W\cdot\frac{\sin\alpha+\tan\phi\cos\alpha}{\cos\alpha-\tan\phi\sin\alpha} = W\cdot\frac{\sin\alpha+\dfrac{\sin\phi}{\cos\phi}\cos\alpha}{\cos\alpha-\dfrac{\sin\phi}{\cos\phi}\sin\alpha}$$

$$= W\cdot\frac{\sin\alpha\cos\phi+\sin\phi\cos\alpha}{\cos\phi\cos\alpha-\sin\phi\sin\alpha} = W\cdot\frac{\sin(\phi+\alpha)}{\cos(\phi+\alpha)}$$

$\therefore P = W\tan(\phi+\alpha)\cdots\cdots$①

如欲使物體向下運動之水平拉力P，按同法可證得

$P = W\tan(\phi-\alpha)\cdots\cdots$②

①②兩式讀者可當作公式熟記應用之。在尖劈及螺旋起重機上為主要之公式。

當 **P** 為平行斜面時，則向上運動之 **P** 力為$W \cdot \dfrac{\sin(\phi+\alpha)}{\cos\phi}$

向下運動之 **P** 力為$W \cdot \dfrac{\sin(\phi-\alpha)}{\cos\phi}$

故　一物體置於斜面，當 P=0 時，物體自然下滑之條件為$\phi \leq \alpha$

例題 4.7

一100kg之方塊置於光滑斜面上，如用80kg之水平力向上推動時，可推之向上，如圖 4-9(a)所示，今將斜面改為粗糙者，若其間之摩擦係數為 0.2 時，欲推動此方塊需水平力若干？

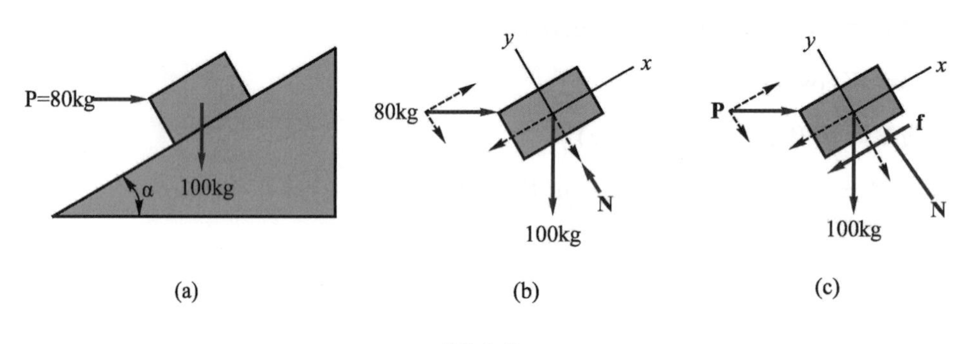

圖 4-9

解

以方塊為自由體如圖 4-9(b)所示，由於$\mu=0$，如假設斜面斜角為α

$\therefore +\nearrow \Sigma F_x = 80\cos\alpha - 100\sin\alpha = 0$

$\therefore \tan\alpha = \dfrac{80}{100} = \dfrac{4}{5}$

$\therefore \cos\alpha = \dfrac{5}{\sqrt{41}}$，$\sin\alpha = \dfrac{4}{\sqrt{41}}$

如斜面粗糙$\mu=0.2$時，以方塊為自由體如圖 4-9(c)所示

$+\nwarrow \Sigma F_y = N - 100 \cdot \dfrac{5}{\sqrt{41}} - P \cdot \dfrac{4}{\sqrt{41}} = 0 \quad \therefore N = \dfrac{500+4P}{\sqrt{41}}$

$f = \mu N = 0.2 \times \left(\dfrac{500+4P}{\sqrt{41}}\right)$

$+\nearrow \Sigma F_x = P \times \dfrac{5}{\sqrt{41}} - 100 \times \dfrac{4}{\sqrt{41}} - 0.2 \times \left(\dfrac{500+4P}{\sqrt{41}}\right) = 0$

$\therefore P = 119\text{kg}$

本例亦可直接代入上例①式$P = W\tan(\phi+\alpha)$解之

$\because \mu = \tan\phi = 0.2$，$\tan\alpha = \dfrac{4}{5} = 0.8$，$W = 100\text{kg}$

$\therefore P = W\dfrac{\tan\phi + \tan\alpha}{1-\tan\phi\tan\alpha} = 100 \times \dfrac{0.2+0.8}{1-0.2\times 0.8} = 119\text{kg}$

例題 4.8

在圖 4-10(a)中，A重 80kg，A與斜面間之$\mu = 0.50$，滑輪C不計摩擦及重量，試求平衡時B之最大及最小重量。

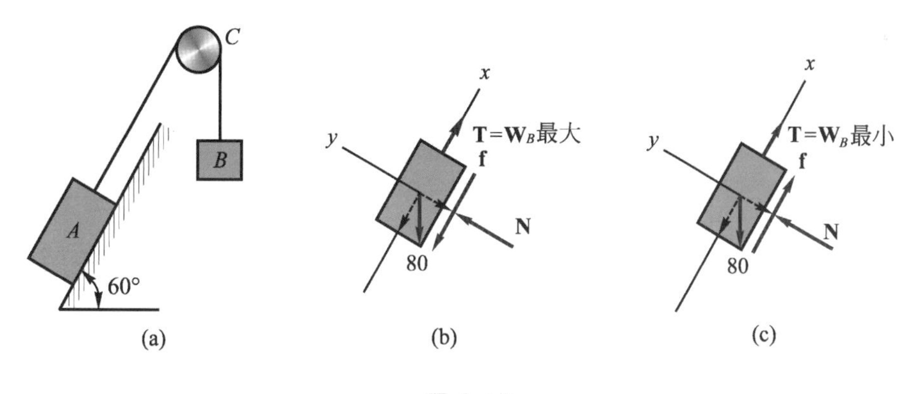

圖 4-10

解

平衡時B之最大及最小重量即A企圖上滑及下滑時繩子之張力。

如A企圖上滑時，如圖 4-10(b)所示

$\nwarrow + \Sigma F_y = N - 80\cos 60° = 0 \quad \therefore N = 40$

$f = \mu N = 0.5 \times 40 = 20$

$+\nearrow \Sigma F_x = T - 80\sin 60° - 20 = 0$

$\therefore T = 89.28\text{kg}$

即W_B最大$=89.28\text{kg}$

如A企圖下滑時，如圖 4-10(c)所示

$+\nearrow \Sigma F_x = T + 20 - 80\sin 60° = 0$

$\therefore T = 49.28$時，即W_B最小$= 49.28\text{kg}$

故　平衡時B之最大重量89.28kg最小重量49.28kg

例題 4.9

如圖 4-11(a)所示，桿重100kg，斜立於牆邊，桿之兩端與牆壁及水平面之摩擦係數均爲1/20，如以55kg之力水平作用於A點，試問桿保持平衡否？如不平衡，桿之A端向牆內或牆外移動？

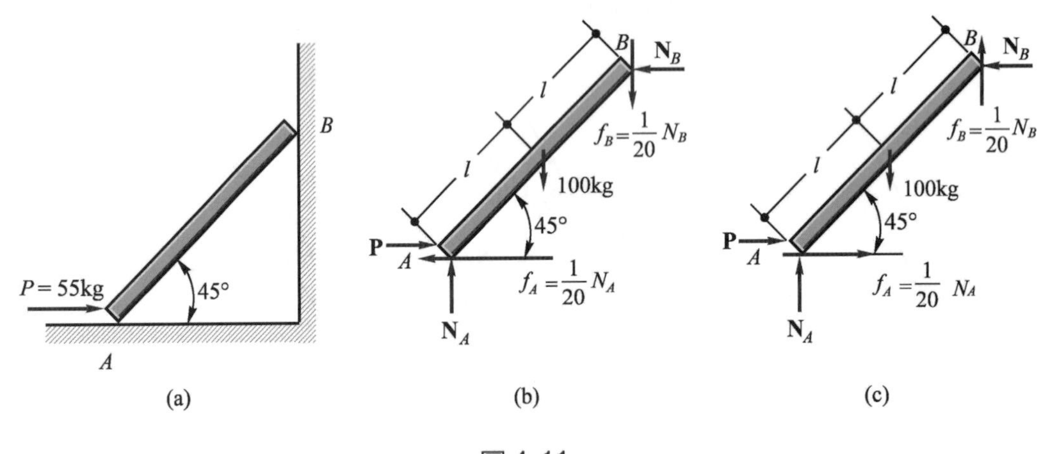

圖 4-11

解

雖爲第二種類型問題，但因兩接觸點皆有摩擦力，故得分別算出適能維持AB開始向右滑動及適能維持AB不致向左滑動之**P**力，比較兩種情形以決定之。

⑴適能維持AB開始向右滑動時，如圖4-11(b)所示

$$\circlearrowleft+\Sigma M_A=-100\cdot l\cos 45°-\frac{1}{20}N_B\cdot 2l\cos 45°+N_B\cdot 2l\sin 45°=0$$

$$\therefore N_B=\frac{1000}{19}$$

$$+\uparrow\Sigma F_y=N_A-100-\frac{1}{20}\times\frac{1000}{19}=0\quad\therefore N_A=\frac{1950}{19}$$

$$\xrightarrow{+}\Sigma F_x=P-\frac{1}{20}\times\frac{1950}{19}-\frac{1000}{19}=0\quad\therefore P=57.8\text{kg}$$

即當$P>57.8$kg時桿向右滑動

⑵適能維持AB不致向左滑動時，如圖4-11(c)

$$\circlearrowleft+\Sigma M_A=-100\cdot l\cos 45°+\frac{1}{20}\cdot N_B\cdot 2l\cos 45°+N_B\cdot 2l\sin 45°=0$$

$$\therefore N_B=\frac{1000}{21}$$

$$+\uparrow\Sigma F_y=N_A-100+\frac{1}{20}\times\frac{1000}{21}=0$$

$$\therefore N_A=\frac{2050}{21}$$

$$\xrightarrow{+}\Sigma F_x=P+\frac{1}{20}\times\frac{2050}{21}-\frac{1000}{21}=0$$

$$\therefore P=42.7\text{kg}$$

即當$P<42.7$kg時桿將向左滑動

亦即當57.8kg $>P>$ 42.7kg時桿成平衡

今$P=55$kg，故此桿成平衡狀態

例題 4.10

一對稱之圓筒如圖4-12(a)所示，重600kg，其垂直壁面爲均勻光滑面，該圓筒與水平間之$\mu = 0.2$，試求欲使圓筒不致產生滾動之最大P值。

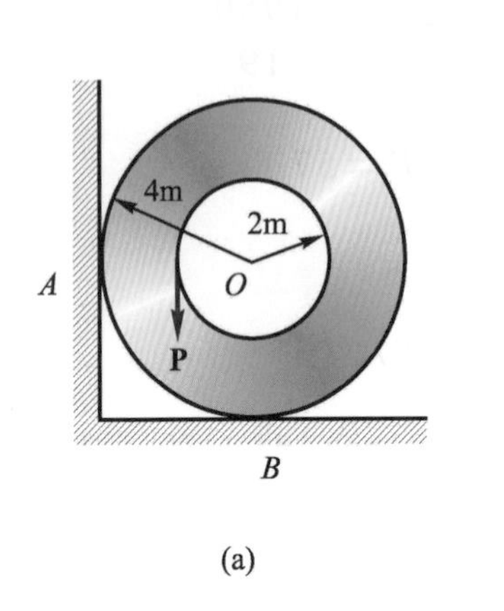

(a)

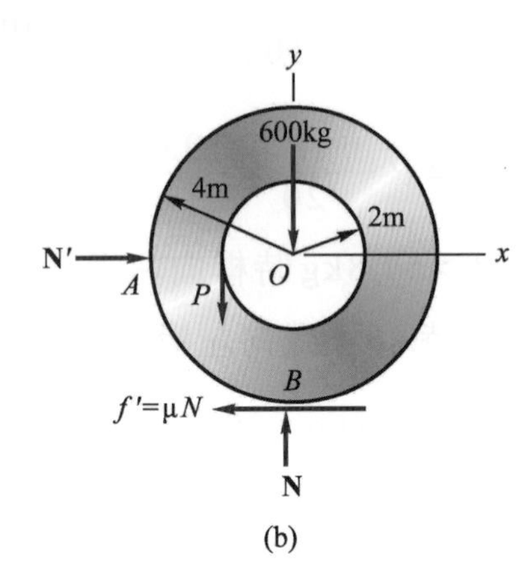

(b)

圖4-12

解

以圓筒爲自由體如圖4-12(b)所示，因該圓筒有移動傾向，故在B點處之摩擦力$f' = \mu N$，故

$+\uparrow \Sigma F_y = N - P - 600 = 0$

$\therefore N = 600 + P$

$f' = 0.2 \times (600 + P)$

$\circlearrowleft + \Sigma M_0 = P \times 2 - 0.2 \times (600 + P) \times 4 = 0$

$\therefore P = 400\text{kg}(\downarrow)$

隨堂練習

( )1. 有一長方形物體重200kg，寬3m，高8m，如圖4-13所示，受一水平力P作用，設靜摩擦係數$\mu_s = 0.25$，若此物體發生滑動而不致傾倒，則P力作用點之最高位置$h =$ (A)2m (B)3m (C)4m (D)5m (E)6m。

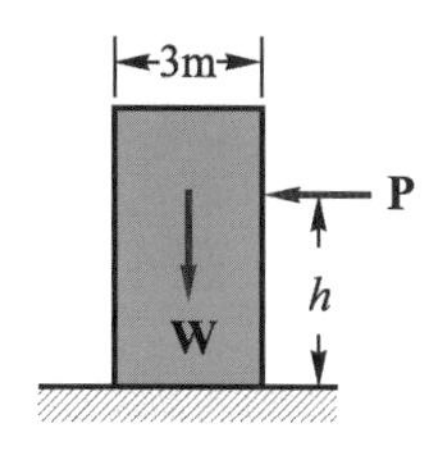

圖4-13

( )2. 一物體$W = 100$kg，置於摩擦係數$\mu = 0.15$之牆，以斜向力 **P** 作用而使W物體不致向下滑動，如圖4-14所示，則**P**值最小應爲 (A)158.75kg (B)172.45kg (C)184.62kg (D)212.74kg (E)232.44kg。

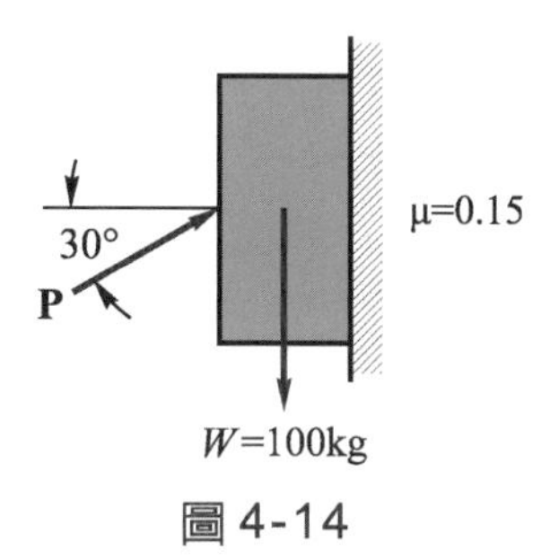

圖4-14

( )3. 圖4-15中，物重$W = 200$kg，靜置於水平面上，該物與水平面之摩擦係數爲0.25，現用水平力$P = 20$kg推它，則摩擦力爲 (A)10kg (B)20kg (C)30kg (D)40kg (E)50kg。

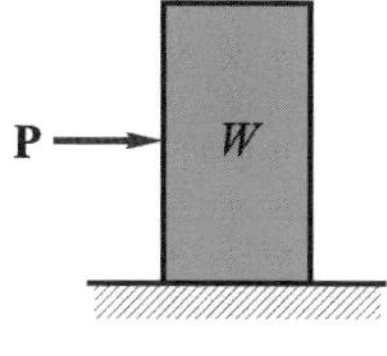

圖4-15

(　)*4.* 如圖 4-16 重量W為 50kg 之物體靜置於水平面上，傾斜作用力與水平面夾角α，物體與水平面之靜摩擦係數為 0.5，如欲使物體開始向左滑動，至少必須加若干之 **P** 力？ (A)45kg (B)50kg (C)55kg (D)60kg (E)65kg。

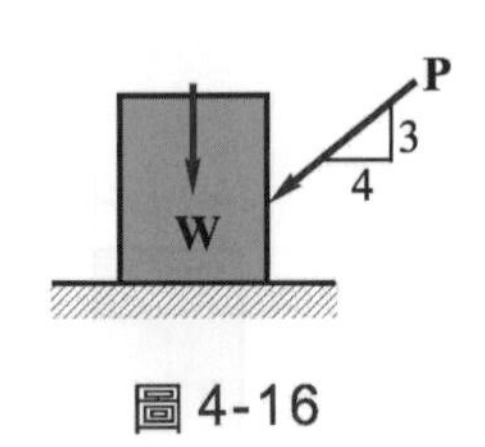

圖 4-16

4.5 摩擦在機械上的應用

摩擦在機械上之應用，如尖劈、螺旋、軸承、皮帶以及輪軸等皆是。其他如自行車、汽車之制動器以及摩擦輪、鋼珠軸承之滾動摩擦等皆為摩擦之應用，但摩擦輪之問題涉及功率，因此於第八章功與能再舉例說明之。以下分別就上述之應用說明於下：

4.5-1 尖劈之摩擦

尖劈為一種簡單之機具，可以用以舉起重負荷。由於尖劈的接觸面間有摩擦存在，如果尖劈形狀適當，則可藉著負荷所產生的力量保持定位。因此尖劈適於使用在使很重之機器的位置做少許的調整。

由劈為自由體如圖 4-17(b)，再由前所述(例 4.6)物體在斜面之滑動摩擦時，可分兩種情形：

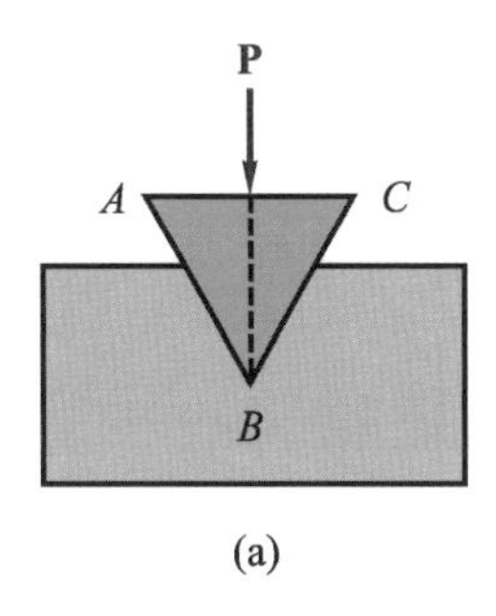

(a)

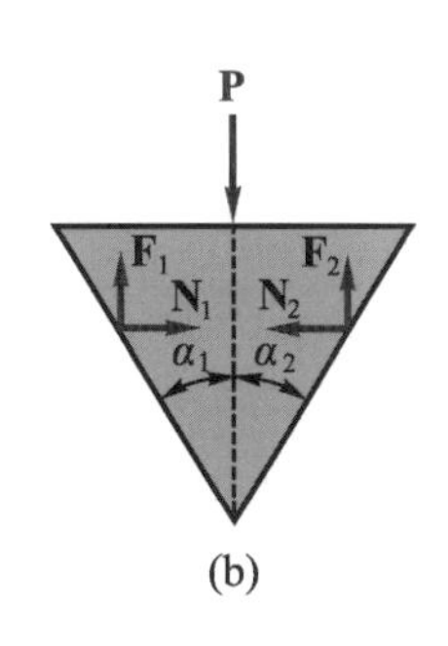

(b)

圖 4-17　尖劈

1. 尖劈壓入時：

由例 4.6 中①式$P = W\tan(\phi + \alpha)$得知

$\therefore F_1 = N_1 \tan(\phi + \alpha_1)$，$F_2 = N_2 \tan(\phi + \alpha_2)$ (ϕ為摩擦角)

由力之平衡方程式：

$$\therefore \overset{+}{\rightarrow} \Sigma F_x = N_1 - N_2 = 0\text{，即}N_1 = N_2$$

$$+\uparrow \Sigma F_y = F_1 + F_2 - P = 0\text{，即}P = F_1 + F_2$$

$$\therefore P = N_1 \tan(\phi + \alpha_1) + N_2 \tan(\phi + \alpha_2)$$

$$= N_1[\tan(\phi + \alpha_1) + \tan(\phi + \alpha_2)]$$

(1) 如劈為等腰三角形，則$\alpha_1 = \alpha_2$，故

$$P = 2N_1 \tan(\phi + \alpha_1)$$

(2) 如劈為直角三角形，則$\alpha_1 = 0$或$\alpha_2 = 0$，如定$\alpha_2 = 0$則

$$P = N_1[\tan(\phi + \alpha_1) + \tan\phi]$$

$$\text{或} = N_1[\tan(\phi + \alpha_1) + \mu]$$

2. 尖劈取出時：

由例 4.6 中②式$P = W\tan(\phi - \alpha)$得知

$\therefore F_1 = N_1 \tan(\phi - \alpha_1)$，$F_2 = N_2 \tan(\phi - \alpha_2)$

由力之平衡方程式$\Sigma F_x=0$及$\Sigma F_y=0$，故

$$P=N_1[\tan(\phi-\alpha_1)+\tan(\phi-\alpha_2)]$$

(1) 如等腰三角形時，則$\alpha_1=\alpha_2$，故

$$P=2N_1\tan(\phi-\alpha_1)$$

(2) 如直角三角形時，則α_1或α_2爲零，如定$\alpha_2=0$則

$$P=N_1[\tan(\phi-\alpha_1)+\tan\phi]$$
或$=N_1[\tan(\phi-\alpha_1)+\mu]$

(3) 由上式可知P可爲零亦可爲負值，如$P=0$則

$$P=N_1[\tan(\phi-\alpha_1)+\tan(\phi-\alpha_2)]=0$$
$\because N_1\neq 0\quad\therefore\tan(\phi-\alpha_1)+\tan(\phi-\alpha_2)=0$即
$$\phi-\alpha_1=-(\phi-\alpha_2)\quad\therefore\phi=\frac{\alpha_1+\alpha_2}{2}$$

其意義爲：

① $P=0$時，即楔頂角之一半等於摩擦角
② $P<0$(負值)時，楔頂角之一半大於摩擦角
③ 故$P\leq 0$時，楔即不需加力即可自然拔出

例題 4.11

一尖劈用以移動一2000kg 重之物體，如圖4-18(a)所示，如所有接觸面之摩擦係數均爲0.2，試求欲推動物體之**P**力最少爲若干？

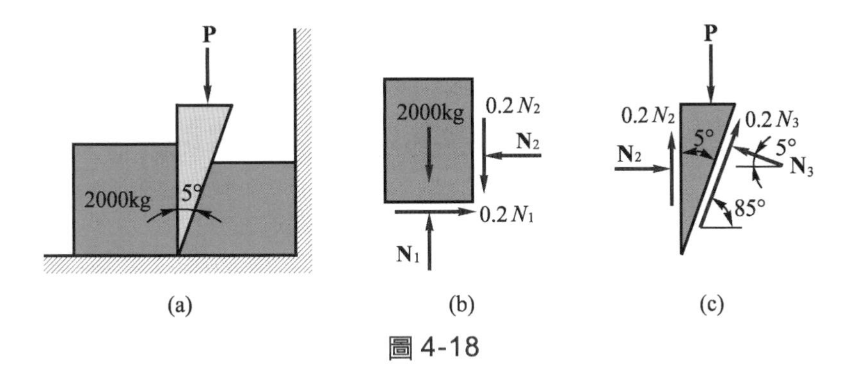

圖4-18

解

由於物體一旦移動，則所有接觸面都有相對運動發生，即各接觸面之摩擦均爲最大靜摩擦(即$f=\mu N$)，以2000kg物體爲自由體如圖4-18(b)所示。

$\overset{+}{\rightarrow}\Sigma F_x = 0.2N_1 - N_2 = 0$ ……………… ①

$+\uparrow \Sigma F_y = N_1 - 2000 - 0.2N_2 = 0$ …… ②

由①②兩式得$N_2 = 416.7$kg

次以尖劈爲自由體如圖4-18(c)所示

$\overset{+}{\rightarrow}\Sigma F_x = N_2 + 0.2N_3\cos 85° - N_3\cos 5° = 0$

$\therefore N_3 = 425.7$kg

$+\uparrow \Sigma F_y = 0.2N_2 + 0.2N_3\sin 85° + N_3\sin 5° - P = 0$

$\therefore P = 205$kg

本題亦可直接代入前述公式(劈爲直角三角形)

$P = N_1[\tan(\phi + \alpha_1) + \mu]$

但$\mu = 0.2 = \tan\phi$　$\therefore \phi = 11.3°$

$\alpha_1 = 5°$，此$N_1 = 416.7$kg(即本題目之N_2)

$\therefore P = 416.7 \times [\tan(11.3° + 5°) + 0.2] = 205$kg

4.5-2 螺旋之摩擦

螺旋(Screw)爲捲於圓棒上之一斜面，其展開如圖 4-19 所示之直角三角形ABC，斜邊AC即爲在棒之表面製成螺旋。

如棒之直徑d，斜面之底邊AB恰爲棒之圓周，其長度爲πd，斜面之頂點C爲棒上之C'點，AC恰形成一捲螺旋，而BC之高度稱爲導程(Lead)，以p表之，對於單線螺紋，p亦爲兩相鄰螺紋間距離，稱爲螺距(Pitch)，螺旋之導角(Lead Angle)爲α，則d、α及p之關係爲：

$$\tan\alpha = \frac{p}{\pi d}$$

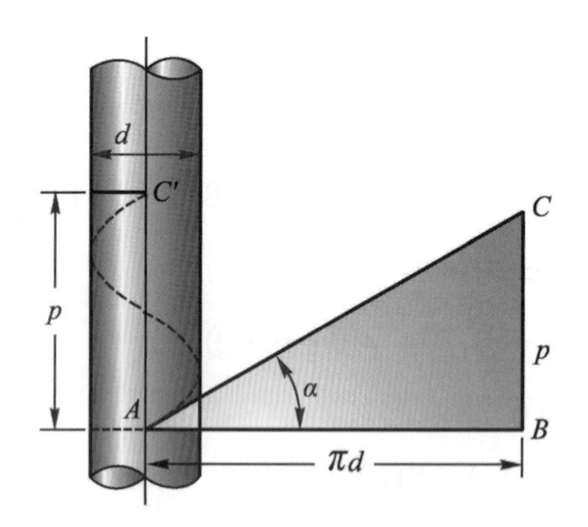

圖 4-19 螺旋展開

螺旋在機械工程中用途甚廣，小如螺絲釘大如起重機(螺旋千斤頂)均係利用螺旋原理製成。

螺旋即爲一種斜面，故摩擦之計算，可按例 4.6 所述方法討論，茲舉一千斤頂爲例說明之，如圖 4-20 所示。

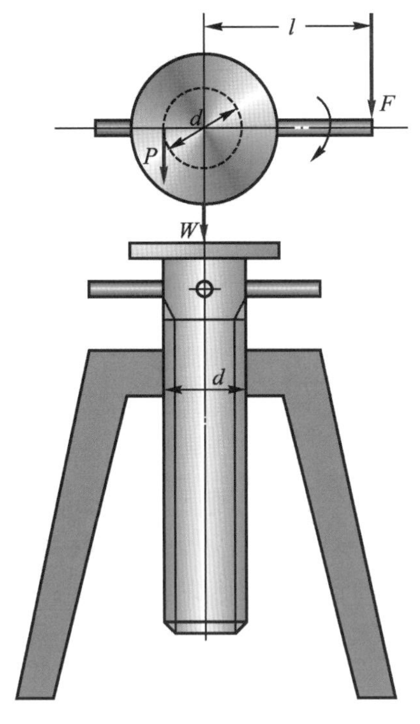

圖4-20　千斤頂

設把手長l，水平作用於把手外端之垂直力爲$\mathbf{F}$，則其迴轉力矩爲Fl，在螺旋頂之中點所測得陽螺旋之直徑爲d，作用於此之水平力爲$\mathbf{P}$，則

$$P \times \frac{d}{2} = F \times l \quad \therefore P = \frac{2Fl}{d}$$

此力$\mathbf{P}$在螺旋頂所作用之水平力，今設此力$\mathbf{P}$迴轉陽螺旋而使重物W之物上升或下降，今分別說明上升與下降兩種情形：

1. 重物W上升時：

按$P = W\tan(\phi + \alpha) = W \cdot \dfrac{\tan\phi + \tan\alpha}{1 - \tan\phi \cdot \tan\alpha}$

以$\tan\phi = \mu$，$\tan\alpha = \dfrac{p}{\pi d}$代入上式得

$$P = W \cdot \frac{\mu\pi d + p}{\pi d - \mu p}$$

2. 重物W下降時：

按$P = W\tan(\phi-\alpha) = W \cdot \dfrac{\tan\phi - \tan\alpha}{1+\tan\phi \cdot \tan\alpha}$

以$\tan\phi = \mu$，$\tan\alpha = \dfrac{p}{\pi d}$代入上式得

$$P = W \cdot \frac{\mu\pi d - p}{\pi d + \mu p}$$

3. 上述上升及下降情形之討論：

(1) 在上升中

如$\pi d = \mu p$，即$\dfrac{p}{\pi d} = \dfrac{1}{\mu}$時，亦即$\tan\alpha = \dfrac{1}{\mu}$時，$P = \infty$，此即表示無論使用多大之力，螺旋均不能迴轉。故$\tan\alpha \geqq \dfrac{1}{\mu}$時，螺旋無吊升載荷之作用。

(2) 在下降時

當$P \leq 0$時，螺旋將自然迴轉下降，即$W\tan(\phi-\alpha) \leq 0$

$\therefore \tan(\phi-\alpha) \leq 0$　$\therefore \tan\phi \leq \tan\alpha$

$\therefore \alpha \geq \phi$時，螺旋自然迴轉下降。

例題 4.12

茲以螺旋千斤頂，頂昇6000公斤之重量，其在螺旋棒之螺旋頂之中點所測之直徑爲6.3cm，導程爲0.32cm，試求迴轉把手所需之力，但把手之長爲15cm，$\mu = 0.01$。

解

$W = 6000\text{kg}$，$d = 6.3\text{cm}$，$p = 0.32\text{cm}$

$l = 15\text{cm}$，$\mu = 0.01$，$F = ?$

按$P = W\tan(\phi+\alpha) = W \cdot \dfrac{\mu\pi d + p}{\pi d - \mu p}$

$$\therefore P = 6000 \cdot \frac{0.01 \times \pi \times 6.3 + 0.32}{\pi \times 6.3 - 0.01 \times 0.32} = 157.1\text{kg}$$

$$\text{又由} P = \frac{2Fl}{d} \quad \therefore F = \frac{P \cdot d}{2l} = \frac{157.1 \times 6.3}{2 \times 15} = 32.99\text{kg}$$

4.5-3 軸承摩擦

軸承摩擦，乃指阻礙轉軸在軸承內旋轉之摩擦。可分為樞軸承摩擦(Pivot Friction)與頸軸承摩擦(Journal Friction)兩種。但樞軸承又分為平端與錐端，且平端更分為實心者與空心者兩類。本節僅討論平端實心樞軸承與頸軸承之摩擦。

1. 平端實心樞軸軸承：

   如圖 4-21 所示，平端樞軸之半徑為r，載重量為 **W**，受一力偶 **C** 之作用使此樞軸有旋轉趨勢。旋轉時，平端與軸承間之摩擦係數為μ，如因摩擦而阻止旋轉之平衡方程式為：

$$\Sigma M_y = (\text{作用力矩}) - (\text{摩擦阻抗力矩}) = 0$$

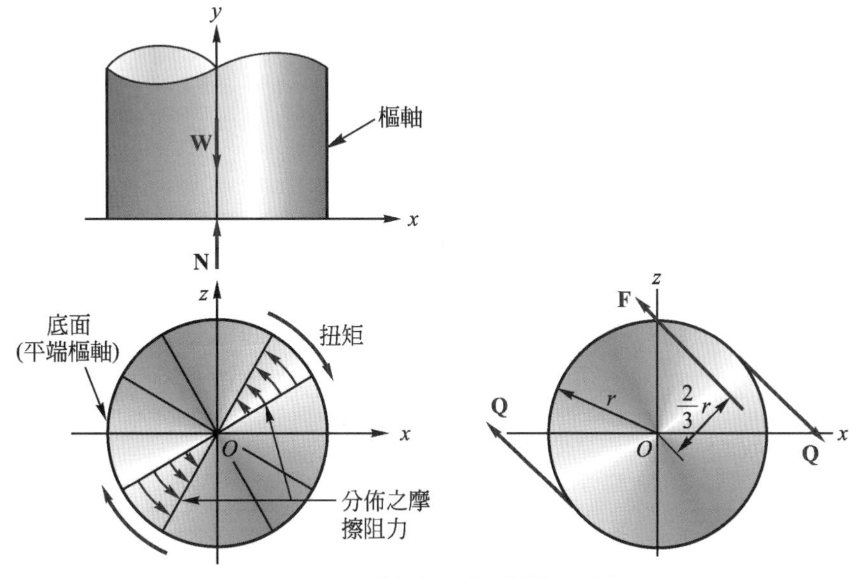

圖 4-21 平端實心樞軸軸承摩擦

今作用力矩$=C$，要決定由摩擦所生阻抗力矩，則需先將樞軸之圓平端分爲極微小之三角形。在即將轉動之瞬間，作用於每一微小三角形之摩擦力，可認爲係分佈於每一微小三角形全部面積上之平行力，每一平行力系之合力必通過每一微小三角形之形心。而形心至每一微小三角形之頂點距離爲$2r/3$。每一微小三角形在圓周之長爲Δl，$\therefore$ $\Sigma\Delta l = 2\pi r$。

每一微小三角形之垂直載重爲$(W/\pi r^2)(r\Delta l/2)$。故作用於每一微小三角形之摩擦力爲$\mu\cdot(W/\pi r^2)(r\Delta l/2)$，各微小三角形摩擦力所產生之力矩和應爲：

$$M=\frac{2r}{3}\mu\left(\frac{W}{\pi r^2}\right)\left(\frac{r\Delta l_1}{2}\right)+\frac{2r}{3}\mu\cdot\left(\frac{W}{\pi r^2}\right)\left(\frac{r\Delta l_2}{2}\right)$$

$$+\frac{2r}{3}\mu\cdot\left(\frac{W}{\pi r^2}\right)\left(\frac{r\Delta l_3}{2}\right)+\cdots$$

$$=\frac{2r}{3}\mu\left(\frac{W}{\pi r^2}\right)\cdot\frac{r}{2}(\Delta l_1+\Delta l_2+\Delta l_3+\cdots)$$

$$=\frac{2r}{3}\mu\left(\frac{W}{\pi r^2}\right)\cdot\frac{r}{2}\cdot 2\pi r=\frac{2}{3}r\mu\cdot W$$

此力矩和即爲阻抗力偶C之摩擦阻抗力矩，故

$$C=\frac{2}{3}\mu r\cdot W$$

2. 頸軸承：

頸軸承之載重與轉軸軸線垂直，轉軸之一段套於軸承中者，各爲頸軸。通常假定軸頸與軸承之孔徑相同。實則欲使圓軸能在軸承中轉動，軸頸必較孔徑略小，故軸與軸承間之接觸可假定爲一直線，與軸線平行。

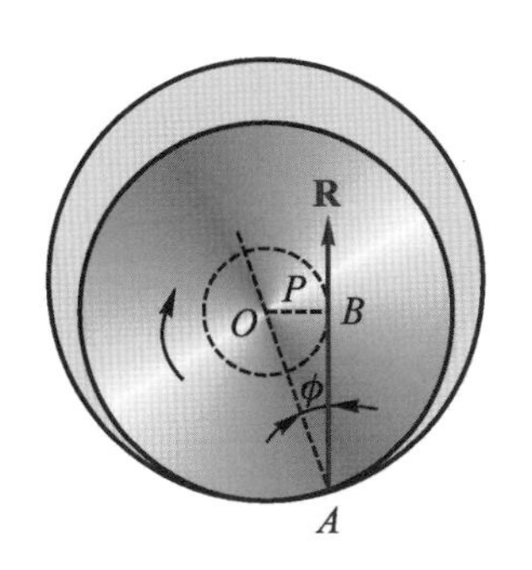

圖 4-22　頸軸承摩擦

如有外力作用，使軸即將轉動時，反力**R**與頸接觸點A之法線所成之角，必等於靜摩擦角ϕ，如圖 4-22 所示，如以軸頸圓心爲心，以$P = r\sin\phi$爲半徑畫一圓，此圓即稱爲摩擦圓(Friction Circle)。不論軸頸與軸承之接觸線位置如何移動，**R**之作用線必與摩擦圓相切。摩擦圓如甚小(通常如此)，$\sin\phi$可視爲等於$\tan\phi$或μ，亦即摩擦圓之半徑約等於μr，r爲軸頸之半徑。若**F**代表轉軸開始轉動時與軸承間摩擦力之最大值或極限摩擦力，則頸軸承的摩擦力矩即爲$M = F \cdot r$。

例題 4.13

設有一水輪機其直軸及旋轉部份之總重爲 1000kg，軸之直徑爲 10cm，已知$\mu = 0.015$，假定直軸之軸承爲一平頭，試求摩擦力矩。

解

由$M = \dfrac{2}{3}\mu \cdot rW = \dfrac{2}{3} \times 0.015 \times \dfrac{10}{2} \times 1000 = 50\text{kg-cm}$

4.5-4　皮帶摩擦

皮帶主要係藉其輪間之摩擦力以傳動力矩，如圖 4-23(a)所示爲一輪及繞於其上之帶，設T_1大於T_2，則可使輪產生一力矩而迴轉，帶之自由體，如圖 4-23(b)所示。

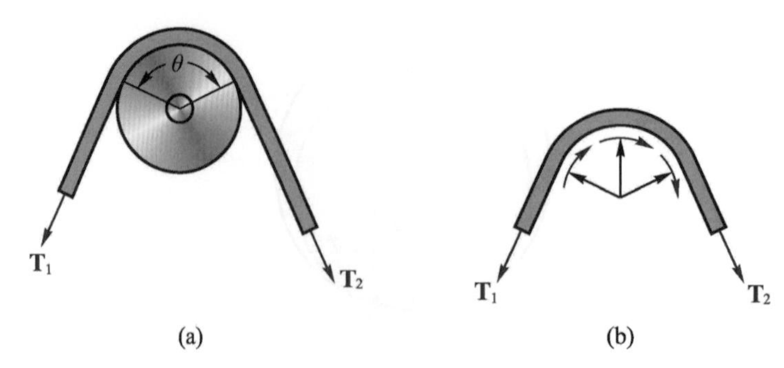

圖 4-23　皮帶摩擦

欲瞭解$\mathbf{T}_1$，$\mathbf{T}_2$，摩擦係數μ及θ之關係牽涉到微積分，故僅在此列出其結果，即

$$T_1 = T_2 e^{\mu\theta} \quad \text{或} \quad \frac{T_1}{T_2} = e^{\mu\theta}$$

T_1：帶張力之較大者(即緊帶之張力)

T_2：帶張力之較小者(即鬆帶之張力)

μ：帶與輪間之靜摩擦係數

θ：帶與輪接觸面長所對圓心之角度，以弳表之

$e = 2.718$

例題 4.14

有一帶制動器如圖 4-24(a)所示，P力爲 100kg，接觸角θ爲 270°($\frac{3}{2}\pi$弳)，帶與輪之摩擦係數μ爲 0.2，如輪係逆時針方向旋轉時，試求帶之張力及發生之摩擦力矩之值。

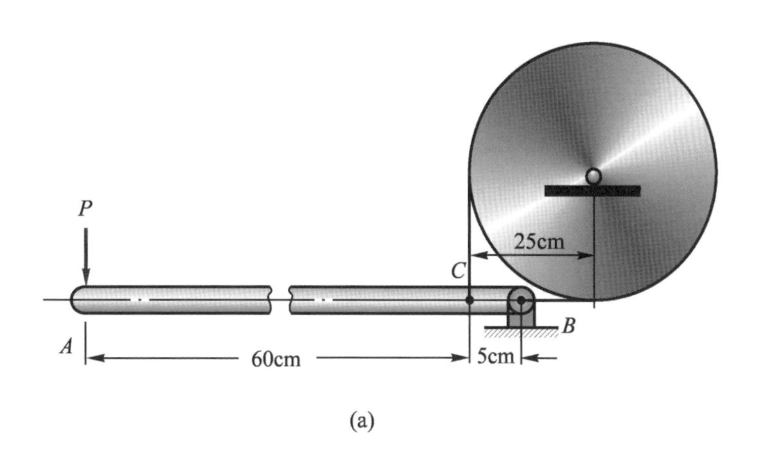

(a)

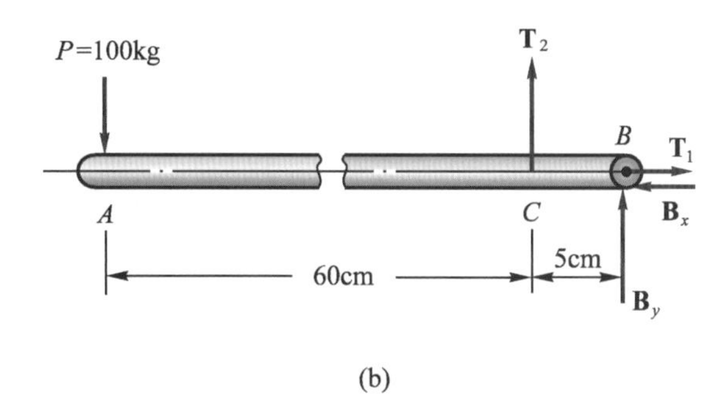

(b)

圖 4-24

解

因桿ACB係在平衡狀態，故可利用$\Sigma M_B=0$之平衡方程式，因輪係依逆時針旋轉，故C帶為鬆帶($\mathbf{T}_2$)B為緊帶($\mathbf{T}_1$)，以ACB為自由體如圖 4-24(b)所示，由

$$\circlearrowleft + \Sigma M_B = 100\times 65 - T_2\times 5 = 0$$

$$\therefore T_2 = 1300\text{kg}$$

由$T_1 = T_2\cdot e^{\mu\theta} = 1300\times(2.718)^{0.2\times\frac{3}{2}\pi}$

$$= 1300\times 2.56 = 3328\text{kg}$$

摩擦力矩$=(T_1-T_2)\times 25=(3328-1300)\times 25$

$$= 50700\text{kg-cm}$$

4.5-5 輪軸摩擦

輪軸之構造如圖 4-25 所示，輪之半徑為r_1，裝置於半徑為r_2之圓軸上，設輪與軸間之正壓力為**W**，托以軸承，其靜摩擦係數為μ，如於輪緣施以力偶**PP**，使輪取順時針方向轉動，當輪正在開始轉動，而仍在平衡狀態中，則由平衡方程式$\Sigma M_0 = 0$，得

$$2Pr_1 - Fr_2 = 0，F = \mu W$$

$$\therefore P = \frac{\mu W r_2}{2r_1}$$

若輪係以等速率轉動時，則μ'代表其動摩擦係數，則

$$P = \frac{\mu' W r_2}{2r_1}$$

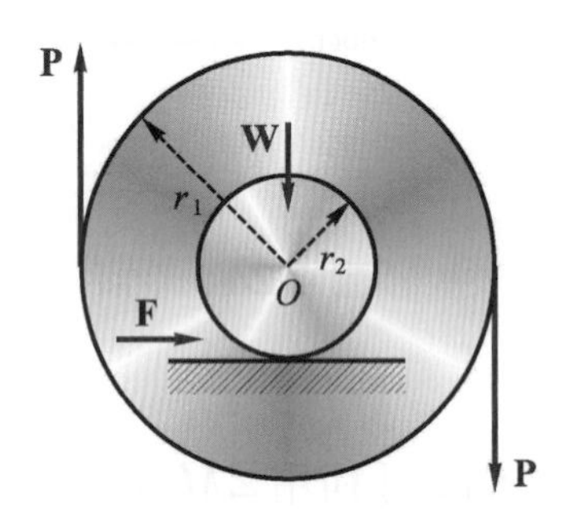

圖 4-25　輪軸摩擦

4.5-6 滾動摩擦

前面數節所討論的都是物體在接觸面上滑動之現象，若圓形物體在接觸面上，受有垂直負荷，只要在水平方向施加外力，則在接觸點，將會生摩擦力，而推動圓形物體發生滾動的現象，如汽車及火車的車輪，抗摩擦軸承內之滾子或鋼球，都是滾動的運動，如圖 4-26 所示。

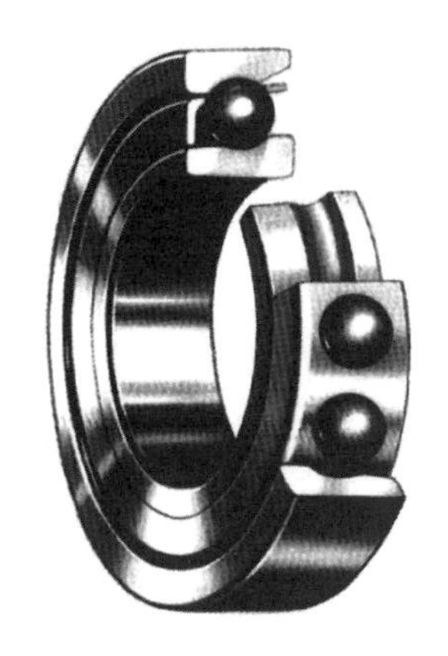
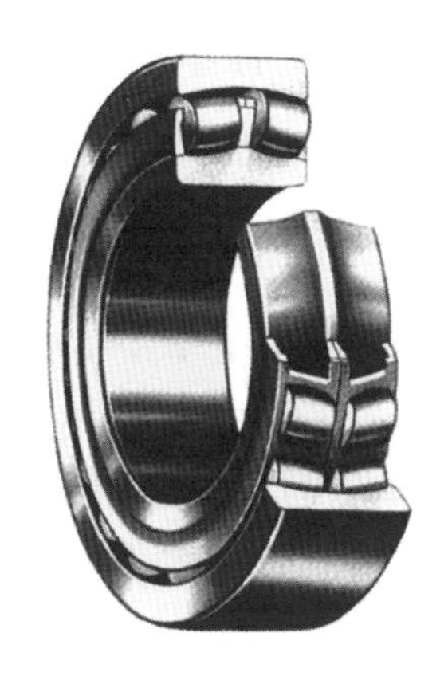

圖 4-26　鋼珠軸承係滾動摩擦

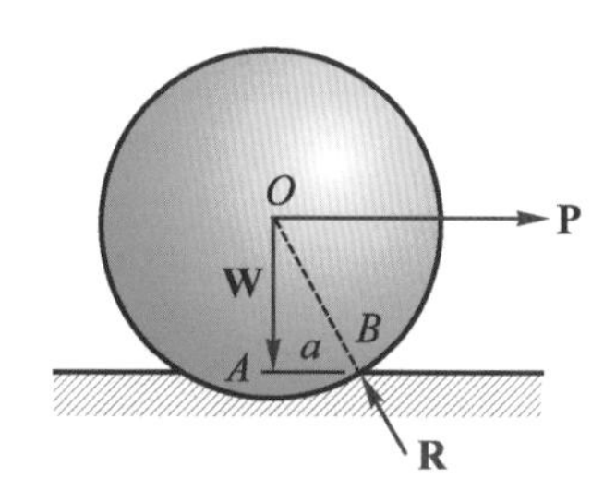

圖 4-27　滾動摩擦

如圖 4-27 所示，係一理想剛硬圓柱，置於一實際可變形之平面上，接觸面四周將因受壓而陷入，如用一水平力**P**使圓柱之圓心等速向右運動，則散布全接觸面之反作用力等於一合力**R**，其作用線將經過某點B，在圓柱垂直半徑之右方，因圓柱等速前進，故作用於圓柱之三力互成平衡，**R**之作用線必通過圓心O，由平衡方程式，即

$$\circlearrowleft + \ \Sigma M_B = W \times \overline{AB} - P \times \overline{OA} = 0$$

因平面變形通常極小，即$\overline{OA}$與圓柱之半徑r幾近於相等，令$\overline{AB} = a$，故得

$$P = \frac{Wa}{r}$$

大小與P相等之**R**水平分力稱為滾動摩擦，距離a稱為滾動摩擦係數。

有關滾動摩擦阻力之定律尚未完全建立需作進一步之研究，通常由試驗所得之滾動摩擦係數，各家所得之值並不一致。通常火車鋼輪與鐵軌間之滾動摩擦係數均為 0.02～0.03mm 左右。

例題 4.15

將一鋼板穿過四個等大之鋼滾子拉動如圖 4-28(a)所示，滾動摩擦係數為 0.02cm，$P_1 = 1000$kg，試求力P為若干？但$r = 1$cm。

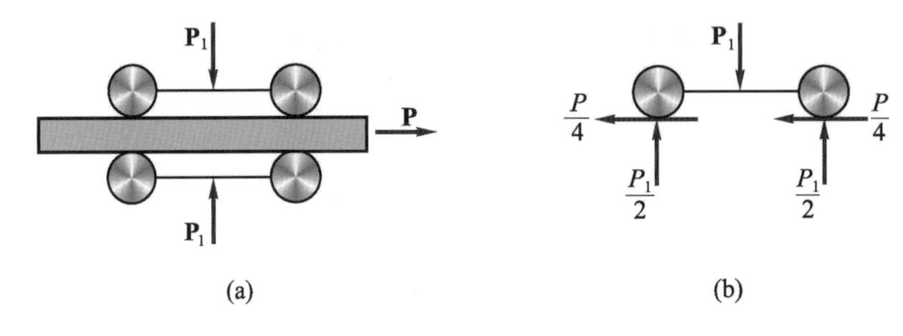

圖 4-28

解

以一鋼滾子為自由體如圖 4-28(b)所示

按$P = \dfrac{Wa}{r}$

$$\therefore \frac{P}{4} = \frac{\frac{1}{2} \times 1000 \times 0.02}{1} \quad \therefore P = 40\text{kg}$$

隨堂練習

( ) 1. 如欲尖劈插入木材後不能隨意拔出則其頂角之 (A)$\frac{1}{2}$ (B)$\frac{1}{3}$ (C)$\frac{1}{4}$ (D)$\frac{1}{5}$ 非小於摩擦角不可。

( ) 2. 螺旋之導程角為α，摩擦角為ϕ當 (A)$\alpha \geq \phi$ (B)$\alpha \leq \phi$ (C)$\alpha + \phi \leq 0$ (D)$\alpha + \phi \geqq 0$ 時螺旋起重機自然迴轉下降。

( ) 3. 設$\mu = 0.12$之起重螺旋其完全不施作用之導程角為 (A)$\tan^{-1}(0.12)$ (B)$\tan^{-1}(8.33)$ (C)$\tan^{-1}(0.377)$ (D)$\tan^{-1}(26.2)$。

( ) 4. 有一平皮帶輪，接觸角為β(以弳度表示)，摩擦係數μ，緊邊拉力為T_1，鬆邊拉力為T_2，則 (A)$\frac{T_2}{T_1} = e^{\mu\beta}$ (B)$\frac{T_2}{T_1} = e^{\frac{\mu}{\beta}}$ (C)$\frac{T_1}{T_2} = e^{\mu\beta}$ (D)$\frac{T_1}{T_2} = e^{\frac{\mu}{\beta}}$。

( ) 5. 圖 4-29 為一塊狀制動器，摩擦係數 0.3，鼓輪受到另一外加之扭矩 200kg-cm 作用，當作用力$F = 30$kg 時，鼓輪靜止不動，此時鼓輪所受之摩擦力最接近 (A)15 (B)18 (C)20 (D)27 kg。

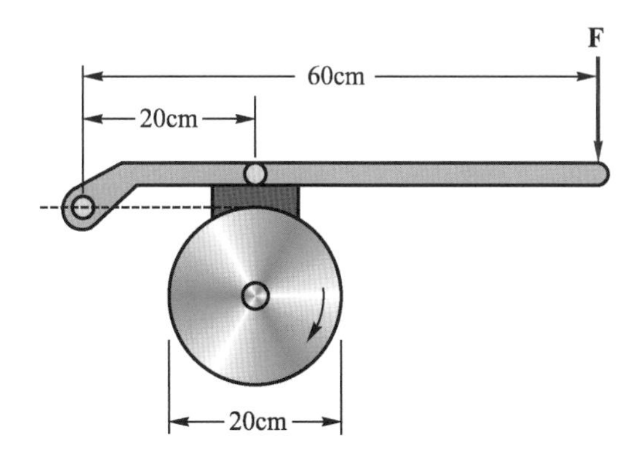

圖 4-29

本章重點整理

1. 摩擦之性質：
   (1) 摩擦之意義：當兩物體互相接觸而有力之作用時在接觸面間切線方向阻礙相對運動之力稱爲摩擦阻力或摩擦力，或簡稱摩擦。
   (2) 產生摩擦之原因：①接觸面凹凸不平②物體間分子相互之吸引力。
   (3) 減少摩擦之方法：①於接觸面放潤滑劑②變滑動爲滾動。
   (4) 摩擦種類：
      ① 滑動摩擦：
         ❶ 靜摩擦：有滑動之傾向，但未有滑動事實，故此時恆與外力相等
         ❷ 最大靜摩擦：物體在開始滑動時之剎那之摩擦其值最大稱最大靜摩擦，若施力等於最大靜摩擦時，物體即開始滑動
         ❸ 動摩擦：物體滑動開始後，接觸面對運動所呈之阻力。恆比最大靜摩擦小
      ② 滾動摩擦：一物體在另一物體表面上滾動所受之阻力，稱爲滾動摩擦，比滑動摩擦小。
   (5) 摩擦之方向：恆與運動或企圖運動之方向相反。
2. 摩擦定律—僅列較重要之點：
   (1) 最大靜摩擦力與接觸面之正壓力成正比，與接觸面積之大小無關，僅與兩種物質之性質及接觸面間有無潤滑劑有關。
   (2) 最大靜摩擦大於動摩擦。
3. 摩擦係數(μ)：摩擦力與接觸面間正壓力之比稱爲摩擦係數。
   (1) 靜摩擦係數(μ_s)：最大靜摩擦與接觸面間正壓力之比，即

$$\mu_s = \frac{f_s'}{N}$$

(2) 動摩擦係數(μ_k)：動摩擦與接觸面間正壓力之比，即

$$\mu_k=\frac{f_k}{N}$$

(3) μ_s，μ_k之值視材料不同而異。$\mu_s>\mu_k$，當$\mu=0$稱爲光滑，$\mu=\infty$稱爲完全粗面，亦即$0<\mu<\infty$。

4. 摩擦角、靜止角：

(1) 摩擦角(極限角)：F'與N之合力R之方向與平面之法線所夾之角(即R與N之夾角)ϕ，稱爲摩擦角。而$\mu=\tan\phi$。

(2) 靜止角(休止角)：(μ之測定)一物體置於斜面上，使斜面之傾角逐漸增加至物體開始下滑時之傾斜角稱爲物體與斜面間之靜止角(休止角)亦即摩擦角，此實爲求物體間之摩擦係數及摩擦角之方法。

5. 摩擦在機械上之應用：

(1) 尖劈(楔)：劈爲具有三角形之斜面之一種，若以之箝入木之裂縫而緊壓之，則木之裂縫被壓而擴大，由尖劈之壓入而木之擴大作用乃由於劈面，此即劈之作用。

① 尖劈壓入時：$P=N[\tan(\phi+\alpha_1)+(\tan(\phi+\alpha_2))]$

② 尖劈取出時：$P=N[\tan(\phi-\alpha_1)+(\tan(\phi-\alpha_2))]$

③ 當$P\leqq 0$時表示不需加力即可將劈拔出

❶ $P=0$，$\phi=\dfrac{\alpha_1+\alpha_2}{2}$

❷ $P<0$，$\phi<\dfrac{\alpha_1+\alpha_2}{2}$

(2) 螺旋摩擦：

① 基本公式，如

α……螺旋之導程角

d……螺旋之直徑

p……導程

則 $\tan\alpha = \frac{p}{\pi d}$

② 螺旋起重機

如：l …………把手長

F…………把手外端迴轉之水平垂直於把手之力

P…………作用於陽螺旋之水平力

則$P \times \frac{d}{2} = F \cdot l$　即$P = 2Fl/d$

③ 螺旋起重機升降重物

如：r …………螺旋半徑

W ………重物之重

❶ 當重物上升時：$Fl = W \cdot r\tan(\phi + \alpha)$

由$F \cdot l = P \cdot l$，$\mu = \tan\phi$，$\tan\alpha = \frac{p}{\pi d}$代入上式

則$P = W \cdot \frac{\mu\pi d + p}{\pi d - \mu p}$

❷ 當重物下降時

$F \cdot l = W \cdot r\tan(\phi - \alpha)$或$P = W \cdot \frac{\mu\pi d - p}{\pi d + \mu p}$

❸ 上述情形之討論

(a) 在上升時：如$\pi d = \mu p$，即$\frac{p}{\pi d} = \frac{1}{\mu}$　$\therefore \tan\alpha = \frac{1}{\mu}$時，$P = \infty$，此即表示無論使用何力，螺旋均不能迴轉，故 $\tan\alpha \geqq \frac{1}{\mu}$時螺旋無吊升載荷作用。

(b) 在下降時：如$\mu\pi d = p$，即$\mu = \frac{p}{\pi d}$或$\mu = \tan\alpha$，亦即 $\tan\phi = \tan\alpha$，$\therefore \alpha = \phi$時，$P = 0$，又當$\alpha > \phi$，$P < 0$，故當$\alpha \geq \phi$時螺旋自然迴轉下降。

⑶ 皮帶摩擦：

如：T_L、T_S……皮帶兩端之張力，T_L爲緊帶、T_S爲鬆帶。

α…………滑輪上兩接觸點A、B間所含弧長之圓心角。

μ…………皮帶與滑輪間之摩擦係數。

則$T_L = T_S e^{\mu\alpha}$ $(e = 2.718)$

⑷ 軸承摩擦：

① 平端實心樞軸軸承

$$M = \frac{2}{3}\mu r W$$

② 頸軸承

$$M = F \cdot r$$

⑸ 輪軸摩擦：

$$P = \frac{\mu W r_2}{2r_1}$$

⑹ 滾動摩擦：

$$P = \frac{Wa}{r}$$

式中a……滾動摩擦係數，代表一長度，非一純數，並非眞正係數。

學後評量

( )1. 一物體在非完全光滑之平面上滑動，其所受到之摩擦阻力與 (A)接觸面積 (B)滑動速度 (C)物體之形狀 (D)正向壓力 成正比例。

( )2. 一物體停置於斜坡上，其摩擦角應為 (A)與斜坡角相等 (B)大於斜坡角 (C)小於斜坡角 (D)與斜坡角無關。

( )3. 在一傾斜度為30°之斜面上放置一重為50kg之物體，若物體與斜面之摩擦係數為0.3，當物體受一水平力P作用時，恰可使其保持不動，則該水平力之大小為 (A)32 (B)40 (C)37 (D)53 kg。

( )4. 如圖4-30所示，若$W = 100$kg與斜面之摩擦係數$\mu = 0.2$，繩與輪之摩擦不計，則當W恰可沿斜面上升時，其最小拉力**F**為 (A)96.6 (B)67.32 (C)50 (D)20 kg。

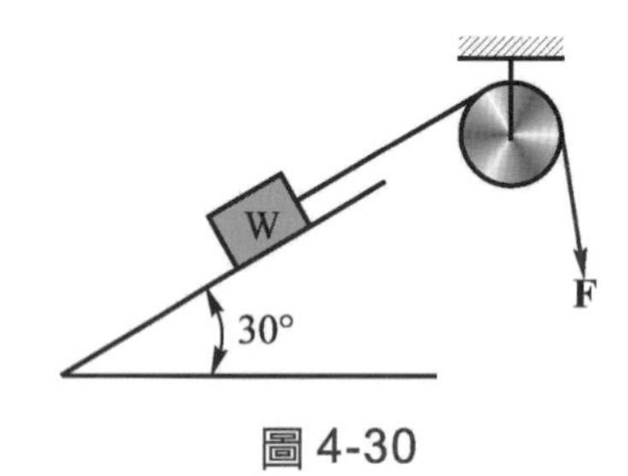

圖 4-30

( )5. 欲使圖4-31所示，800kg之物體恰向右運動須T力為(如$\mu = 0.20$) (A)100 (B)200 (C)300 (D)400 kg。

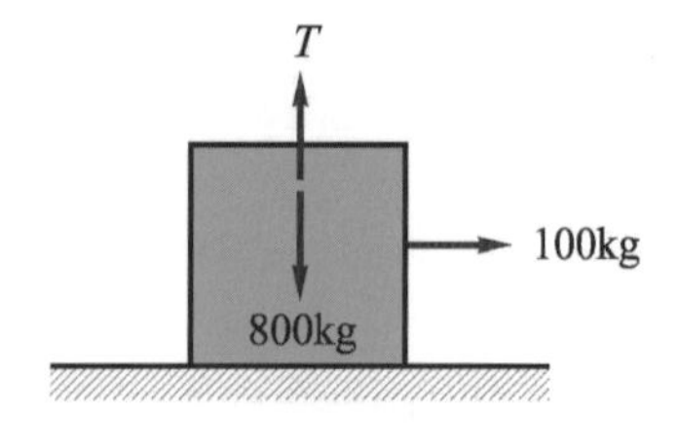

圖 4-31

(　)6. 一均匀梯子靠在鉛直牆上，設牆面光滑，梯與地面之$\mu = 0.4$，欲使梯不傾倒時之θ角爲　(A) $\tan^{-1}(2.5)$　(B) $\tan^{-1}(1.25)$　(C) $\cot^{-1}(1.25)$　(D) $\cot^{-1}(2.5)$。

(　)7. 某一均質物體重1000公斤，受一水平力**P**之作用，如圖4-32所示，若該物體與接觸面之摩擦係數爲0.3，水平力**P**與接觸面之距離h爲4公分，則支持力N與重力之距離爲　(A)0.6公分　(B)1.2公分　(C)1.8公分　(D)2.4公分　(E)以上皆非。

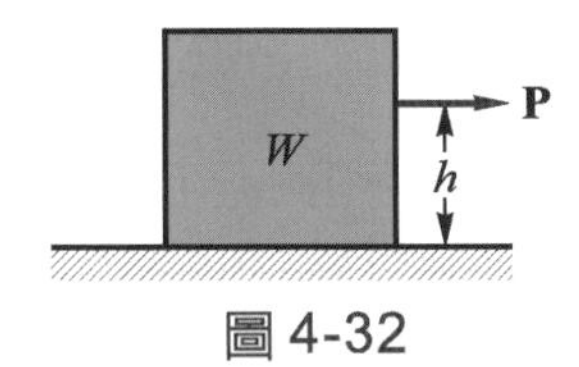

圖 4-32

(　)8. 圖4-33之物塊重280kg，若物塊和地面間之摩擦係數$\mu = 0.4$，則二者間之摩擦力爲多少kg？　(A)60　(B)72　(C)80　(D)112。

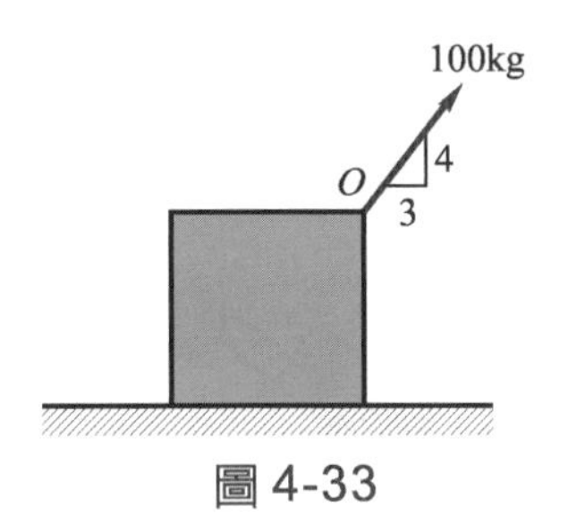

圖 4-33

(　)9. 圖4-34所示之滑塊質量爲10kg，靜止於水平面上，滑塊與地面間的靜摩擦係數0.7，動摩擦係數0.6，當水平力$F = 6.5$kgf作用於滑塊時，摩擦力大小爲　(A)0kgf　(B)6kgf　(C)6.5kgf　(D)7kgf。

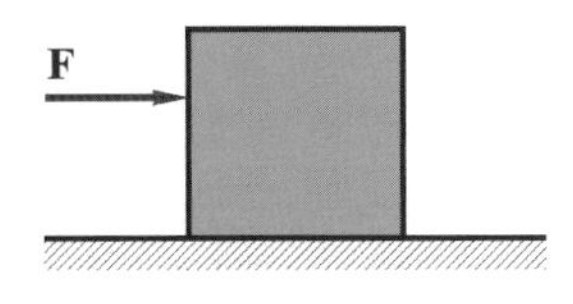

圖 4-34

( )10. 承上題，若F＝8kgf時，摩擦力大小爲 (A)0kgf (B)6kgf (C)6.5kgf (D)7kgf。

( )11. 有一物重100kg，置於如圖4-35之斜面上，同時受平行斜面20kg之向上推力，已知物體與斜面摩擦係數爲0.25，則該物體將 (A)下滑 (B)靜止不動，摩擦力4.6kg沿斜面向上 (C)靜止不動摩擦力18.46kg沿斜面向上 (D)上升。

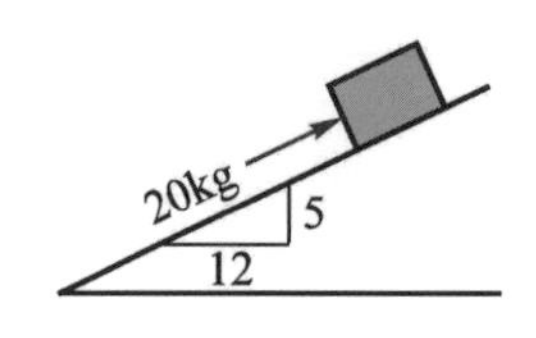

圖4-35

( )12. 如圖4-36所示，試求W之範圍，使重100kg之物體不沿斜面上、下滑動，假定物體與斜面之摩擦係數爲0.3，而繩索與滑輪間則不計摩擦 (A)34kg≦W≦82kg (B)36kg≦W≦84kg (C)38kg≦W≦86kg (D)41kg≦W≦87kg (E)以上皆非。

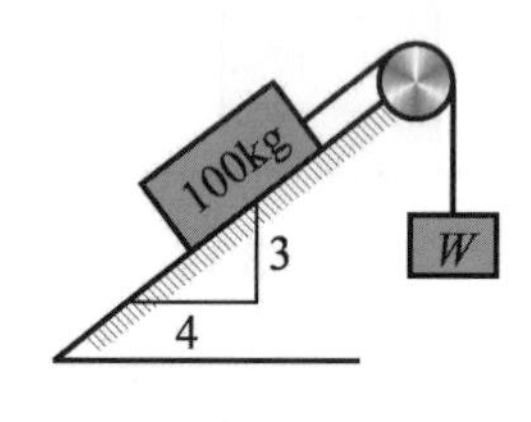

圖4-36

習 題

1. 今有一物體重爲60kg，置於一水平面上，兩側繫以繩並繞經無摩擦之滑輪，繩之他端各懸以30kg及50kg之物體，如圖所示，試求60kg之物體，即將沿水平面移動時其與水平接觸面間之摩擦係數若干？

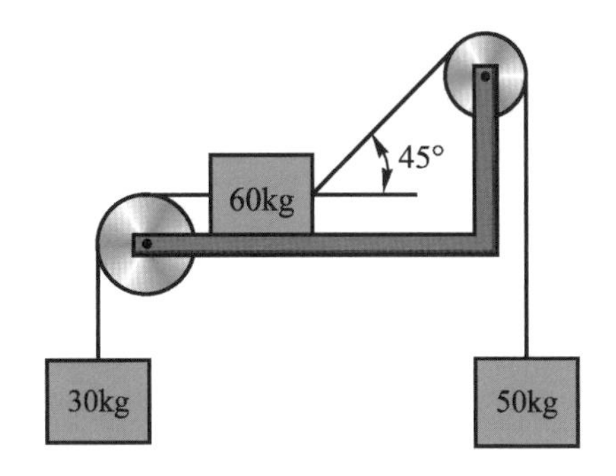

2. 如圖所示，如物體重$W = 50$kg，與水平面間之摩擦係數爲 0.60，$\alpha = 45°$，如欲使物體開始向左滑動時，必須加若干之**P**力。

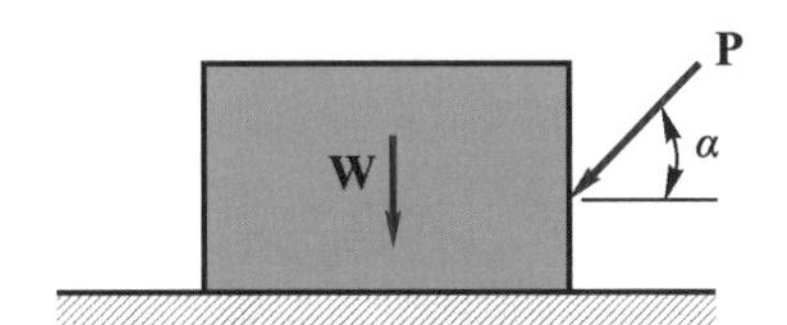

3. 一寬度b之方塊重**W**，靜置於一地板上，其間之摩擦係數爲μ，如圖所示，今有一水平力**P**作用於其上，試問使物體恰能移動但不能傾倒之**P**力作用點之最高位置？

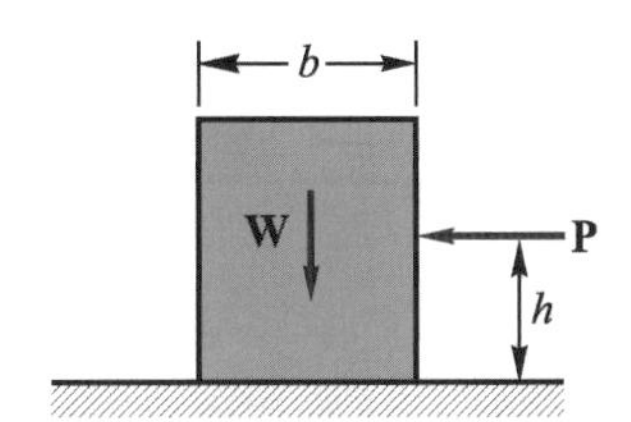

4. 如圖所示，物體A重 50kg，B重 80kg，一切接觸面之摩擦係數為 0.2，試求使物體B開始向右滑動之水平作用力 **P** 若干？

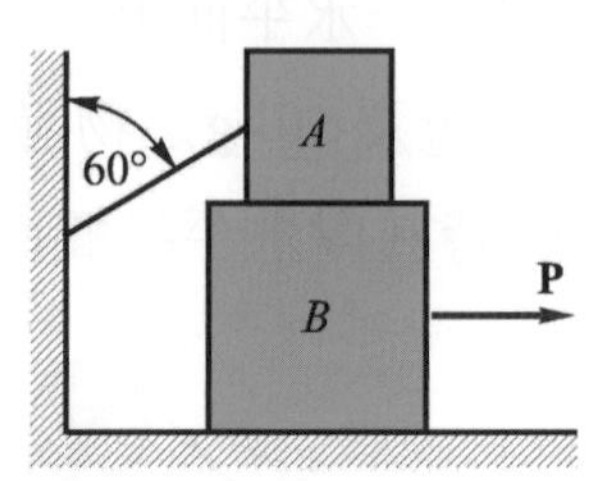

5. 如圖所示，一箱重 500kg，置於一斜面上，箱與斜面之$\mu = 0.50$，試求作用於箱上之摩擦力？

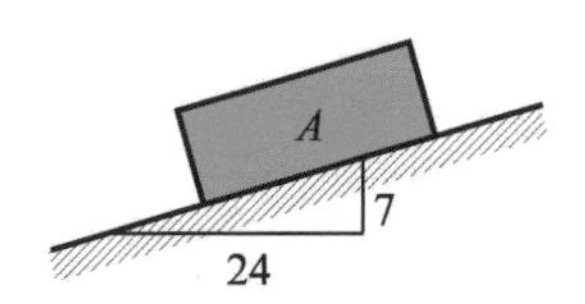

6. 如圖所示，因水平力 300kg 作用於 200kg 之物體上，則 200kg 之物體是否平衡？

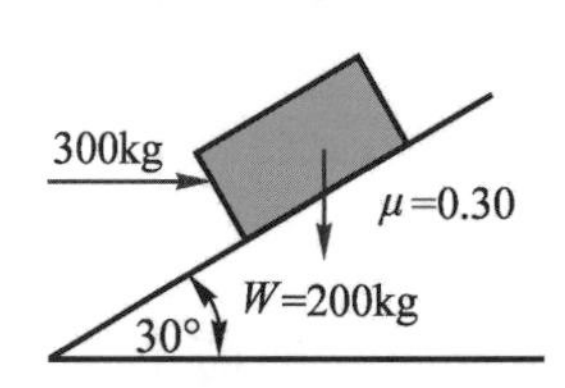

7. 如圖所示，試求使物體企圖運動所需最小平行於斜面之 **P** 力，設物體與接觸面間之摩擦係數為 0.25，滑輪之摩擦不計。

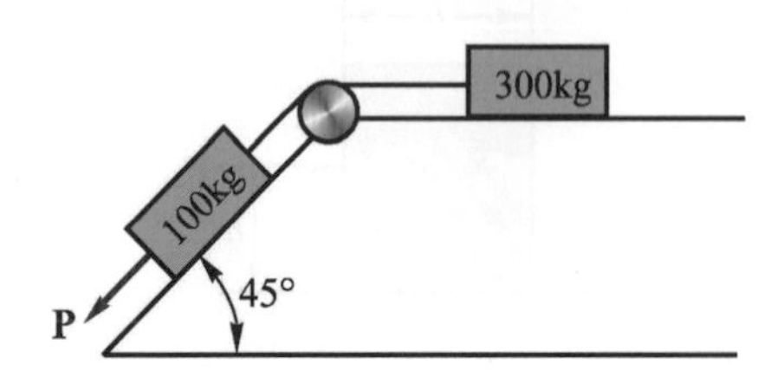

8. 設有梯重 50kg，梯與地板之摩擦係數$\mu = 0.50$，梯與直牆之摩擦係數$\mu = 0.25$，今欲使梯開始向右運動，試求所需**P**力之大小，如圖所示。

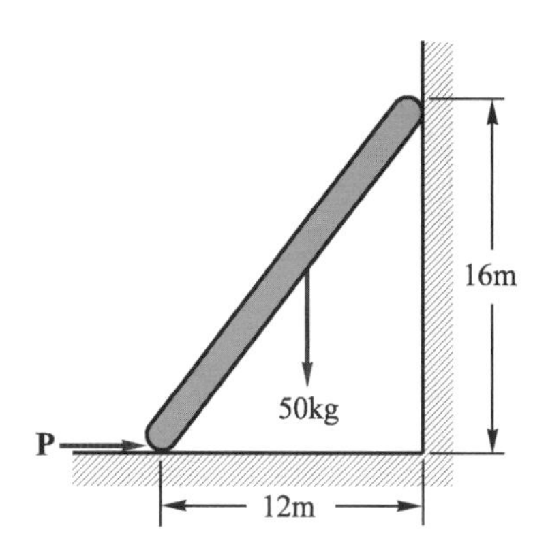

9. 今有重W公斤之梯子，各部均勻一致，一端靠牆，而他端著地，梯與平地間之摩擦係數為μ_1，梯與牆間之摩擦係數為μ_2，若梯與牆成45°角時，則梯適將滑動，試證$\mu_1(2+\mu_2)=1$。

10. 設有一斜面，假定無摩擦，則以平行於斜面之力 30kg 可將重量 50kg 之物體沿此斜面拉上，今設斜面粗糙，其摩擦係數為 0.1，則拉上此物體需平行斜面之力若干？

11. 如圖所示，A物重 3600kg，B物重 1000kg，B物與水平面間之$\mu = 0.10$，其他接觸面皆光滑，試求B物之摩擦力若干？

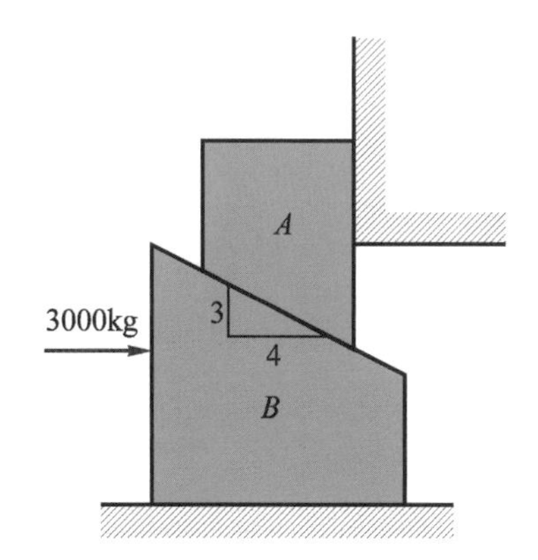

12. 二重物放置於二斜面上，其連接如圖所示，左邊斜面粗糙，其$\mu = 0.1$，右邊斜面光滑，滑車亦光滑，則在平衡狀況下W之範圍若干？

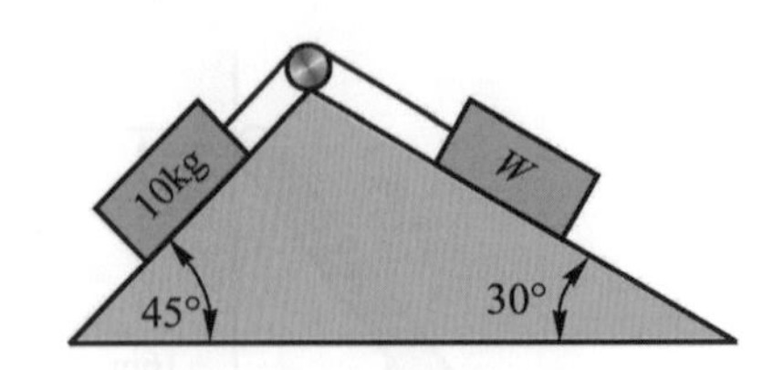

13. 有一起重螺旋，其螺紋之平均直徑爲 1.8cm，導程爲 0.4cm，陰陽螺旋間之$\mu = 0.12$，槓桿臂長 18cm，今欲起 5000kg 重物，所需加於把手之力之大小爲若干？如欲落此重物，力之大小又爲若干？

14. 設有螺旋千斤頂，其在螺旋頂部所測螺旋棒之直徑爲 5cm，導程爲 1.3cm，把手之長度爲 80cm，今以 12kg 之力迴轉此把手，則上升之重量若干？又$\mu = 0.02$。

15. 一輛車重 1000kg，在高速公路上等速行駛，若車身之重量由四個車輪平均支撐，車輪直徑爲 85cm，車輪與路面之滾動摩擦係數爲 0.06 公分需多大的牽引力，才能使車子等速行駛。

CHAPTER 5

直線運動

單元目標

本單元分為四部份，第一部份為運動之種類，第二部份為等加速度運動，第三部份為自由落體運動，第四部份為相對運動。讀者研讀本單元後，應具備以下之能力：

◇ 瞭解運動與靜止之關係，及運動之種類。
◇ 瞭解位移與路徑；速度與速率之區別。
◇ 瞭解等加速度運動之三個基本公式及其應用。
◇ 能正確運算，等加速度運動之各種問題。
◇ 瞭解自由落體定律、重力加速度之意義。
◇ 能正確運算落體運動之各種問題。
◇ 瞭解相對運動與絕對運動之不同。
◇ 能正確運算各種不同之相對運動問題。

5.1 運動的種類

描述物體之運動，必須有一量度位置與運動之基準，稱為參考座標。此項參考座標，常因問題之不同而可有不同之選擇。在固定座標系中所量度之運動，稱為絕對運動，在工程上除非特別需要，一般均以固定於地球表面上之座標，作為描述絕對運動之參考座標。至於在運動之座標系中所量度之運動，稱為相對運動。於本章5.4節再討論。

5.1-1 位置(Position)

一物體對於他物體之空間關係。位置是一種相對觀念，日常言及某物體之位置者，均以地球為標準。

5.1-2 運動與靜止

凡一物體對於另一物體在單位時間內變更其位置者，曰運動(Motion)，如列車之運動，即表示列車對於地球某一地點變更其位置之意；又凡一物體對於另一物體不變其位置者，則曰靜止(Rest)，如人靜立船中，雖船在運動，但人對於船體，則其位置並未變更。故凡討論物體之動靜，必有某一標準物以為對象。於一般工程上，通常吾人所處理之物體，皆在地球上具有位置，且吾人本身在地球上亦佔有位置，故吾人可毫不計及地球之運動，而僅以吾人視為靜止之物體為靜止，視為運動之物體為運動，以研討一切物體之運動即可。

5.1-3 運動之種類

1. 依運動體質點運動方式分：

   (1) 移動(Translation)：凡物體運動時，其體內各質點之速度均相同者。討論該類運動時，可取一質點代表整個運動體。

   (2) 轉動(Rotation)：凡物體運動時，其體內各質點以同一直線為軸，而作同心圓之運動者，稱為轉動。

2. 依運動之途徑分：

(1) 直線運動：質點運動時，所經之路徑爲直線者。

(2) 曲線運動：質點運動時，所經之路徑爲曲線者。

3. 依其速度不同分：

(1) 等速運動：質點直線運動時，其速度爲一定者，即相同的時間內，移動相同的距離。

(2) 變速運動：質點運動時，其速度或增加或減少之運動。

5.2 速度與加速度

5.2-1 位移與路徑

1. 位移(Displacement)：

位移爲物體或質點位置之變化量，亦即變化前後兩位置間之直線距離，必須涉及方向，但不涉及時間，故位移爲向量，其合成、分解按平行四邊形法或三角形法。

2. 路徑(動路)(Path)：

質點或物體運動時，所經過各點連接而成的軌跡稱爲路徑。而距離是指兩點位置的直線長度，只有大小，無方向性。

由以上可知位移或路徑之單位因次式爲$[L]$，如公里(km)，公尺(m)……等。

例題 5.1

如圖 5-1 所示，一質點由A經B至C，其位移和路程各若干？

解

位移$=\overrightarrow{AC}$

路程$=\overline{AB}+\overline{BC}$

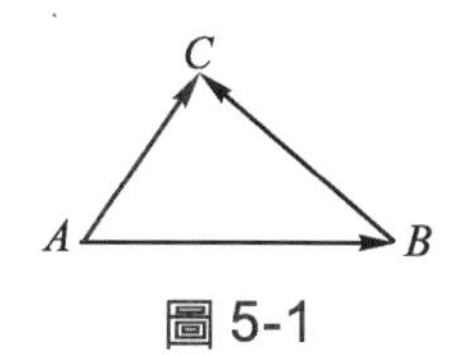

圖 5-1

5.2-2 速度與速率

1. 速度(Velocity)(V)：

質點在單位時間內之位移，亦即位移之時間變率，稱爲**速度**。需涉及方向。

2. 速率(Speed)(V)：

質點在單位時間內所經路線之長稱爲**速率**，亦即吾人所言之快慢，它不涉及方向。

3. 平均速度與瞬時速度：

(1) 平均速度(Average Velocity)V_a

質點每單位時間內之位移稱爲**平均速度**。如圖 5-2 所示，一質點由P_1至P_2，時間由t_1至t_2，則

$$V_a=\frac{x_2-x_1}{t_2-t_1}=\frac{s}{t}$$

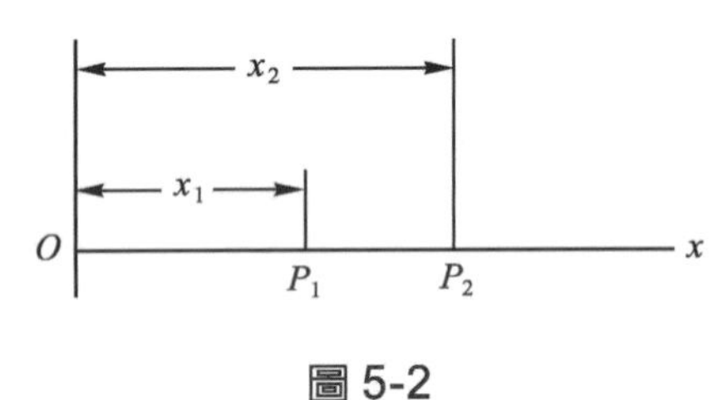

圖 5-2

(2) 瞬時速度(Instantaneous Velocity)V_i

質點在某一時刻或在其路線上某一點之速度，稱爲瞬時速度。質點P_1位置至P_2(如火車進站先快後慢，出站先慢後快)，當時間t_2接近t_1，P_2接近P_1，則

$$V_i=\lim_{t_2\to t_1}\frac{x_2-x_1}{t_2-t_1}=\lim_{\Delta t\to 0}\frac{\Delta x}{\Delta t}=\frac{dx}{dt}$$

4. 速度與速率之單位：

速度、速率之單位因次爲$[L]\cdot[T]^{-1}$，如 m/sec，km/hr，cm/sec……等。

5. 位移、時間與速度之關係：

位移、時間與速度可以圖表示其關係，圖 5-3 爲以位移爲縱座標，時間爲橫座標畫出之位移與時間之關係曲線(即$s-t$曲線)，圖 5-3(a)表示等速運動，故等速運動必爲直線運動，其平均速度即爲瞬時速度。圖 5-3(b)則表示變速運動；在圖內任一點之斜度均表示在該點之速度。

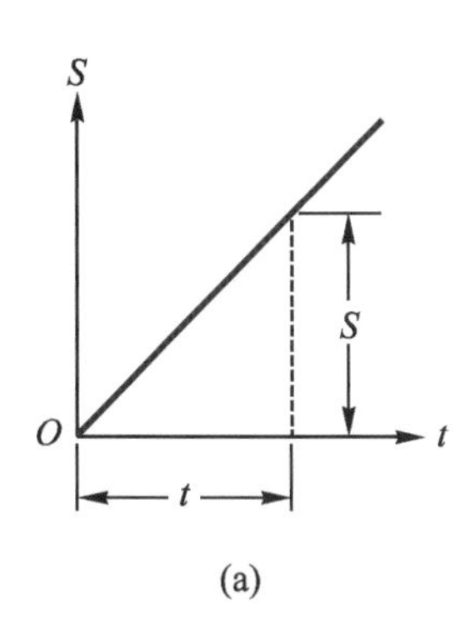

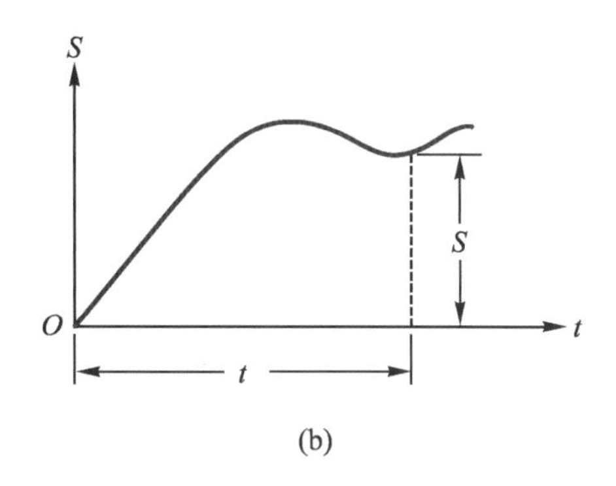

圖 5-3 位移與時間之關係曲線

例題 5.2

一列火車行駛了 36 公里，第一個 12 公里它的速度爲 60km/hr，第二個 12 公里它的速度爲 30km/hr，最後 12 公里，它的速度爲 40km/hr，試求其平均速度。

解

$\because t=\frac{s}{V}$，故每一 12km 所需時間分別爲：

$t_1=\frac{12}{60}=\frac{1}{5}\text{hr}$，$t_2=\frac{12}{30}=\frac{2}{5}\text{hr}$，$t_3=\frac{12}{40}=\frac{3}{10}\text{hr}$

駛完 36km 之總時間爲：

$t=t_1+t_2+t_3=\frac{1}{5}+\frac{2}{5}+\frac{3}{10}=\frac{9}{10}\text{hr}$

$\therefore$平均速度爲：$V=\frac{s}{t}=\frac{36}{\frac{9}{10}}=40\text{km/hr}$

注意此三時段速度之算術平均值爲：

$\frac{60+30+40}{3}=43.33\text{km/hr}$

故由此例可知各時段速度之算術平均值並不等於由平均速度定義所算出之平均值。

5.2-3 加速度

質點在單位時間內速度之變化。亦即速度之時間變率稱爲加速度。一般以“a”代表之。

1. 平均加速度與瞬時加速度：

(1) 平均加速度(a_a)

平均每單位時間內速度之變化，則若V_1表某一瞬時之速度，V_2表時間Δt後之速度，則平均加速度a_a爲：

$$a_a=\frac{V_2-V_1}{t_2-t_1}=\frac{\Delta V}{\Delta t}$$

(2) 瞬時加速度(a_i)

質點在某一時刻，或在其路線上某一點之加速度，則

$$a_i=\lim_{t_2\to t_1}\frac{V_2-V_1}{t_2-t_1}=\lim_{\Delta t\to 0}\frac{\Delta V}{\Delta t}=\frac{dV}{dt}$$

2. 加速度之方向：

加速度爲向量，質點作直線運動時，其加速度之方向在運動直線上。如果作曲線運動時，其瞬時加速度可分爲切線方向與法線方向之加速度。

3. 加速度之單位：

加速度之單位因次爲$[L]\cdot[T]^{-2}$，如 m/sec^2，cm/sec^2……等。

5.2-4 等加速度運動

質點運動時，其加速度爲一定值者稱爲等加速度運動，其運動路線必爲直線。

質點作等加速度(直線)運動，具有三基本公式，即

V_0：初速度

V：末速度

a：加速度

t：經歷時間

S：位移

則 $V = V_0 + at$ …………第一公式爲時間與速度之關係式

$S = V_0 t + \frac{1}{2}at^2$ ……第二公式爲時間與位移之關係式

$V^2 = V_0^2 + 2aS$………第三公式爲沒有時間之關係式

1. 以上三公式中，V_0、V、a及S爲向量。
2. 如爲靜止出發，即表示$V_0 = 0$。
3. 三公式之運用必須熟習其各個之關係。

例題 5.3

一質點以 350cm/sec 之初速度，在直線上作等加速度運動，出發 2 分鐘後速度變爲 10cm/sec，試求其加速度爲若干？

解

$V_o = 350\text{cm/sec}$，$t = 2\text{min} = 2\times 60 = 120\text{sec}$，$V = 10\text{cm/sec}$，$a = ?$

由$a = \frac{V - V_0}{t} = \frac{10 - 350}{120} = -2.83\text{cm/sec}^2$ (負號表示減加速度)

例題 5.4

有一質點，其初速度爲 20m/sec，加速度爲 6m/sec^2，則行經 5 秒後其速度若干？在第 5 秒行經若干 m？

解

$V_o = 20\text{m/sec}$，$a = 6\text{m/sec}^2$，$t = 5\text{sec}$，$V = ?$

由第一公式$V = V_0 + at$　$\therefore V = 20 + 6 \times 5 = 50\text{m/sec}$

如第5秒行經之位移爲S，則$S = S_5 - S_4$

由第二公式$S = V_0 t + \dfrac{1}{2}at^2$

$$\therefore S = \left[20 \times 5 + \frac{1}{2} \times 6 \times 5^2\right] - \left[20 \times 4 + \frac{1}{2} \times 6 \times 4^2\right] = 47\text{m}$$

隨堂練習

(　)1. 一質點作直線運動，運動方程式$V = 4t + 3\text{m/s}$，則此質點作　(A)等速運動　(B)等加速度運動　(C)變加速度運動　(D)靜止不動。

(　)2. 有一運動中之車輛，其初速爲每小時36km，加速度爲4m/s^2，則5秒間所行經之距離爲　(A)25m　(B)50m　(C)100m　(D)150m　(E)200m。

(　)3. 一車起始以等速行駛，然後以1.0米／秒^{2}之加速度行駛10秒鐘，若此車於10秒內共行148米，則其開始加速度時之初速度爲　(A)4.9　(B)9.8　(C)19.6　(D)23.5　(E)36.8　米／秒。

(　)4. 一火車以20m/sec之速度行駛，欲停靠於前方400m之車站，則其加速度爲　(A)-10m/sec^2　(B)-0.5m/sec^2　(C)$+0.5\text{m/sec}^2$　(D)1.0m/sec^2　(E)2.0m/sec^2。

(　)5. 一人在半徑爲R之圓周上繞行一周，回到原處，其位移爲　(A)零　(B)$4R$　(C)πR　(D)$2\pi R$。

5.3 自由落體

5.3-1 自由落體定律

空中之物體若未有任何外力之支持時，必將自由墜落於地上，此顯然由於地心引力將其吸引所致，此種引力雖因物體之位置而不同，但當物體接近地面時，位置之高低所生之改變甚微，可假定為一常數，若將空氣對於落體之阻力略而不計，則因此種引力所生之加速度，亦可假定為一常數。於文藝復興時代，義大利科學家伽利略(1564～1642)，曾將不同之金屬球與一象牙球，自比薩斜塔上同時自由落下，發現球不論輕重，幾能同時著地，而得下面有名之自由落體定律(Law of Free Falling Bodies)。

1. 若空氣無影響，一切物體，無論其形狀大小及屬何種物質，在某處由靜止自由落下，其快慢均同。
2. 物體自由下落，其運動為等加速直線運動。

5.3-2 重力加速度(Acceleration of Gravity)

由伽利略之自由落體定律知，任何物體在地表面附近若不受外力，則因受地心引力之作用，恆有一指向地心，大小為一定值之加速度，此加速度稱為**重力加速度**，通常以g表示之。g之大小會隨所在位置之不同(如高度、緯度)而略有改變，但若在地球表面附近則變化比例甚小，故吾人討論落體運動時，可將g視為定值。一般為

$$g = 980\text{cm/sec}^2 = 9.8\text{m/sec}^2 = 32.2\text{ft/sec}^2$$

5.3-3 自由落體運動

如物體由靜止狀態，自由落下，其初速度V_o為零，稱為自由落體運動，以g代等加速度運動之a，即得自由落體運動之公式：

$$V = gt$$

$$S = \frac{1}{2}gt^2$$

$$V^2 = 2gS$$

例題 5.5

由塔頂自由落下之物體，其於落地前 1 秒內所經之距離為全程之 5/9，試求塔高為若干 m？

解

如全程所需之時間為t秒，由題意得

$$S_t - S_{t-1} = \frac{5}{9} S_t$$

$$即\left(\frac{1}{2} \times 9.8 \times t^2\right) - \left[\frac{1}{2} \times 9.8 \times (t-1)^2\right] = \frac{5}{9} \times \frac{1}{2} \times 9.8 \times t^2$$

$$\therefore 5t^2 - 18t + 9 = 0$$

$$\therefore (5t-3)(t-3) = 0$$

$$\because t > 1 \quad \therefore t = 3 \text{ 秒}$$

$$故 \quad 塔高 S = \frac{1}{2} \times 9.8 \times 3^2 = 44.1\text{m}$$

5.4 相對運動

5.4-1 相對運動與絕對運動

1. 茲有甲、乙二物體，設甲為運動，乙為靜止，則自乙所視甲之運動稱為絕對運動(Absolute Motion)。
2. 如甲、乙同為運動體，則自乙所視甲之運動與甲之絕對運動不同，是稱為甲物體對乙物體之相對運動(Relative Motion)。

5.4-2 相對運動之算法

1. 甲物體對乙物體之相對運動，可以自甲物體之運動向量減去乙物體運動之向量，所得之向量表之。
2. 如以式代表，則$\mathbf{S}_A$，$\mathbf{S}_B$代表絕對位移，$\mathbf{S}_{A/B}$表A對B之相對位移。代表速度、加速度之符號亦具有類似意義，故

$$\mathbf{S}_A = \mathbf{S}_{A/B} + \mathbf{S}_B \quad \text{或} \quad \mathbf{S}_{A/B} = \mathbf{S}_A \rightarrow \mathbf{S}_B$$

$$\mathbf{V}_A = \mathbf{V}_{A/B} + \mathbf{V}_B \qquad \mathbf{V}_{A/B} = \mathbf{V}_A \rightarrow \mathbf{V}_B$$

$$\mathbf{a}_A = \mathbf{a}_{A/B} + \mathbf{a}_B \qquad \mathbf{a}_{A/B} = \mathbf{a}_A \rightarrow \mathbf{a}_B$$

上述 ＋ 表向量和，→表向量差(減)

例題 5.6

甲、乙兩船，甲以每小時 10 浬之速度向東航行，乙以每小時 15 浬之速度向南航行，問自乙船之人觀之，甲船之速度為何？又自甲船之人觀之，乙船之速度為何？

解

乙船之人觀甲船之速度＝甲船對乙船之相對速度

即$V_{甲/乙} = V_{甲} \rightarrow V_{乙}$，如圖 5-4 所示

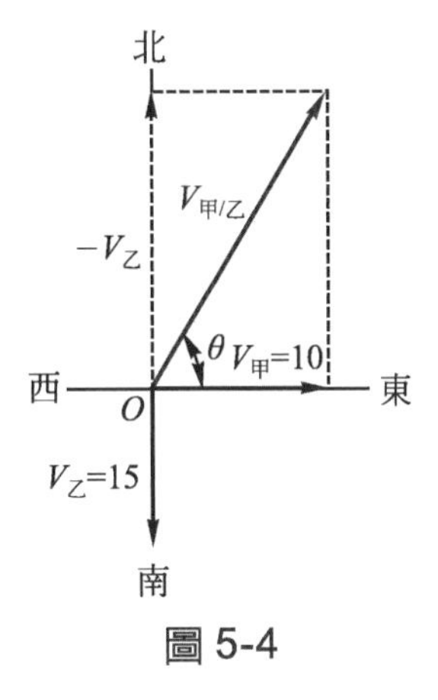

圖 5-4

$$\therefore V_{甲/乙} = \sqrt{(10)^2 + (15)^2} = 18 \text{ 浬／小時}$$

$$\tan\theta = \frac{15}{10} = 1.5 \quad \therefore \theta = \tan^{-1}(1.5)(\text{東偏北})$$

故乙船之人觀甲船速度＝ 18 浬／小時[方向為東偏北 $\tan^{-1}(1.5)$]

甲船之人觀乙船速度＝ 18 浬／小時[方向為西偏南 $\tan^{-1}(1.5)$]

例題 5.7

一車A向東北方直線行駛，速度 50km/hr，同時另一車B向正西方直線行駛，速度為 25km/hr，試求B對A之相對速度。

解

由$\mathbf{V}_{B/A} = \mathbf{V}_B \rightarrow \mathbf{V}_A$，如圖 5-5 所示

$\therefore V_{B/A} = \sqrt{25^2 + 50^2 + 2 \times 25 \times 50 \times \cos 45°} = 70\text{km/hr}$

$\dfrac{\sin\theta}{50} = \dfrac{\sin 135°}{70}$　$\therefore \sin\theta = 0.506$，$\theta = \sin^{-1}(0.506)$

故　B對A之相對速度為 70km/hr，方向為西偏南 $\sin^{-1}(0.506)$

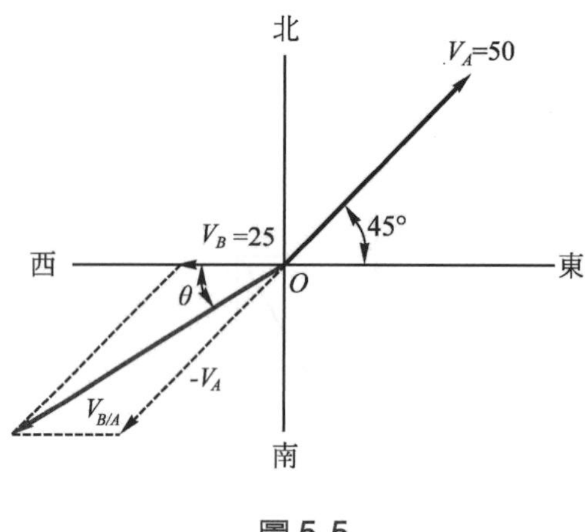

圖 5-5

※ 5.5 鉛直拋體

物體在鉛直線上之運動，除前述自由落體運動外，有鉛直拋下運動及鉛直拋上運動，其加速度為重力加速度g。

5.5-1 拋下運動

初速不爲零，其運動方向鉛直向下，此時初速V_0，與重力加速度g之方向相同，故得下列公式：

$$V = V_0 + gt$$

$$S = V_0 t + \frac{1}{2} g t^2$$

$$V^2 = V_0^2 + 2gS$$

5.5-2 拋上運動

以初速V_0，將物體依鉛直方向作向上拋射，因初速V_0和g之方向相反，初速之方向如爲正，則g之方向爲負，得下列公式：

$$V = V_0 - gt \quad \cdots\cdots① $$

$$S = V_0 t - \frac{1}{2} g t^2 \quad \cdots\cdots②$$

$$V^2 = V_0^2 - 2gS \quad \cdots\cdots③$$

5.5-3 鉛直拋上與自由落下之連續運動

由①式知當$t = V_0/g$時(如圖5-6所示)，$V = 0$，即物體達B點(最高點)後，不能再向上升高，由開始運動至此時爲止之位移，爲上升之最大高度，用$t = V_0/g$代入②式，即得$S = V_0^2/2g$，物體到達B點後，即開始下墜，此時$V = 0$，與自由落體完全相同，其下降時間爲$t' = V'/g$，回至A處之位移$S' = (V')^2/2g$，但$S = S'$，故$t = t'$，即

(1) 上升時間與下降時間相等，亦即拋上物體回至原位置之時間，恰爲上拋或下降時間之二倍。

(2) 上升時之初速，與下降時之末速相同，即經過同一高度時，上升速度與下降速度相等。

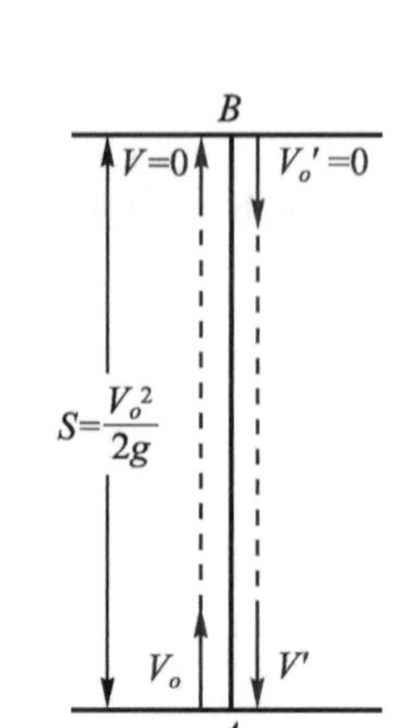

圖 5-6　鉛直上拋與自由落體之連續運動

例題 5.8

以 20m/sec 初速鉛直拋上一質點，試求⑴在質點拋出後 3 秒末之速度及高度，⑵質點能達最大高度及到達最高點所需之時間？

解

$\mathbf{V}_o = 20\text{m/sec}(\uparrow)$，$\mathbf{a} = 9.8\text{m/sec}^2(\downarrow)$

⑴ $t = 3\text{sec}$，$V = ?$

$V_3 = 20 - 9.8 \times 3 = -9.4\text{m/sec}$(負號表示方向向下)

$t = 3\text{sec}$，$S = ?$

$S_3 = 20 \times 3 + \frac{1}{2} \times (-9.8) \times 3^2 = 15.9\text{m}$(在拋出點上方)

⑵ $V = 0$，$S = H_{max} = ?$

$0 = 20^2 + 2 \times (-9.8) \times H_{max}$

$\therefore H_{max} = 20.4\text{m}$

$V = 0$，$t = ?$

$0 = 20 - 9.8 \times t \quad \therefore t = 2.04$ 秒

例題 5.9

取一物體以26m/sec之速度，自塔底向上拋擲，同時他物體自塔頂自由落下，二物體相會於塔之中點，試求塔高？

解

因兩物體同時投擲，又相會於塔中點，故其位移$S_1 = S_2$時間t皆相等。

$$\therefore \frac{1}{2} \times 9.8 \times t^2 = 26 \times t - \frac{1}{2} \times 9.8 \times t^2$$

$$\therefore t = \frac{26}{9.8} \text{sec}$$

故　塔高$=2S_1 = 2 \times \frac{1}{2} \times 9.8 \times \left(\frac{26}{9.8}\right)^2 = 69\text{m}$

隨堂練習

(　)1. 自由落體運動是　(A)等加速度運動　(B)等速運動　(C)減速運動　(D)等速率運動。

(　)2. 一物自某樓頂墜落，達到地面時的速度為 19.6m/sec，則所需時間為　(A)20　(B)2　(C)0.2　(D)0.02　sec。

(　)3. 向東 6m/sec 之速度，若變為向東北 15m/sec 之速度，則其速度之變化為　(A)21　(B)19.7　(C)16.1　(D)11.6　m/sec。

(　)4. 一物體以每秒 50 公尺之速度垂直上拋，則物體達至最高點的高度為　(A)80.5　(B)90.4　(C)100.5　(D)127.6　(E)140.3　公尺。

(　)5. 垂直向上拋出一物，經某點時的速度為 4.9m/sec，設重力加速度為 9.8m/sec^2，問該物體經幾秒後又下降至該點？　(A)1　(B)2　(C)3　(D)4　(E)5　秒。

本章重點整理

1. 運動之要素：

(1) 位移與路徑(程)：以“S”符號代表之。

① 位移爲物體或質點位置之變化量

② 位移爲變化前後兩位置間直線距離之大小及方向，不涉及時間

③ 位移之單位因次爲$[L]$，如 m，km，ft，mile

④ 位移爲向量其合成分解按向量之原理

⑤ 物體運動所經歷之總路程稱爲路徑或路線之長(即遠近)，爲無向量

(2) 速度與速率：以“V”符號代表之。

① 運動體在單位時間內之位移稱爲速度，亦即位移之時間變率需涉及方向。而運動體在單位時間內所經之路線長稱爲速率，不涉及方向，亦即吾人所言之快慢

② 平均每單位時間內之位移稱爲平均速度，即$V_a = s/t$。而運動體在運動過程中某一點或某一時刻之速度稱爲瞬時速度，即

$$V_i = \lim \frac{\Delta s}{\Delta t} = \frac{ds}{dt}$$

③ 速度、速率之單位因次式爲$[L]$、$[T]^{-1}$，如 m/sec，ft/sec

④ 速度爲向量，速率爲無向量

❶ 物體作直線運動時其V_i之方向即爲運動之直線方向

❷ 物體作曲線運動時其V_i之方向即爲運動之切線方向

❸ 速度之合成、分解同向量原理

⑤ 等速直線運動：物體在運動過程中其速度恆保持不變者

❶ 以t爲橫座標，V爲縱座標，所得之圖形稱爲速率曲線。故由$S = Vt$知位移之大小即爲曲線內長方形之面積

❷ 等速運動其$V_a = V_i$

❸ 等速運動必為直線運動

(3) 加速度：以“a”符號代表之。

① 變速運動：質點在運動過程中速度隨時間而改變者

❶ 速率改變而方向不變者如變速直線運動，落體運動

❷ 方向改變而速率不變者如等速圓周運動

❸ 速率與方向俱變者如拋射體運動

② 運動體在單位時間內速度之變化，亦即速度之時間變率稱加速度

③ 平均每單位時間內速度之變化恆一定者稱等加速度即

$a = V - V_0/t =$ 常數

④ 運動體在運動過程中某一點或某一時刻之加速度稱瞬時加速度，即

$$a_i = \lim_{\Delta t \to 0} \frac{\Delta V}{\Delta t} = \frac{dV}{dt}$$

⑤ 加速度之單位因次式為$[L] \cdot [T]^{-2}$，如 cm/sec，ft/sec

⑥ 加速度為向量：其合成分解同向量原理

❶ 物體作直線運動時其加速度之方向在運動直線上

❷ 物體作曲線運動時其瞬時加速度可分為切線方向與法線方向

2. 等加速(直線)運動：

物體運動時其加速度為一定值者，其運動路線必直線。如

V_0……… 初速度

V ……… 末速度

a ……… 加速度

t ……… 經歷時間

S ……… 位移

則 $V = V_0 + at$ …………… 第一公式(時間與速度之關係式)

$S = V_0 t + 1/2at^2$……… 第二公式(時間與位移之關係式)

$V^2 = V_0^2 + 2as$ ………… 第三公式(沒有時間之關係式)

如靜止出發時$V_0 = 0$，抵達終點時$V = 0$

3. 落體運動：

(物體在鉛直線上之運動)：(加速度爲重力加速度g)

(1) 自由落體運動：$[V_0 = 0，a = g(\downarrow)]$，則

$$V = gt，S = \frac{1}{2}gt^2，V^2 = 2gs$$

(2) 鉛直拋下運動：$[V_0 \neq 0(\downarrow)，a = g(\downarrow)]$，則

$$V = V_0 + gt，S = V_0 t + \frac{1}{2}gt^2，V^2 = V_0^2 + 2gs$$

(3) 鉛直上拋運動：$[V_0 \neq 0(\uparrow)，a = g(\downarrow)]$，則

$$V = V_0 - gt，S = V_0 t - \frac{1}{2}gt^2，V^2 = V_0^2 - 2gs$$

(4) 鉛直拋上與自由落下之連續運動：

① 上升時V_0與下降時之V大小相等方向相反。(即經同一高度時，上升速度與下降速度大小相等方向相反)

② 上升時間與下降時間相等。(亦即拋上物體回至原位置之時間恰爲上拋或下降時間之兩倍)

③ 當達最高點(終點)時，亦即$V = 0$。

④ 方向之判斷必須注意，如爲上、下綜合運動時，必須訂定各量之正負，如定向上爲正，向下爲負，反之亦可，才代入運動三公式演算。

4. 光滑斜面上之運動：

如斜面斜角爲θ，則$a = g\sin\theta$，亦即

$$V = V_0 \pm (g\sin\theta)t$$

$$S = V_0 t \pm \frac{1}{2}(g\sin\theta)t^2$$

$$V^2 = V_0^2 \pm 2(g\sin\theta)S$$

(1) 物體以一定初速自原點沿斜面滑至某點之速度即自原點以同大小之初速沿鉛直向下投射至該點同處之速度相等。

(2) 物體沿若干長度不同之直線或曲線下降，只要其兩端在兩固定水平面上，下滑初速一定則滑至下端之末速均相同惟經過時間則異。

5. 絕對運動與相對運動：

(1) 茲有甲、乙兩物體，設甲為運動乙為靜止，則自乙視甲之運動為絕對運動。如甲、乙同為運動體，則自乙視甲之運動稱甲對乙之相對運動。

(2) 甲物體對乙物體之相對運動，可以自甲物體之運動向量減去乙物體之運動向量，所得之向量表之。如$\vec{V}_{甲/乙}=\vec{V}_{甲}-\vec{V}_{乙}$。

學後評量

(　)1. 每秒 15m 速度之物體經 30 秒而停止，則其加速度為　(A)－ 0.3　(B)－ 0.5　(C)－ 0.7　(D)－ 0.9　m/sec^2　。

(　)2. 一火車行駛速度為 30m/sec，發現前方有緊急狀況後開始減速，經 50 秒始煞住車，則火車從減速至煞住車，共行多少 m？
(A)750　(B)1000　(C)15000　(D)1800。

(　)3. 某車行駛於高速公路上，車速 120 公里／小時，欲在 2 秒內以等減速度將其車速降到 100 公里／小時，則在此 2 秒內約前進若干公尺？　(A)30　(B)61　(C)91　(D)122　(E)152。

(　)4. 一物體自某高度自由落下，與自同一高度但沿一光滑斜面下滑比較則　(A)兩種情形，物體到達地面時之速度都相同　(B)前程情形，著地速度較快　(C)後種情形著地時速度較快　(D)兩種情形下落的加速度皆一樣。

(　)5. 一物體由靜止自由下落，經過 10 秒後，該物體的速度為　(A)9.8　(B)4.9　(C)98　(D)49　(E)0　m/sec。

(　)6. *A*球自 98m 之塔頂自由落下，同時*B*球自地面以 49m/sec 之速度鉛直上拋，則兩球經幾秒後相遇？　(A)1sec　(B)2sec　(C)3sec　(D)4sec。

(　)7. 一物體自傾斜角為 45°之光滑平板上自然滑下，則此物體在該平板方向之加速度為　(A)6.93 公尺／秒^2　(B)4.9 公尺／秒^2　(C) 9.8 公尺／秒^2　(D)8.49 公尺／秒^2。

(　)8. 甲汽車朝北行駛，乙汽車以相同速率朝西行駛，則甲汽車相對於乙汽車的相對速度之方向是　(A)朝東北　(B)朝西南　(C)朝東南　(D)朝西北　(E)以上皆非。

(　)9. 一運動物體上任意兩點之相對速度為零，則此運動物體　(A)靜止不動　(B)作直線運動　(C)作曲線運動　(D)以重心為旋轉中心作圓周運動　(E)以物體外某一點為旋轉中心作圓周運動。

(　)*10.* 某人以3m/sec的速度步行時，感覺雨點自仰角45°方向落下，則當此人以 6m/sec 速度步行時，他感覺雨點飄下的仰角為 (A) $\tan^{-1}\frac{1}{2}$ (B) $\sin^{-1}\frac{1}{2}$ (C) $\cos^{-1}\frac{1}{2}$ (D) $\cot^{-1}\frac{1}{2}$ (E)以上皆非。

(　)*11.* 一人向西行 6m，轉向北行 4m，再轉向東行 9m，其位移量為 (A)19m (B)15m (C)7m (D)5m。

(　)*12.* 如圖 5-7 所示，有一物體重 100kg，由 50m 之高樓頂端以初速度 $V_1 = 0$ 自由落下，當該物體下落之速度到達 $V_2 = 20$m/s 時，該物體與地面之距離 X 約為若干？ (A)29.6m (B)39.6m (C)20.4m (D)50m (E)9.6m。

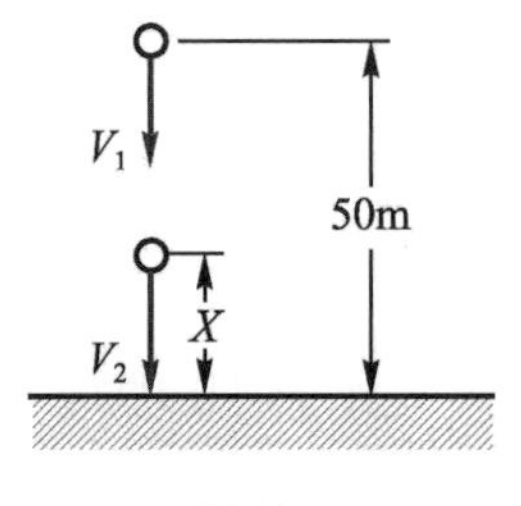

圖 5-7

習 題

1. 兩哩之室內賽跑記錄爲 8 分 51 秒，試問此速度爲若干？⑴哩／秒，⑵哩／時，⑶呎／秒，⑷厘米／秒，⑸公里／小時。
2. 物體之初速度爲 9m/sec，經過 15m後，其速度爲 12m/sec，試求其加速度爲若干？
3. 一質點以等加速度運動，在出發後之第八秒及第十三秒內各行 8.5m及 7.5m，試求其初速度及加速度爲若干？
4. 一運動體以 180cm/sec 之初速，以 80cm/sec^2之等加速度開始運動，於最後 3 秒內行經 15m 而達終點。問該運動體前後經歷之時間。
5. 設靜止火車自東站出發 3 分後速度爲 25m/sec，然後以 25m/sec 行駛 15 分，再以 8m/sec^2之減速度行駛至西站恰好停止，試求東西兩站距離。
6. 設取一垂直向上拋擲之物體，經 6 秒落返原地，試求上拋初速及高度爲若干？
7. 物體自 120m之高度落下，經過 4 秒後，取他物體以 40m/sec之速度，在同一垂直線上拋擲，試求二物體相會之時間及其位置。
8. 小石落於井中，3 秒後聽到與水面接觸之聲音，如音速爲 330m/sec，則井口至水面之深爲若干？
9. 有公共汽車在雨中以 36km/hr 之速度行駛，而水自上方鉛直落下，水滴在車窗上與鉛直方向成 60°之偏向，試求雨水下落之速度爲若干？
10. 設有二船，同時自同地出發，若甲以 15 浬／小時之速度向西北，乙以 17 浬／小時之速度自西 30°向南行駛，求乙對甲之相對速度。

CHAPTER 6

曲線運動

單元目標

本單元為曲線運動，應屬於質點運動問題，但6.1～6.3節研討剛體運動問題。全單元分為兩大部份，第一部份為剛體運動問題，第二部份為拋射體運動，讀者研讀本單元後，應具備以下之能力：

◇ 瞭解角位移、角速度、角加速度之意義及單位。
◇ 瞭解等角加速度運動三基本公式及其應用。
◇ 能正確運算，等角加速度運動之各種問題。
◇ 瞭解角量與線量之關係：$S = r\theta$，$V = r\omega$，$a_T = r\alpha$，$a_n = r\omega^2$。
◇ 能正確運算各種角量與線量關係之問題。
◇ 建立拋射體運動之基本觀念：水平方向之分量為等速度運動，垂直方向之分量為等加速度運動。
◇ 利用已建立之拋射體運動觀念，以解決各種類型之拋射體運動問題。

6.1 角位移與角速度

設剛體內有一線在空間保持固定，而剛體上不在此線上之任一點，均沿垂直於此線之平面繞此線作圓周運動，如圖 6-1(a)所示，則此剛體之運動稱爲旋轉(Rotation)。此固定直線稱爲旋轉軸，物體質心之運動平面稱爲旋轉平面，而旋轉軸與旋轉平面之交點稱爲旋轉中心。

當剛體繞固定軸旋轉時，其上不在旋轉軸上之各點均作圓周運動，且各點之運動特性，均決定於剛體對此軸之角運動(Angular Motion)。如圖 6-1 (b)所示，P點在圖示位置之瞬間，其角位置(Agular Position)由θ定義之，θ角爲徑向線OP相對於一固定參考線之夾角。

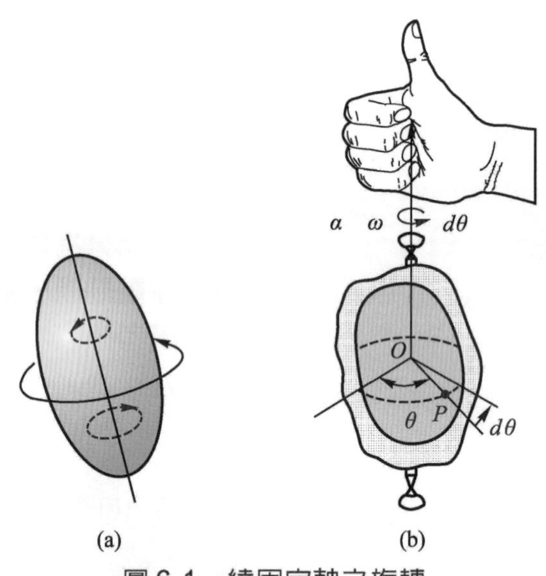

圖 6-1　繞固定軸之旋轉

6.1-1 角位移(Angular Displacement)

角位置之改變量，通常以一微分量$d\theta$量度之，稱爲角位移。角位移爲一向量，其大小爲$d\theta$，而方向以右手定則決定，即以右手指彎曲順著旋轉方向，則大拇指之方向即爲$d\theta$之方向，如圖 6-1(b)所示。角位移通常以弳度(Rad)或角度(Degree)爲量度單位。

6.1-2 角速度(Angular Velocity)

角位移對時間之變化率稱爲角速度，以ω表示之，其方向與角位移相同，而其單位通常以rad/sec或rps(每秒鐘之轉動次數)、rpm(每分鐘之轉動次數)表示之。

1. 平均角速度：

   設剛體轉動在t_1秒至t_2秒時間內之角位移，各爲θ_1及θ_2弧度，則其在$(t_2 - t_1)$時間內之平均角速度$\overline{\omega}$

$$\overline{\omega} = \frac{\theta_2 - \theta_1}{t_2 - t_1}$$

2. 瞬時角速度：

   若剛體轉動時，角速度不等，則在任一時刻之角速度，稱爲其瞬時角速度ω_i，即

$$\omega_i = \lim_{t_1 \to t_1} \frac{\theta_2 - \theta_1}{t_2 - t_1} = \lim_{\Delta t \to 0} \frac{\Delta \theta}{\Delta t} = \frac{d\theta}{dt}$$

6.2 角加速度(Angular Acceleration)

角加速度爲角速度對時間之變化率。以α或β表示之，其單位爲每秒每秒弧度，即 rad/sec^2。角加速度α之作用線與角速度ω相同，但其指向，則視ω之變化而定，若ω減小，則α稱爲角減速度，而方向與ω相反。

6.2-1 平均角加速度

如剛體轉動在t_1時刻之瞬時角速度爲ω_1，在t_2時爲ω_2，則在$(t_2 - t_1)$時間內之平均角加速度$\overline{\alpha}$爲：

$$\overline{\alpha} = \frac{\omega_2 - \omega_1}{t_2 - t_1}$$

6.2-2 瞬時角加速度

剛體轉動時在某一瞬間之角加速度，稱爲瞬時角加速度α_i，即

$$\alpha_i = \lim_{t_2 \to t_1} \frac{\omega_2 - \omega_1}{t_2 - t_1} = \lim_{\Delta t \to 0} \frac{\Delta \omega}{\Delta t} = \frac{d\omega}{dt}$$

6.2-3 等角加速度運動

當剛體轉動之角加速度α恆爲定值時，此種剛體轉動稱爲等角加速度運動，如

ω_0 ……… 初角速度

ω ………… 末角速度

t ………… 時間

α ………… 角加速度

θ ………… 角位移

則與等加速度直線運動相似，可以推出三基本公式：

$\omega = \omega_0 + \alpha t$……………… 時間與角速度之關係式

$\theta = \omega_0 t + \dfrac{1}{2}\alpha t^2$ ……… 時間與角位移之關係式

$\omega^2 = \omega_0^2 + 2\alpha\theta$ ………… 沒有時間之關係式

1. 三公式中ω_0，ω，α及θ皆爲向量，如爲同平面時按順、逆時針方向計算。如爲空間時，按右螺旋原則爲之。
2. 如爲由靜止開始轉動時，則$\omega_0 = 0$。
3. 代入公式中，各單位一定，即θ：rad，ω：rad/sec，α：rad/sec^2。

例題 6.1

有一滑輪每分鐘轉動 120 次，則其角速度爲若干 rad/sec？

解

$\omega = 120\text{rpm}$

$= 120 \times \dfrac{2\pi}{60} = 12.56\text{rad/sec}$

例題 6.2

有一轉動輪於 1/2 秒內以等角加速度自靜止達到每分鐘 30 轉，試求該輪之角加速度若干？

解

$\omega_0 = 0$，$\omega = 30\text{rpm} = 30 \times \dfrac{2\pi}{60} = 3.14\text{rad/sec}$，$t = \dfrac{1}{2}\text{sec}$

$\therefore \alpha = \dfrac{\omega - \omega_0}{t} = \dfrac{3.14}{\dfrac{1}{2}} = 6.28\text{rad/sec}^2$

例題 6.3

有一飛輪於 3/4 分內自靜止發動至 1800rpm 之速度，試求平均角加速度 α 及所需轉數，及在 15 秒末之角速度。

解

$\omega_0 = 0$，$t = \dfrac{3}{4}\text{min} = 45\text{sec}$

$\omega = 1800\text{rpm} = 1800 \times \dfrac{2\pi}{60} = 60\pi\text{rad/sec}$

(1)$\alpha = ?$(第一公式)

$60\pi = 0 + \alpha \times 45$

$$\therefore \alpha = \frac{4}{3}\pi = 4.19 \text{rad/sec}^2$$

(2) $t = 45\text{sec}$，$\theta = ?$ 轉(第二公式)

$$\theta = 0 + \frac{1}{2} \times \frac{4}{3}\pi \times 45^2 = 1350\pi \text{ rad} = \frac{1350\pi}{2\pi} = 675 \text{轉}$$

(3) $t = 15\text{sec}$，$\omega = ?$ (第一公式)

$$\omega_{15} = 0 + \frac{4}{3}\pi \times 15 = 20\pi = 62.8 \text{rad/sec}$$

例題 6.4

一電扇以 1200rpm 之速度轉動，當斷電時，葉片在 5 秒內停止，求至靜止所轉之次數。

解

$$\omega_0 = 1200\text{rpm} = 1200 \times \frac{2\pi}{60} = 40\pi \text{ rad/sec}$$

$t = 5\text{sec}$，$\omega = 0$，$\theta = ?$ 轉

由 $\omega = \omega_0 + \alpha t$

$\therefore 0 = 40\pi + \alpha \times 5$

$\therefore \alpha = -8\pi \text{ rad/sec}^2$

由 $\theta = \omega_0 t + \frac{1}{2}\alpha t^2$

$$\therefore \theta = 40\pi \times 5 - \frac{1}{2} \times 8\pi \times 5^2 = 100\pi \text{ rad}$$

$$\frac{100\pi}{2\pi} = 50(\text{轉})$$

例題 6.5

一飛輪轉過 234rad 之角移，需時 3 秒，在此時間之末其角速度爲 108rad/sec，求其一定之角加速度。

解

$\omega_0 = ?\ t = 3\text{sec}$，$\theta = 234\text{rad}$，$\omega = 108\text{rad/sec}$

由第一及第二公式，即

$108 = \omega_0 + \alpha \times 3$ ……………………①

$234 = \omega_0 \times 3 + \dfrac{1}{2} \times \alpha \times 3^2$ ………②

聯立①②兩式得 $\alpha = 20\text{rad/sec}^2$

(　) 1. 設有一馬達轉速爲每分鐘 1200 轉，當截斷電流後，於 4 秒鐘內，轉速減爲每分鐘 720 轉，則此馬達之角加速度應爲　(A) π　(B) -2π (C) 3π　(D) -4π　(E) 5π。

(　) 2. 一飛輪直徑 50cm，以一角速度 600rpm 旋轉，由於剎車之作用，發現其角速度直線減少中，且在轉 100 圈後停止，則剎車開始作用到停止之時間最接近　(A)20　(B)25　(C)30　(D)35　秒。

(　) 3. rpm 是指什麼單位？　(A)角位移　(B)角速度　(C)角加速度　(D)線速度。

(　) 4. 車床夾頭轉速爲 1800rpm，斷電後於 20 秒內均勻減速至 600rpm，則此時間內共轉了　(A)200 轉　(B)400 轉　(C)800 轉　(D)1200 轉。

(　) 5. 一般時鐘正常運轉時，其秒針之平均角速爲何？(每分鐘轉動一圈)　(A) $\pi/60$　(B) $\pi/30$　(C)3　(D)6　rad/sec。

6.3 切線加速度與法線加速度

表示物體轉動情形之量，如θ、ω、α等稱為角量，而在移動中之S、V及a等稱為線量，線量與角量之關係如下所述：

6.3-1 線位移與角位移

設質點繞半徑為r之圓周旋轉，在t時間內之角位移為θ，所行路徑即線位移為S，則$S = r\theta$。

6.3-2 線速度與角速度

設一質點和一通過O點與紙面垂直軸線之距離為r，如圖 6-2 所示，以角速度ω轉動，其在A點之線速度為V，設Δt秒內質點自A轉至B，經過之角位移設為$\Delta\theta$，$\Delta\theta$所對之弧為ΔS，則因$\Delta S = r\Delta\theta$。

$$\because \frac{\Delta S}{\Delta t} = r \cdot \frac{\Delta\theta}{\Delta t}$$

兩邊各取極限值，則

$$\lim_{\Delta t \to 0}\frac{\Delta S}{\Delta t} = r \cdot \lim_{\Delta t \to 0}\frac{\Delta\theta}{\Delta t}$$

即　　$V = r\omega$，即[線速度]=[半徑]×[角速度]

故沿半徑上兩質點C、D，與圓心之距離各為r_1及r_2，其相當之線速度各為V_1及V_2，則因角速度ω均相同，可知$V_1 = r_1\omega$而$V_2 = r_2\omega$，故$V_1 : V_2 = r_1 : r_2$，即轉動體內各質點之線速度，和軸線之距離成正比。

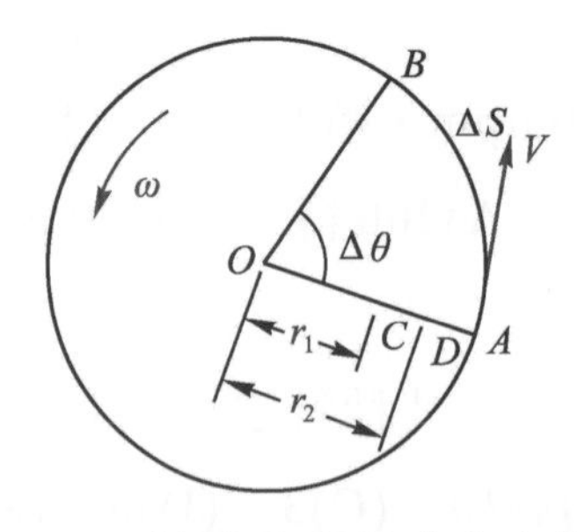

圖 6-2　線速度與角速度之關係

6.3-3 切線加速度(Tangential Acceleration)(加速度之切線分量)

如物體以等角加速度α轉動，其上一質點沿圓周切線方向之加速度，常稱爲切線加速度a_T，則

$$因a_T=\frac{V-V_o}{t}=r\left(\frac{\omega-\omega_0}{t}\right)，而\alpha=\frac{\omega-\omega_0}{t}$$

$\therefore a_T=r\alpha$，即[切線加速度]＝[半徑]×[角加速度]

6.3-4 法線加速度(Normal Acceleration)(加速度之法線分量)

當物體作圓周運動時，因其速度之方向，時時改變而產生之加速度，其方向恆沿法線，亦即指向圓心，故稱爲法線加速度或稱向心加速度或徑向加速度(a_n或a_R)，其大小爲：

$$a_n=\frac{V^2}{r}=V\omega=r\omega^2$$

即　[法線加速度]＝[半徑]×[角速度]^2

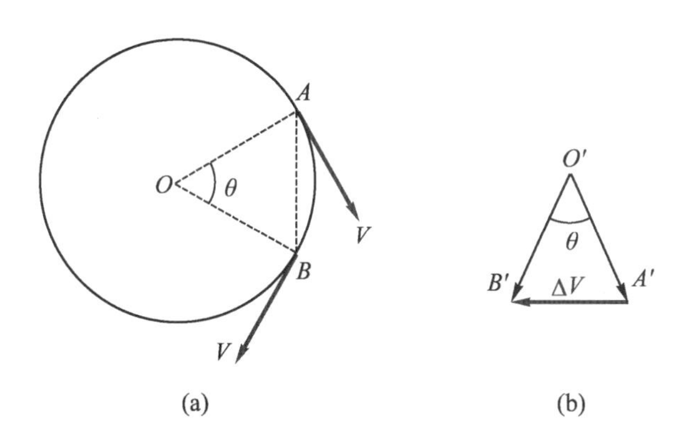

圖6-3　法線加速度說明

a_n之大小公式證明如下所述：

設質點經微小時間Δt，自圖6-3(a)中之A點以速度$\mathbf{V}$移至B，因Δt甚小，故其位移

$$\Delta S=\widehat{AB}\fallingdotseq\overline{AB}，即\Delta S=V\cdot\Delta t=\overline{AB}$$

將質點在A、B兩點時之速度以向量$O'A'$及$O'B'$表之，如圖 6-3(b)所示，則在Δt時間內速度變化ΔV爲$A'B'$，故$\Delta V=A'B'=a_n\cdot\Delta t$，但$\Delta OAB\sim\Delta O'A'B'$

$$\therefore\frac{A'B'}{O'B'}=\frac{\overline{AB}}{\overline{OB}}\quad 故\frac{A'B'}{V}=\frac{\overline{AB}}{r}\quad 即\frac{a_n\cdot\Delta t}{V}=\frac{V\cdot\Delta t}{r}$$

$$\therefore a_n=\frac{V^2}{r}，又V=r\omega$$

$$\therefore a_n=V\omega=r\omega^2$$

a_n與ΔV之方向相同，當Δt甚小，即θ甚小，故ΔV之方向近於和$O'B'$、$O'A'$成垂直，亦即a_n和V成垂直，故a_n之方向沿法線，亦即指向圓心。

6.3-5 轉動體之合加速度

如圖 6-4 中，質點m在轉動時之切線加速度爲a_T，法線加速度爲a_n，則其合加速度爲：

$$a_R=\sqrt{a_n^2+a_T^2}=\sqrt{(r\omega^2)^2+(r\alpha)^2}=r\cdot\sqrt{\omega^4+\alpha^2}$$

a_R之方向爲$\theta=\tan^{-1}\left(\frac{a_T}{a_n}\right)$

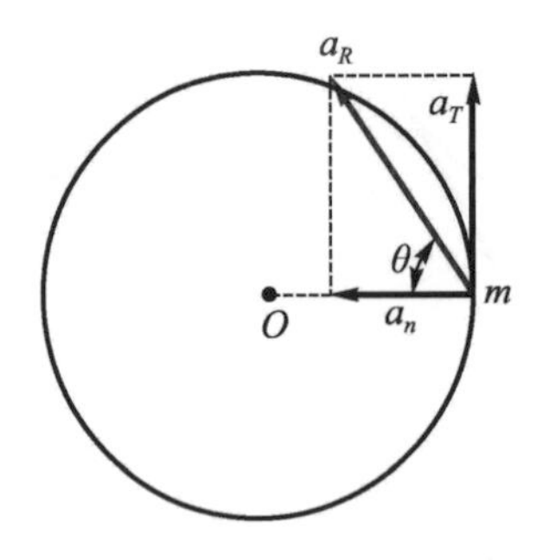

圖 6-4　轉動體之合加速度

例題 6.6

一圓盤之半徑爲 0.50m，繞其中心軸旋轉，若爲等角加速度運動，$\alpha = 6.0\text{rad/sec}^2$，試求其在 4 秒末之邊緣上一質點之，(1)切線速度，(2)切線加速度，(3)法線加速度，(4)合加速度，(5)在半徑中點處，其結果是否相同？

解

$\alpha = 6.0\text{rad/sec}^2$，$t = 4\text{sec}$，$r = 0.5\text{m}$

由$\alpha = \dfrac{\omega - \omega_0}{t}$ $\therefore \omega = 6 \times 4 = 24\text{rad/sec}$

(1) $V = r\omega = 0.5 \times 24 = 12\text{m/sec}$

(2) $a_T = r\alpha = 0.5 \times 6 = 3\text{m/sec}^2$

(3) $a_n = r\omega^2 = 0.5 \times 24^2 = 288\text{m/sec}^2$

(4) $a_R = \sqrt{a_T^2 + a_n^2} = \sqrt{3^2 + 288^2} = 288.02\text{m/sec}^2$

(5)在半徑中點處之角變數與邊緣之點相同，即

$\alpha = 6.0\text{rad/sec}^2$，$\omega = 24\text{rad/sec}$，但$r = 0.25$

故$V = 0.25 \times 24 = 6\text{m/sec}$

$a_T = 0.25 \times 6 = 1.5\text{m/sec}^2$

$a_n = 0.25 \times 24^2 = 144\text{m/sec}^2$

$a_R = \sqrt{(1.5)^2 + 144^2} = 144.01\text{m/sec}^2$

例題 6.7

設有汽車以60km/hr之速度往前駛，車輪之直徑爲76cm，試求車輪之角速度？又汽車行駛100公尺後而停止，試求車輪之角加速度若干？

解

$V = 60\text{km/hr} = \dfrac{50}{3}\text{m/sec}$，$D = 76\text{cm}$ $\therefore r = 38\text{cm}$

由$V = r\omega$ $\therefore \omega = \dfrac{V}{r} = \dfrac{\dfrac{50 \times 100}{3}}{38} = 43.9\text{rad/sec}$

$S = 100\text{m} = 10000\text{cm}$ 由 $S = r\theta$

$\therefore 10000 = 38\theta$，$\theta = \dfrac{10000}{38}\text{rad}$

$\therefore 0 = (43.9)^2 + 2\alpha \times \dfrac{10000}{38}$

$\therefore \alpha = -3.66\text{rad/sec}^2$

例題 6.8

一電動機以 1800rpm 轉動，其轉軸上裝有一半徑分別為 10、15 及 20cm 之輪三個，此諸輪各以皮帶與另一軸上一組可對軸轉動之滑輪連接，10cm 者對 20cm、15cm 者對 15cm、20cm 者對 10cm，如圖 6-5 所示，試求此另一軸上三個滑輪之角速度各為若干 rpm？

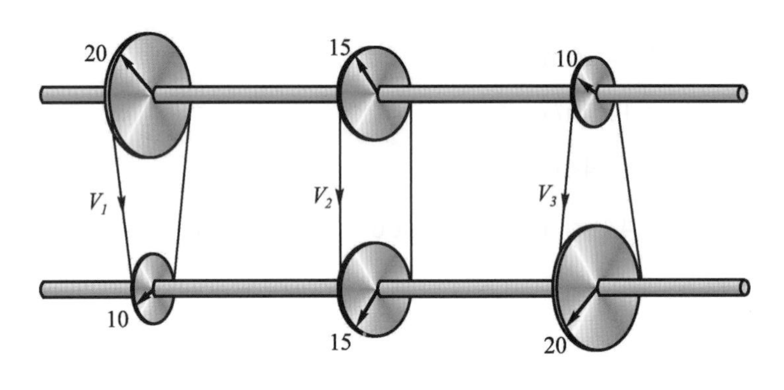

圖 6-5

解

上端輪組當電動機轉動時，各輪軸同時轉動，故其角速度均為：

$\omega = 1800 \times \dfrac{2\pi}{60} = 60\pi\text{rad/sec}$

此時輪上皮帶之轉速與諸輪之切線速度相等，故皮帶之速度順次為：

$V_1 = r_1\omega = 20 \times 60\pi = 1200\pi\text{cm/sec}$

$V_2 = r_2\omega = 15 \times 60\pi = 900\pi \text{cm/sec}$

$V_3 = r_3\omega = 10 \times 60\pi = 600\pi \text{cm/sec}$

下端諸輪係受皮帶之牽引而轉動，故各輪之切線速度當與皮帶之轉速相等，故得

$V_1 = 10\omega_1 \quad \therefore \omega_1 = \dfrac{1200\pi}{10} = 120\pi \text{rad/sec} = 3600 \text{rpm}$

$V_2 = 15\omega_2 \quad \therefore \omega_2 = \dfrac{900\pi}{15} = 60\pi \text{rad/sec} = 1800 \text{rpm}$

$V_3 = 20\omega_3 \quad \therefore \omega_3 = \dfrac{600\pi}{20} = 30\pi \text{rad/sec} = 900 \text{rpm}$

隨堂練習

( )1. 某一汽車以 72km/hr 的速度，在一直徑為 400m 的圓形跑道做等速行駛，則其法線加速度為 (A)20 (B)10 (C)5 (D)2 m/sec^2。

( )2. 一飛輪直徑為 150cm，迴轉速為 40rpm，則其輪周緣之線速度為 (A)314 (B)209 (C)157 (D)90 cm/sec。

( )3. 直徑為 2 公尺之輪，作等角加速度由靜止而開始運動，於第 0.2 秒末時角速達到 10 弧度／秒，試求此時輪緣上一點之加速度大小為 (A)$112m/sec^2$ (B)$50m/sec^2$ (C)$150m/sec^2$ (D)$141m/sec^2$ (E)以上皆非。

( )4. 如果一個質點以一定長度之半徑圍繞一個固定中心順時鐘作等角速度之轉動，則此質點 (A)具有切線加速度與向心加速度 (B)僅具有切線加速度 (C)僅具有向心加速度 (D)沒有任何加速度 (E)作等速度運動。

( )5. 一質點在作圓周運動，如在圓之切線方向有加速度，此是由於質點之什麼改變而產生的？ (A)線速度之大小 (B)線速度之方向 (C)位置 (D)位置與線速度之方向 (E)以上皆非。

6.4 拋物體運動(拋射體運動)

打棒球時，球依曲線而飛出，投石頭時也是沿曲線落地，此曲線稱之爲拋物線，此種運動則稱爲**拋物體運動(拋射體運動)**。其他如轟炸機之投炸彈，炸彈之飛行；大砲發射砲彈，砲彈之飛行等皆爲拋射體運動。

依拋射之方向，拋射體運動又可分爲水平拋射運動及斜向拋射運動。茲分別說明於下：

6.4-1 水平拋射運動

如圖 6-6 所示。

1. 運動之獨立性：

   水平拋射時，物體一方面作水平等速度運動(因水平方向不受力作用)，另方面在鉛直方向作自由落體運動(因受重力作用)。而向下之鉛直力，並不影響水平方向之運動；且水平運動亦不會改變鉛直力對運動所生之影響。二方向之運動各自獨立之，互不干涉。

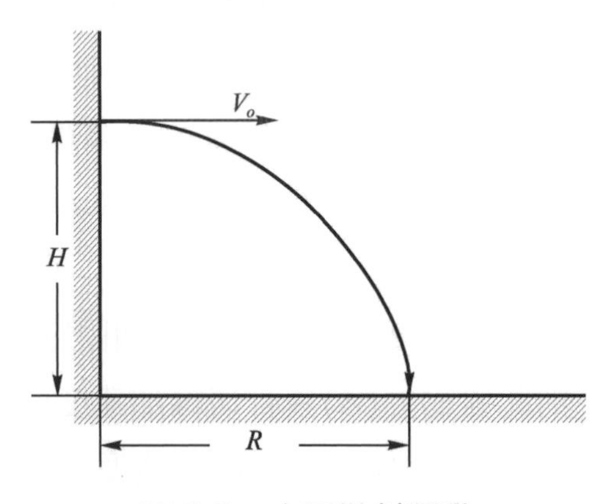

圖 6-6 水平拋射運動

2. 平拋運動分析：

(1) 受力

① 水平方向：$F_x = 0$

② 鉛直方向：$F_y = mg(\downarrow)$

(2) 加速度

① 水平方向：$a_x = 0$

② 鉛直方向：$a_y = g(\downarrow)$

(3) 初速度

① 水平方向：V_o

② 鉛直方向：$V_y = 0$

(4) t秒後

① 速度

❶ 水平方向：$V_x = V_0$

❷ 鉛直方向：$V_y = gt(\downarrow)$

② 合速度：$V_t = \sqrt{V_x^2 + V_y^2} = \sqrt{V_o^2 + (gt)^2}$（$V_y$ V_x）

③ 位移

❶ 水平方向：$x = V_o \cdot t$

❷ 鉛直方向：$y = \frac{1}{2}gt^2$

④ 合位移：$d = \sqrt{x^2 + y^2}$

⑤ 運動軌跡：由$x = V_o \cdot t$與$y = \frac{1}{2}gt^2$兩式中消去t得

$$y = \frac{gx^2}{2V_o^2}$$（爲拋物線）

⑸ 著地(T秒)時(設原拋點距地面高H)各要項

① 著地時間(飛行時間)：依自由落體公式得$T = \sqrt{\frac{2H}{g}}$

② 水平射程：因水平等速，則$R = V_x \cdot t = V_o \cdot \sqrt{\frac{2H}{g}}$

③ 合位移：$D = \sqrt{H^2 + R^2}$

④ 末速度

❶ 水平方向：$V_{TX} = V_o$

❷ 鉛直方向：$V_{Ty} = gT = \sqrt{2gH}$

⑤ 合速度：$V_T = \sqrt{(V_{Tx})^2 + (V_{Ty})^2} = \sqrt{V_o^2 + 2gH}$($\sqrt{2gH}$ V_o)

例題 6.9

一物體從高度爲20m之屋頂以水平速度10m/sec水平拋出，則此物體落於地面之位置爲何？

解

由鉛直方向按自由落體運動可知

$$20 = \frac{1}{2} \times 9.8 \times t^2$$

$$\therefore t = \sqrt{\frac{20}{4.9}}\text{秒}$$

再由水平方向等速運動，故

$$R = 10 \times \sqrt{\frac{20}{4.9}} = 20.2\text{m}$$

6.4-2 斜向拋射運動

如圖 6-7 所示。

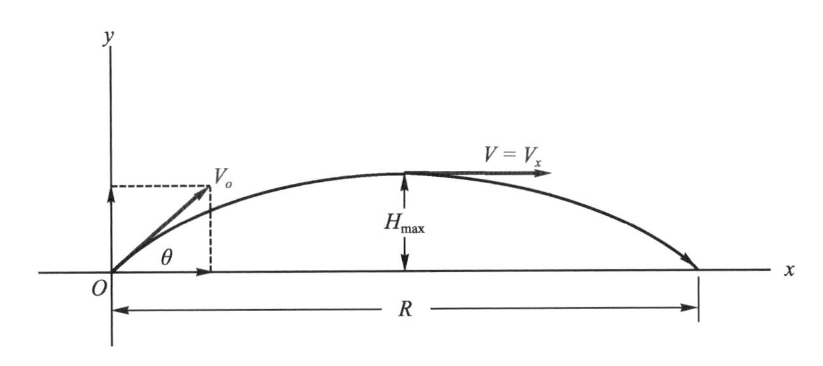

圖 6-7 斜向拋射運動

1. 運動之獨立性：
   (1) 水平方向：等速度運動
   (2) 鉛直方向：等加速度運動(初速度不爲零)，加速度(g)恆向下
2. 運動之分析：
   (1) 受力
      ① 水平方向：$F_x = 0$
      ② 鉛直方向：$F_y = mg(\downarrow)$
   (2) 加速度
      ① 水平方向：$a_x = 0$
      ② 鉛直方向：$a_y = g(\downarrow)$
   (3) 初速度
      ① 水平方向：$V_{ox} = V_o \cos\theta$
      ② 鉛直方向：$V_{oy} = V_o \sin\theta(\uparrow)$

(4) t秒後

① 速度

$V_x = V_o \cos\theta$

$V_y = V_o \sin\theta - gt$(↑或↓)

② 合速度：$V = \sqrt{V_x^2 + V_y^2}$(V_x V_y 或 V_y V_x)

③ 位移：$x = (V_o \cos\theta) \cdot t$，$y = (V_o \sin\theta)t - \frac{1}{2}gt^2$

④ 運動軌跡：由③之兩式消去t得

$$y = (\tan\theta)x - \frac{gx^2}{2(V_o \cos\theta)^2}$$為拋物線

3. 運動之要項：

(1) 頂點要項條件：$[V_y = V_o \sin\theta - gt = 0]$

① 所需時間：$t = \frac{V_o \sin\theta}{g}$(飛至頂點所需時間，也是飛行半程時間)

② 最高射程：$O = (V_o \sin\theta)^2 - 2gH_{max}$

$\therefore H_{max} = \frac{V_o^2 \sin^2\theta}{2g}$，若$V_o$ = 一定，而$\theta = 90°$時

$H_{max} = \frac{V_o^2}{2g}$(能達之最大高度)

(2) 落點條件：$[H = (V_o \sin\theta)T - \frac{1}{2}gT^2 = 0]$

① 所需時間：物體落到地面時(原水平地面)，鉛直位移$H = 0$，即

$(V_o \sin\theta)T - \frac{1}{2}gT^2 = 0 \quad T = \frac{2V_o \sin\theta}{g}$，此值$= 2t$

② 水平射程：$R=(V_o\cos\theta)T=\dfrac{V_o^2\sin 2\theta}{g}$，若$V_o=$一定，以仰角 45° 拋射水平射程最大即，$R_{max}=\dfrac{V_0^2}{g}$

例題 6.10

將一球用初速54m/sec以仰角60°射出，試求(1) 2秒後球之位置，(2)最高距離，(3)達最高距離之時間，(4)達地面之水平距離及時間。

解

$V_o=54\text{m/sec}$，$\theta=60°$，$V_{ox}=54\cos 60°=27\text{m/sec}$

$V_{oy}=54\sin 60°=27\sqrt{3}\text{m/sec}(\uparrow)$

$a_x=0$，$a_y=9.8\text{m/sec}^2(\downarrow)$

(1) $t=2\text{sec}$ 位置

$x=(V_o\cos\theta)\cdot t=27\times 2=54\text{m}$

$y=(V_o\sin\theta)t-\dfrac{1}{2}gt^2=27\sqrt{3}\times 2-\dfrac{1}{2}\times 9.8\times 2^2$

$=73.93\text{m}$

(2) H_{max}，即$V_y=0$

$\therefore 0=(27\sqrt{3})^2-2\times 9.8\times H_{max}$

$\therefore H_{max}=111.58\text{m}$

(3)即$V_y=0$，$t=?$

$\therefore 0=27\sqrt{3}-9.8\times t$

$\therefore t=4.77\text{sec}$

(4)達水平距離之時間，即$T=2t=2\times 4.77=9.54\text{sec}$(或由$H=0$求)

$R=27\times 9.54=257.58\text{m}$

例題 6.11

一球在高 20m 處，以 20m/sec 之初速度，仰角爲 53°射出，則當球擊中距離 48m 處之牆時，如圖 6-8 所示，則其距離地面之高度爲若干？

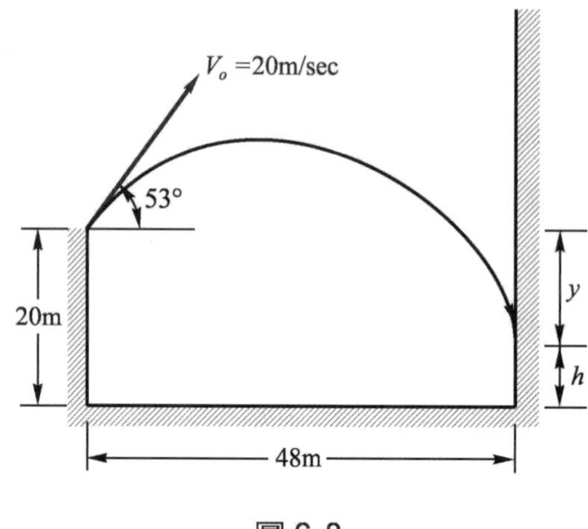

圖 6-8

解

如圖 6-8 所示，$\theta=53°$，$V_o=20\text{m/sec}$

$$V_{ox}=20\cos 53°=20\times\frac{3}{5}=12\text{m/sec}(\rightarrow)$$

$$V_{oy}=20\sin 53°=20\times\frac{4}{5}=16\text{m/sec}(\uparrow)$$

$a_x=0$，$a_y=9.8\text{m/sec}^2(\downarrow)$

由水平方向：

$48=12\times t\quad \therefore t=4\text{sec}$

由垂直方向：

$y=16\times 4-\frac{1}{2}\times 9.8\times 4^2=-14.4\text{m}$(負號表示在拋出點下方)

故距地面之高度$h=20-14.4=5.6\text{m}$

例題 6.12

如圖 6-9 所示，物體自高$y=38.48$m 之地點O與水平成 30°以初速度$V_o=20$m/sec 向上投擲，試求幾秒後在前方若干 m 處達於地面，又求該時之速度。

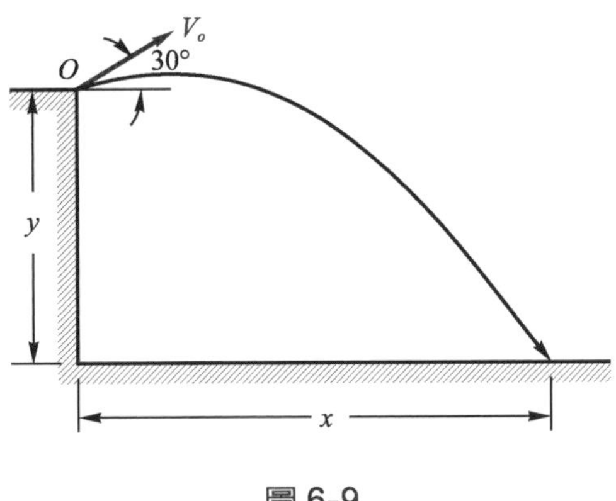

圖 6-9

解

由垂直方向：$V_{oy}=20\sin 30°=10$m/sec(↑)

$a_y=9.8$m/sec²(↓)，$y=38.48$m(↓)，$t=$？由第二公式

$\therefore 38.48=-10t+\frac{1}{2}\times 9.8\times t^2$解之得$t=4$及$t=-1.96$

故$t=4$sec

由水平方向：$V_{ox}=20\cos 30°=17.32$m/sec

$a_x=0$，$t=4$sec，$x=$？

$\therefore x=17.32\times 4=69.28$m

$t=4$sec，$V=$？

$V_x=17.32$m/sec(→)

$V_y=10-9.8\times 4=-29.2$m/sec(↓)

$\therefore V=\sqrt{(17.32)^2+(-29.2)^2}=33.95$m/sec(29.2 17.32)

隨堂練習

(　)1. 一物體從一高度 9.8 公尺之屋頂，以初速度 10m/sec 之水平方向擲出，則此物體經幾秒鐘後落於地面上？ (A)4.15 (B)3.16 (C)2.17 (D)1.92 (E)1.41 秒。

(　)2. 一物體以V_o之初速度與水平成θ仰角拋出，則下列何者為錯誤之結果 (A)水平速率為$V_o\cos\theta$ (B)到達頂點之時間為$V_o\sin\theta/g$ (C)最大高度為$\dfrac{V_o\sin^2\theta}{2g}$ (D)落到水平面時之時間為$\dfrac{2V_o\sin\theta}{g}$ (E)落到水平面時之水平射程為$\dfrac{V_o^2\sin 2\theta}{g}$。(其中$g$為重力加速度，且不計空氣阻力)。

(　)3. 若初速度為一定時，以 15°及 75°之仰角拋出二球，則何者水平射程較遠？ (A)15°仰角之水平射程較遠 (B)75°仰角之水平射程較遠 (C)相等 (D)75°仰角之水平射程為 15°仰角之$\sqrt{3}$倍。

本章重點整理

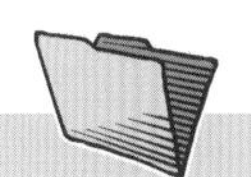

1. 剛體內各小質點均繞其轉動軸線作同心圓之運動稱為剛體之轉動，亦稱為角運動。

(1) 角位移(角移)(θ)：

① 凡物體繞一轉軸，轉過之角度稱為角位移

② θ之單位以弧度(弳)(rad)表之或轉(圈)數，一轉(圈)$=2\pi$ rad

③ 角位移為向量，如順時針或逆時針轉動

(2) 角速度(ω)：

① 單位時間內之角位移稱為角速度，亦即任何時刻角位移之時間變率

② 平均(等)角速度：設物體在t秒時間內轉動之角移為θ時，則平均每秒時間內所轉之角度稱為平均角速度，即

$$\omega=\frac{\theta}{t}\text{或}\theta=\omega t$$

③ 瞬時角速度：物體在轉動過程中某一點或某一時刻之角速度，稱為瞬時角速度，即

$$\omega_i=\lim_{\Delta t\to 0}\frac{\Delta\theta}{\Delta t}=\frac{d\theta}{dt}$$

④ 角速度之單位：隨角移及時間之單位而定

❶ 常以弧度／秒(rad/sec)表之。

❷ 每秒轉(rps)：1rps $=2\pi$ rad/sec。

❸ 每分轉(rpm)：1rpm $=\frac{2\pi}{60}$rad/sec。

(3) 角加速度(α或β)：

① 單位時間角速度之變化稱為角加速度，亦即角速度之時間變率

② 平均角加速度：如以ω_0表初角速度，ω表末角速度，則

$$\alpha = \frac{\omega - \omega_0}{t}$$

③ 瞬時角加速度：轉動體在某一瞬間之角加速度(即經歷時間趨零時)，即

$$\alpha_i = \lim_{\Delta t \to 0} \frac{\Delta \omega}{\Delta t} = \frac{d\omega}{dt}$$

④ 角加速度之單位為弧度／秒^2(rad/sec^2)

⑤ 角加速度為一向量，係隨轉動方向而定

(4) 週期與頻率(迴轉數)(赫芝)：

① 週期：當物體在等角速度時，每旋轉一周所需之時間，故

$$T = \frac{2\pi}{\omega}$$

② 頻率：單位時間內所旋轉之迴轉數(n或f)

$$\therefore n = \frac{1}{T} = \frac{\omega}{2\pi} \text{或} \omega = 2\pi n$$

(5) 角量與線量之關係：表示物體轉動情形如θ、ω、α等稱角量，在移動中之S、V、a等稱為線量。

① 線移與角移：$S = r\theta$，S與r之單位一致，θ為 rad

② 線速度與角速度

❶ $V = r\omega$，式中ω單位一定 rad/sec，V與r單位系統一致。

❷ 轉動體內各質點之線速度與軸線之距離成正比。

③ 切線加速度和角加速度：$a_T = r\alpha$式中α單位一定rad/sec^2，a_T與r單位系統一致

④ 法線加速度與角速度：$a_n = \frac{V^2}{r} = r\omega^2$

⑤ 轉動體之合加速度：$a_R=\sqrt{a_n^2+a_T^2}=\sqrt{(r\omega^2)^2+(r\alpha)^2}=r\sqrt{\omega^4+\alpha^2}$

2. 等角加速度運動：

(1) 角加速度恆保持不變之運動，稱爲等角加速度運動。

(2) 運動公式：

$\omega=\omega_0+\alpha t$……………………第一公式(t與ω之關係式)

$\theta=\omega_0 t+\frac{1}{2}\alpha t^2$ …………第二公式(t與θ之關係式)

$\omega^2=\omega_0^2+2\alpha\theta$ ……………第三公式(沒有t之關係式)

① 以上三公式中ω_0、ω、α、θ爲向量

② 如爲靜止開始轉動時則$\omega_0=0$

3. 水平拋射運動：

(1) 水平拋射時，物體一方面作水平等速運動(因水平方向不受力作用)，另方面在鉛直方向作自由落體運動(因受重力作用)。

(2) 著地(t秒)時(設原拋點距地面高H)各要項：

① 著地時間(飛行時間)：依自由落體公式得$t=\sqrt{\frac{2H}{g}}$

② 水平射程：因水平等速，則$R=V_x\cdot t=V_o\cdot\sqrt{\frac{2H}{g}}$

③ 合位移：$D=\sqrt{H^2+R^2}$

④ 末速度：

❶ 水平方向：$V_{tx}=V_o$。

❷ 鉛直方向：$V_{ty}=gt=\sqrt{2gH}$。

⑤ 合速度：$V_t=\sqrt{V_{tx}^2+V_{ty}^2}=\sqrt{V_o^2+2gH}$($\sqrt{2gH}$ V_o)

4. 斜向拋射運動：

(1) 運動之獨立性：

① 水平方向：等速度運動

② 鉛直方向：等加速度運動(初速度不為零)，加速度(g)恆向下

⑵ 運動要項：

① 拋至最高點所需時間$t=\dfrac{V_o \sin\theta}{g}$

② 飛行時間：$T=2t=\dfrac{2V_o \sin\theta}{g}$

③ 最大高度：$H_{max}=\dfrac{V_o^2 \sin^2\theta}{2g}$

若V_o＝一定，而θ＝90°時，$H_{max}=\dfrac{V_o^2}{2g}$

④ 水平射程：$R=\dfrac{V_o^2 \sin 2\theta}{g}$

若V_o＝一定，θ＝45°時，$R_{max}=\dfrac{V_o^2}{g}$

學後評量

( ) 1. 等速圓周運動之物體 (A)有法線加速度無切線加速度 (B)無法線加速度而有切線加速度 (C)兩者均有 (D)兩者均無。

( ) 2. 轉動體各質點之線速度和軸線之距離成 (A)正比 (B)反比 (C)平方成正比 (D)平方成反比。

( ) 3. 一輪由靜止開始以等角加速度迴轉，運動經 50 秒其迴轉數爲 100rpm再經 (A)20 (B)40 (C)60 (D)80 秒其迴轉數爲180rpm。

( ) 4. 有一輪其直徑 50cm，以初速 100m/sec 之速度轉動，經 30 秒而靜止，則至靜止共轉 (A)755 (B)855 (C)955 (D)1055 轉。

( ) 5. 設有一馬達轉速爲每分鐘 1200 轉，當截斷電流後，於 4 秒鐘內，轉速減爲每分鐘 720 轉，則此馬達之角加速度應爲 (A)－6.27 (B)－12.54 (C)6.27 (D)12.54 rad/sec^2。

( ) 6. 一彈丸以初速V_o及仰角θ發射，若需最大水平射程，則θ應等於 (A)0° (B)30° (C)45° (D)60°。

( ) 7. 一槍彈離槍口之速度爲 70m/sec，則其最大射程爲 (A)125 (B)167 (C)250 (D)500 m。

( ) 8. 若斜向拋射物體(於水平面上)之最大高度與水平射程相等，則初速度之仰角爲 (A) $\sin^{-1}0.5$ (B) $\tan^{-1}0.5$ (C) $\cos^{-1}2$ (D) $\tan^{-1}4$。

( ) 9. 某人踢足球，當其以 30°仰角踢出時，可達 20m遠，則此人能力最遠爲何？ (A)20m (B)35m (C)$40/\sqrt{3}$m (D)$40\sqrt{3}$m。

( ) 10. 於高度爲h之塔頂，沿水平方向以$\sqrt{2gh}$之初速度拋出一小石，則小石著地處之水平距離爲 (A)h (B)$2h$ (C)$3h$ (D)$4h$。

( ) 11. 自 14.7m之高塔上，以 19.6m/sec之速度沿 30°仰角拋射一物體，問該物體會落在距塔底若干距離處？ (A)31m (B)41m (C)51m (D)61m。

( )12. 在高度相同而仰角不同之斜面頂點下滑物體，不計摩擦時，以下列何種仰角最快滑至底邊 (A)0° (B)30° (C)45° (D)90°。

( )13. 自地面上斜向擲出一球，經 4 秒後又落回地面，則該球所達到之最大高度爲(重力加速度爲g) (A)4g (B)3g (C)2g (D)1g。

( )14. 斜向拋射運動體所得之最大水平射程與此時運動體距地最大高度之比爲 (A)1:1 (B)$\sqrt{2}$:1 (C)2:1 (D)4:1。

( )15. 飛機水平飛行，其速度V，高度H，則投下一炸彈落地時間T與H之關係爲何？ (A)$T\alpha\sqrt{H}$ (B)$T\alpha H^2$ (C)$T\alpha 1/H$ (D)$T\alpha 1/\sqrt{H}$。

習　題

1. 設輪之直徑為150cm，其迴轉數為每分鐘40轉，求其角速度及輪周之線速度。
2. 一吊扇之扇葉置於試驗台上，每一扇葉長1m，如果扇葉之轉速為每分鐘120轉，試計算葉稍之切線速度。
3. 有一飛輪作等角加速度運動，其$\alpha = 3.0 rad/sec^2$，由靜止轉動時，試求2秒後，轉動之角位移及角速度。
4. 一飛輪之角速度在5秒內由1000rpm均勻減低至400rpm，試求其角加速度及在5秒內所轉過之轉數，而此飛輪直至停止尚需若干時間？
5. 一飛輪其角加速度一定而等於$2 rad/sec^2$，在5秒鐘之時間內轉過一為100弧度之角，如果此飛輪係從靜止狀態開始轉動者，問在此5秒之轉動前，已經轉動若干時間？
6. 一半徑為20cm之唱片，置於電唱機上，以2rps之等角速度旋轉，試求邊緣上一點之切線速度、切線加速度及法線加速度。
7. 一車以20m/sec之速率行駛，車輪直徑為50cm，則車輪之轉動速率為若干？如此車於30秒內以等減速而行駛至靜止，此車輪之總轉數為若干轉？
8. 一物體若以初速度4m/sec以水平方向擲出，3秒鐘後落地，試求投擲處離地之高度及物體落地時所橫行之距離各若干？
9. 槍彈以60m/sec之速度自槍膛中放出，其發射方向與水平成30°角，試求⑴最大高度，⑵落至原水平之時間，⑶射程，⑷射出2秒後之速度。
10. 取石以初速度10m/sec投擲之，使達於最遠之距離，求其拋射距離與最大高度，又求0.8秒後之速度大小與方向。

CHAPTER 7

動力學基本定律及應用

單元目標

本單元分為三大部分，第一部份為牛頓運動定律，第二部份為滑輪，第三部份為向心力與離心力，讀者研讀本單元後，應具備以下之能力：

- ◇ 瞭解牛頓三運動定律之內容及基本觀念。
- ◇ 能正確運算，利用牛頓運動定律解答各種動力學問題。
- ◇ 瞭解滑輪之意義及種類。
- ◇ 能正確運算各種滑輪之問題。
- ◇ 建立向心力與離心力的觀念。並能正確運算、分析圓周運動問題。

7.1 牛頓運動定律

運動學所討論者，為僅研究物體或質點運動時之幾何性質，並不討論引起此等運動所需之外力。而動力學所討論者，則包含作用於質點或物體上之不平衡力系，物體之慣性及由不平衡力系所產生之運動之關係。

作用於物體上之外力及因其所引起之運動，兩者間必有相當關係，一直不為世人所瞭解，直到伽利略從事自由落體及單擺等之實驗後，始修正以前不正確之理論，而確定了動力學之正確理論。牛頓(1642～1727)發現萬有引力定律及眾所週知之牛頓第一運動定律後，若干偉大科學成就始相繼出現，至今牛頓運動定律乃為工程動力學之基礎。

茲將牛頓的三大運動定律分述如下：

7.1-1 慣性及牛頓第一運動定律

1. 慣性(Inertia)：

   物體保持原有運動狀態之特性，稱為物體固有之慣性。亦稱保守性或惰性。例如一停止之車輛，忽然往前開，則車上之乘客將向後傾倒；行進之車輛，忽然停止，則車上之乘客必向前傾。再如車輪上之泥漿，沿切線方向飛去；跑道向內側傾，此亦物體欲維持直線之慣性。

   故欲打破慣性，使產生運動之變化(即產生加速度)，必得加一外力在物體上，故打破物體慣性之作用稱為力。

2. 牛頓第一運動定律(慣性定律)：

   若物體不受外力作用或所受外力之合力為零時，則靜者恆靜，動者恆作等速直線運動。

   由定律內容可知，此定律在說明慣性與力之關係。因此此定律亦稱慣性定律。

7.1-2 動量及牛頓第二運動定律

1. 動量(Momentum)：

改變物體之運動狀態，其難易程度視物體之質量而定。推一空車使其達到3m/sec之速度易，推一滿載之車使其達到同一速度則較難；及其以同一速度運動時，欲令其停止，則起動難停止亦難，起動易者停止亦易。同一物體，以低速運動時，令其停止易，以高速運動時，令其停止難。故一物體之運動狀態，常以其質量與速度之乘積說明之，物體質量與速度之乘積，稱爲物體之動量。

如設質量爲m，速度爲**V**，動量爲**P**，則

$P = mV$即(動量)＝(質量)×(速度)

動量亦爲向量，其方向與速度之方向同，運算時亦須依照向量之規定，其單位即爲單位質量與單位速度之乘積，其因次式爲$[M]\cdot[L]\cdot[T]^{-1}$，其單位如表7-1所示。

表7-1 動量之單位

系統	單位
厘米、克、秒 C.G.S	公克-公分／秒 gm-cm/sec
米、仟克、秒 M.K.S	公斤-公尺／秒 kg-m/sec
呎、磅、秒 F.P.S	磅-呎／秒 lb-ft/sec

2. 牛頓第二運動定律(運動定律)：

物體受外力作用，其每單位時間內動量之變化量與所有作用力之和成正比，方向與作用力一致。

倘有質量爲m之物體，以速度V_o運動，其動量爲mV_o，所有作用力之和ΣF，物體速度經t時間後變爲V，故

$$\Sigma F \propto \frac{mV - mV_o}{t}$$

$$\text{即}\Sigma F = K\frac{mV - mV_o}{t} = K \cdot \frac{m(V - V_o)}{t}$$

$$= Kma$$

故牛頓第二運動定律可述之如下：

「物體受外力作用時必沿力之方向產生一加速度，其大小與作用力成正比與物體之質量成反比」

式中K爲比例常數，其值由質量、加速度及力三者所用之單位而定，當一單位力作用於一單位質量之物體上而產生一單位加速度時$K = 1$。即$F = ma$，由此而定之單位稱爲**力之絕對單位**。如達因、牛頓、磅達等，如表 7-2 所示。

表 7-2　力之絕對單位

單位系統	F	m	a
C.G.S	達因(dyne)	公克(gm)	公分／秒^2(cm/sec^2)
M.K.S	牛頓(newton)	公斤(kg)	公尺／秒^2(m/sec^2)
F.P.S	磅達(poundal)	磅(lb)	呎／秒^2(ft/sec^2)

$F = ma$爲動力學之基本方程式，稱爲運動方程式。

由定律之內容可以有以下幾點討論：

(1) 數力同時作用於一物體時，則沿作用力之每一方向產生一加速度而運動各不相關。

(2) 數力同時作用於一物體時，其所生之合加速度與合力成正比且方向與合力一致。即$\Sigma F = km\Sigma a$。

(3) 在某一方面，第二運動定律包含了第一運動定律那就是當沒有外力

作用在物體上時由 F=ma，可發現物體不會做加速運動。

(4) 在代入$F=ma$之式中F一定為絕對單位，而$F=\frac{W}{g}\cdot a$中F為重力單位。

例題 7.1

重量為 30kg 之物體以 40m/sec 之速度而運動遭 80kg 之抵抗力，如連續作用於 15m 之距離間，物體之速度變為若干？

解

$W=30\text{kg}$，$V_o=40\text{m/sec}(\rightarrow)$，$F=80\text{kg}(\leftarrow)$

$S=15\text{m}$，$V=$？

由$F=\frac{W}{g}\cdot a$　$\therefore 80=\frac{30}{9.8}\times a$　$\therefore a=26.1\text{m/sec}^2(\leftarrow)$

由$V^2=V_o^2+2aS$

$\therefore V^2=40^2+2\times(-26.1)\times 15$　$\therefore V=28.6\text{m/sec}(\rightarrow)$

例題 7.2

有一物體重 150kg 置於 2000kg 之升降機內，若繩之張力為 2700kg 如圖 7-1(a)所示，試求(1)升降機之上升加速度，(2)物體對於機台之壓力若干？

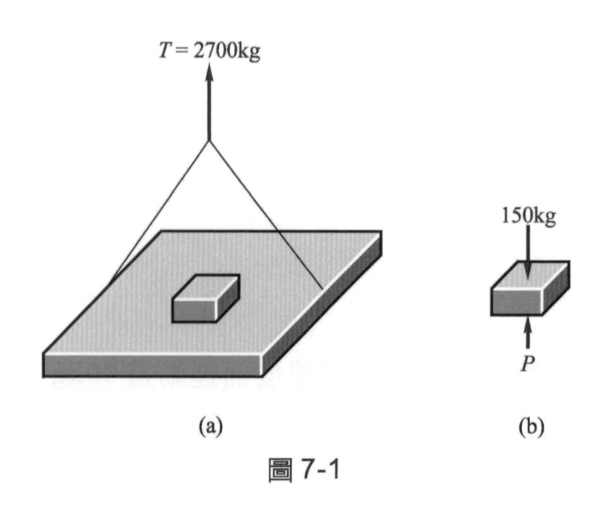

圖 7-1

解

⑴以升降機及物體一起爲自由體如圖 7-1(a)所示

$$2700 - (2000 + 150) = \frac{2000 + 150}{9.8} \times a$$

$$\therefore a = 2.5 \text{m/sec}^2$$

⑵以物體爲自由體如圖 7-1(b)所示

$$P - 150 = \frac{150}{9.8} \times 2.5$$

$$\therefore P = 188.3 \text{kg}$$

例題 7.3

一質量爲 40gm 之物體靜置於光滑水平面上，測得此物因受外力作用而具有向西之加速度$a_W = 25 \text{cm/sec}^2$及向北之加速度$a_N = 75 \text{cm/sec}^2$，試求⑴該物體所受之對應分力，⑵所受合力之大小，⑶該物體在 4sec 內之位移。

解

⑴向西分力$F_W = ma_W = 40 \times 25 = 1 \times 10^3 \text{dyne}$

向北分力$F_N = ma_N = 40 \times 75 = 3 \times 10^3 \text{dyne}$

(2)合力$F=\sqrt{F_W^2+F_N^2}=\sqrt{(10^3)^2+(3\times10^3)^2}=3.3\times10^3\text{dyne}$

(3)向西之位移$S_W=\frac{1}{2}a_W\cdot t^2=\frac{1}{2}\times25\times4^2=200\text{cm}$

向北之位移$S_N=\frac{1}{2}a_N\cdot t^2=\frac{1}{2}\times75\times4^2=600\text{cm}$

合位移$S=\sqrt{S_W^2+S_N^2}=\sqrt{200^2+600^2}=632\text{cm}$

例題 7.4

如圖 7-2 所示，一物體質量爲 4kg，置於一光滑之水平面上，受四同點力作用於其上，試求此物體之加速度。

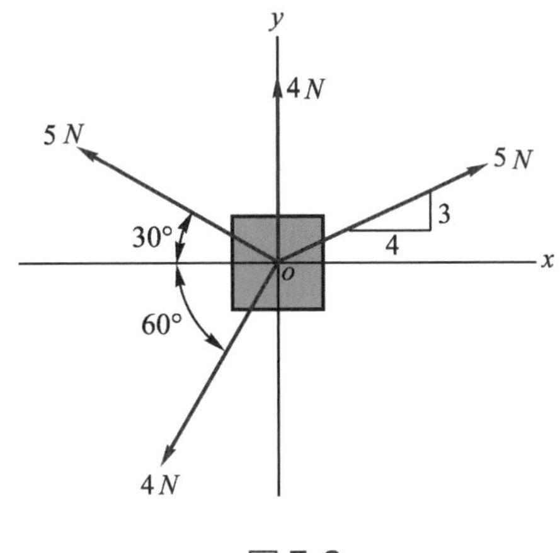

圖 7-2

解

$\overset{+}{\rightarrow}\Sigma F_x=5\times\frac{4}{5}-5\cos30°-4\cos60°=-2.33N=2.33N(\leftarrow)$

$+\uparrow\Sigma F_y=5\times\frac{3}{5}+4+5\sin30°-4\sin60°=6.04N(\uparrow)$

$R=\sqrt{(2.33)^2+(6.04)^2}=6.47N($ 6.04 2.33 $)$

或$\theta_x = \tan^{-1}\dfrac{6.04}{-2.33} = \tan^{-1}(-2.59) = -68.9°$(θ_x)

由$\Sigma F = m\Sigma a$

$\therefore 6.47 = 4 \times a \quad \therefore a = 1.62 \text{m/sec}^2$方向同$R$即(6.04 2.33)或(68.9°)

7.1-3 牛頓第三運動定律

「加一作用力於一物體時，則自該物體必產生一與此作用力大小相等方向相反之反作用力」。是爲牛頓第三運動定律，又稱爲反作用定律。如大砲發射砲彈時，砲身將後退。假如作用力爲**F**，反作用力爲**F′**，則**F**＝－**F′**。

如有AB二物體，A對B作用一力 **F**，則由第三定律，B亦必以大小相等、方向相反之反作用力**F′**對A作用。若物體B之質量爲m，物體A之質量爲M，B自A受力**F**，生加速度a，A自B受力**F′**後，生加速度a'，則由第二運動定律，得

$$F = ma，F' = Ma'$$

但由第三定律

$$F = -F'$$

故 $$ma = -Ma'$$

二物體自接觸至分離之時間爲t，A、B之平均加速度大小各爲a及a'則

$$a = \frac{V}{t} \quad a' = \frac{V'}{t}$$

代入上式得

$$mV = -MV'$$

故牛頓第三運動定律亦可述之爲「由作用及反作用所生之動量大小相等、方向相反」。

在運用此定律時，必須注意作用力與反作用力非作用於同一物體，雖大小相等而方向相反，但不能視為互相抵銷。

例題 7.5

自重量為40公噸之大砲，以每秒500公尺之速度發射重量為350公斤之砲彈，試求發射砲彈時，⑴砲身退後之速度，⑵若以10公噸之力阻止大砲砲身後退運動，則砲身後退之距離為若干？

解

⑴設砲身後退速度為$\mathbf{V}$，砲彈速度為$\mathbf{V}'$，由

$m\mathbf{V} = -M\mathbf{V}'$

$\therefore 40,000\mathbf{V} = -350\mathbf{V}' = -350 \times 500$

$\therefore \mathbf{V} = 4.38$(公尺／秒)(方向與$\mathbf{V}'$相反)

⑵制止大砲後退運動之力為 10 ton ＝ 10,000kg，設此運動之加速度為a，由第二定律

$$10,000 = \frac{40,000}{9.8} \times a \quad \therefore a = 2.45\text{m/sec}^2$$

因a為減速度

故由$V^2 = V_o^2 + 2aS$

即$0 = 4.38^2 - 2 \times 2.45 \times S \quad \therefore S = 3.92\text{m}$

即大砲發射砲彈後，自原位置後退3.92m而靜止

例題 7.6

如圖7-3(a)中，$W_A = 10\text{kg}$，$W_B = 20\text{kg}$，兩物體自斜面因重力而向下滑，如AB與斜面間之摩擦係數分別為$\mu_A = 0.2$，$\mu_B = 0.3$，試求當運動時物體之加速度及A作用於B上之作用力各為若干？

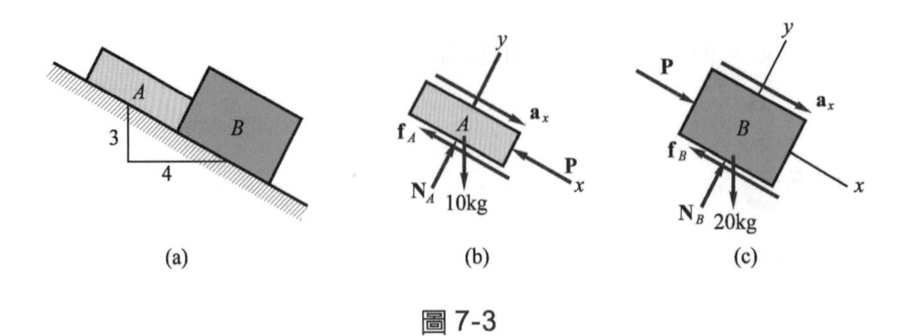

圖 7-3

解

以A物爲自由體，如圖 7-3(b)，如B作用於A上之作用力爲P

由$+\nearrow \Sigma F_y = N_A - 10 \times \dfrac{4}{5} = 0$

$\therefore N_A = 8\text{kg}$，$f_A = \mu_A \cdot N_A = 0.2 \times 8 = 1.6\text{kg}$

由$\Sigma F_x = m_A a_x$

$\therefore 10 \times \dfrac{3}{5} - 1.6 - P = \dfrac{10}{9.8} \times a_x \cdots\cdots①$

以B物爲自由體如圖 7-3(c)所示，A作用於B之作用力亦爲P。

由$+\nearrow \Sigma F_y = N_B - 20 \times \dfrac{4}{5} = 0$

$\therefore N_B = 16\text{kg}$，$f_B = \mu_B N_B = 0.3 \times 16 = 4.8\text{kg}$

由$\Sigma F_x = m_B a_x$

$\therefore P + 20 \times \dfrac{3}{5} - 4.8 = \dfrac{20}{9.8} \times a_x \cdots\cdots②$

聯立①②即可得$a_x = 3.79\text{m/sec}^2$，$P = 0.53\text{kg}$

故運動時物體之加速度爲3.79m/sec^2，A作用於B之作用力$P = 0.53$kg()

隨堂練習

( ) 1. 等速行進中之車輛遇緊急煞車，車輛上之行人會有往前運動之動作是因爲 (A)慣性力 (B)離心力 (C)反作用力 (D)萬有引力。

( ) 2. 一作用力作用於質量 2 公斤的靜止物體上，2 秒後該物體之速度爲 10 公尺／秒，則此作用力大小爲 (A)10 牛頓 (B)10 公斤重 (C)5 牛頓 (D)5 公斤重 (E)0.1 公斤重。

( ) 3. 有一重量 50N 之木塊，放在無摩擦的水平面上，有一水平拉力 $F=100\text{N}$作用於其上，則木塊之加速度約爲 (A)509.7 (B)64.4 (C)2 (D)5000 (E)19.6 m/sec^2。

( ) 4. 牛頓運動定律僅適用於其運動速度之大小遠小於 (A)3×10^8 (B)3×10^9 (C)3×10^{10} (D)3×10^{12} (E)3×10^6 m/sec。

( ) 5. 一個重量爲 100 公斤之物體以每秒 40 公尺之速度向前運動，遭到 100 公斤之抵抗阻力，如果連續作用 20 公尺之距離，則此物體最後之速度約減少每秒多少公尺 (A)34.8 (B)5.2 (C)15 (D)15.5 (E)1.5。

7.2 滑　輪

7.2-1　滑輪概論

1. 滑輪(Pulley)乃是繞一定軸旋轉之輪，輪周有槽，使繩索繞經槽內，並使整套滑輪裝於輪架上。
2. 滑輪之作用乃是使用小力將重物拉昇，或者使提昇重物之力反向，亦即爲省力或改變運動方向。
3. 滑輪通常可分爲定滑輪及動滑輪，前者於應用時輪軸固定不動，後者應用時輪軸係隨負荷而運動。
4. 如只有一滑輪使用時稱單滑輪，有二輪以上聯合使用時稱複滑輪。

7.2-2 滑輪問題研討

滑輪之運動問題必須注意：⑴滑輪型式，⑵運動方向之判斷，⑶自由體圖之繪製。

1. 單定滑輪(阿特武德機之裝置)：

   如圖 7-4(a)之裝置，兩物體之重各別為W_1及W_2，當$W_1 > W_2$時，W_2必向上升，W_1必向下降。

   以W_1為自由體，如圖 7-4(b)中

   $$W_1 - T = \frac{W_1}{g} \cdot a \cdots\cdots ①$$

   以W_2為自由體，如圖 7-4(c)中

   $$T - W_2 = \frac{W_2}{g} \cdot a \cdots\cdots ②$$

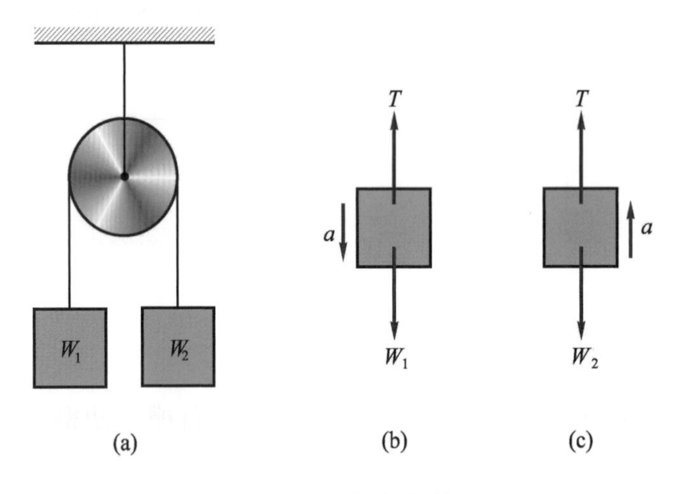

圖 7-4　單定滑輪

聯立①②兩式得

$$a=\frac{W_1-W_2}{W_1+W_2}g,\ T=\frac{2W_1\cdot W_2}{W_1+W_2}$$

故此裝置之加速度必小於重力加速度，又當$W_1=W_2$時，$a=0$(等速運動或靜止)$T=W_1$或W_2。

2. 以重W_1及W_2兩物體，連接於繩之兩端，W_1在水平面上移動，W_2自滑輪A下垂，如圖 7-5(a)所示。

 (1) 當水平面爲光滑時，不管W_1及W_2之大小，物體之運動方向W_1一定向右，W_2一定向下，分別以W_1及W_2爲自由體，如圖 7-5(b)、(c)。

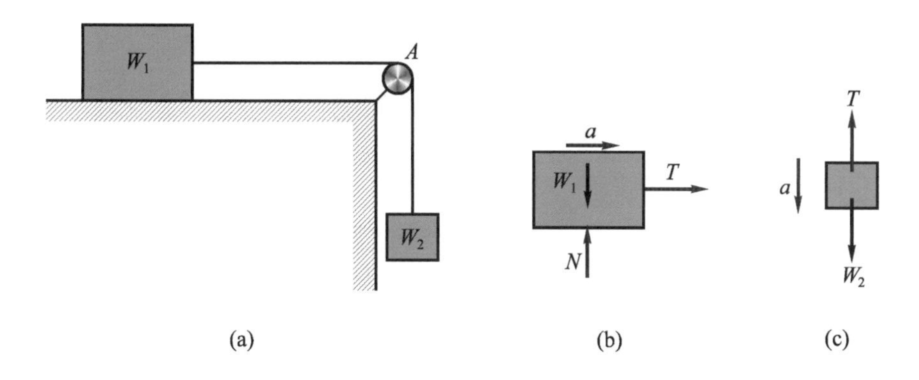

圖 7-5

即

$$T=\frac{W_1}{g}\cdot a \cdots\cdots\cdots\cdots\cdots ①$$

$$W_2-T=\frac{W_2}{g}\cdot a\cdots\cdots\cdots ②$$

聯立①②得

$$a=\frac{W_2}{W_1+W_2}g$$

$$T=\frac{W_1\cdot W_2}{W_1+W_2}$$

⑵ 當水平面爲粗糙時，亦即含有摩擦力

① 如$W_2 > \mu W_1$，如⑴之情形運動

② 如$W_2 = \mu W_1$時，$a = 0$(靜止或等速運動)，$T = W_2 = \mu W_1$

③ 如$W_2 < \mu W_1$，$a = 0$(不動)，$T = W_2$

3. 物體置於斜面問題，如圖 7-6 所示，此種問題必須考慮下滑力，再決定運動之方向。

⑴ 如果物體與斜面間摩擦力視爲零時

① 如$W_1 \sin\theta > W_2$　則W_2向上升

② 如$W_1 \sin\theta < W_2$　則W_2向下降

③ 如$W_1 \sin\theta = W_2$ ($a = 0$，$T = W_2$，靜止或等速運動)

⑵ 如物體與斜面間有摩擦存在，必須再考慮摩擦

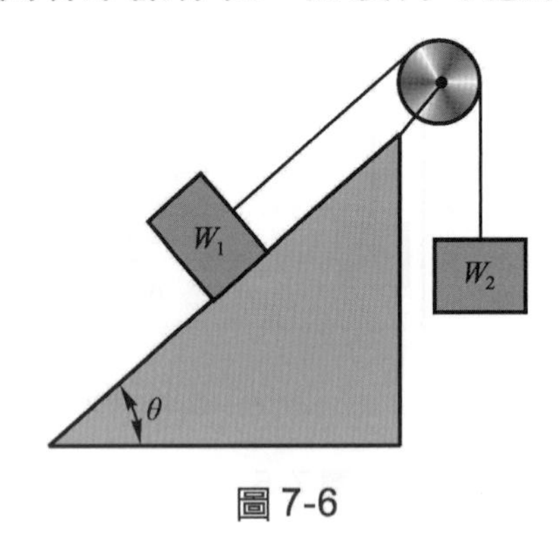

圖 7-6

例題 7.7

如圖 7-7(a)所示，忽略單定滑輪之摩擦及質量，若$W_1 = 100$N，$W_2 = 50$N，則繩子之張力及W_1由靜止釋放 3 秒後之速度各爲若干？

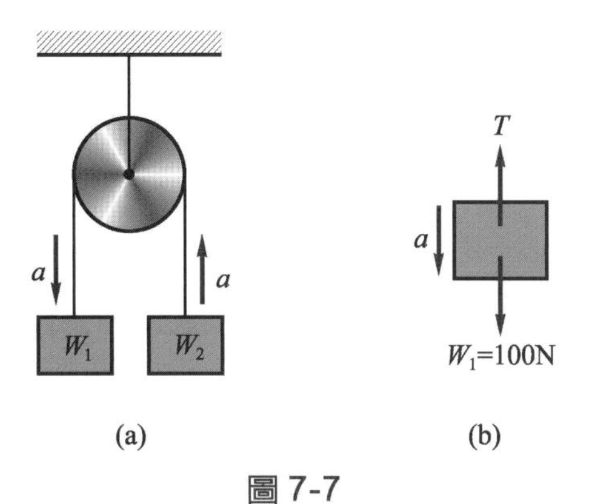

圖 7-7

解

因$W_1 > W_2$，故W_1下降W_2上升，以整個系統爲自由體如圖 7-7(a)所示

$$\therefore 100 - 50 = \frac{(100 + 50)}{9.8} \times a$$

$$\therefore a = \frac{9.8}{3}\text{m/sec}^2$$

$V_o = 0$，$t = 3\text{sec}$，$V = ?$

由$V = V_o + at$　$\therefore V = 0 + 3 \times \dfrac{9.8}{3} = 9.8\text{m/sec}(\downarrow)$

次以W_1爲自由體如圖 7-7(b)所示

$$100 - T = \frac{100}{9.8} \times \frac{9.8}{3}$$

$\therefore T = 66.7\text{N}$

故繩子張力爲 66.7N

W_1靜止釋放 3 秒後之速度爲 9.8m/sec($\downarrow$)

例題 7.8

如圖 7-8(a)中，A、B及C各重 5kg、10kg 及 15kg，聯結B及C之繩係通過一無重量光滑之滑輪，若A及B與平面之$\mu = 0.20$，試求A與B之加速度及其間線繩之張力。

解

A與平面間之摩擦力 $f_A = 0.2 \times 5 = 1\text{kg}$

B與平面間之摩擦力 $f_B = 0.2 \times 10 = 2\text{kg}$

$f_A + f_B = 1 + 2 = 3\text{kg}$，$W_2 = 15\text{kg}$，$15\text{kg} > 3\text{kg}$

故　系統運動方式爲A、B向右，C向下運動

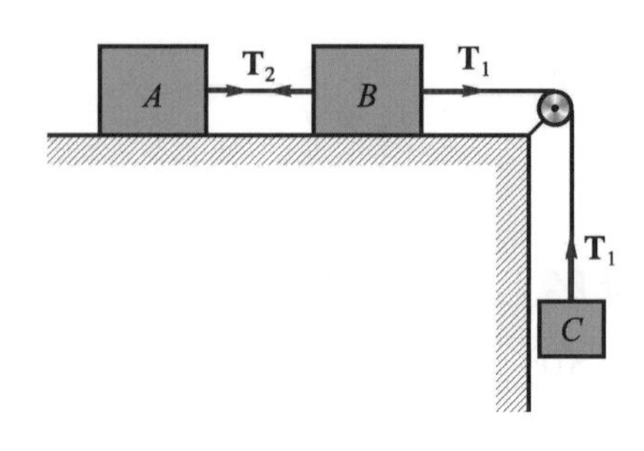

(a)

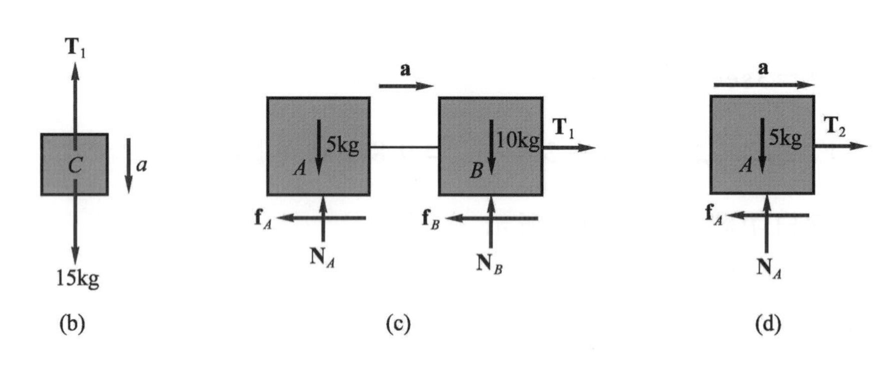

(b)　(c)　(d)

圖 7-8

如C與B間之繩子張力爲T_1，B與A間之繩子張力爲T_2

以C物爲自由體如圖 7-8(b)所示

$$15 - T_1 = \frac{15}{9.8} \times a \cdots\cdots ①$$

以A及B一起爲自由體，如圖 7-8(c)所示，視T_2爲內力

$$T_1 - 0.2 \times 10 - 0.2 \times 5 = \frac{10 + 5}{9.8} \times a \quad \cdots\cdots ②$$

聯立①②得$T_1 = 9\text{kg}$，$a = 3.92\text{m/sec}^2$

以A物爲自由體，如圖 7-8(d)所示

$$T_2 - 0.2 \times 5 = \frac{5}{9.8} \times 3.92$$

$\therefore T_2 = 3\text{kg}$

故　$T_1 = 9\text{kg}$，$T_2 = 3\text{kg}$，$a = 3.92\text{m/sec}^2$

例題 7.9

如圖 7-9(a)所示$W_1 =$ 10kg，$W_B = 20\text{kg}$，以一繩跨過定滑輪，不計滑輪重量，W_1與斜面間爲光滑，當自由運動時，繩之張力及運動之加速度各若干？

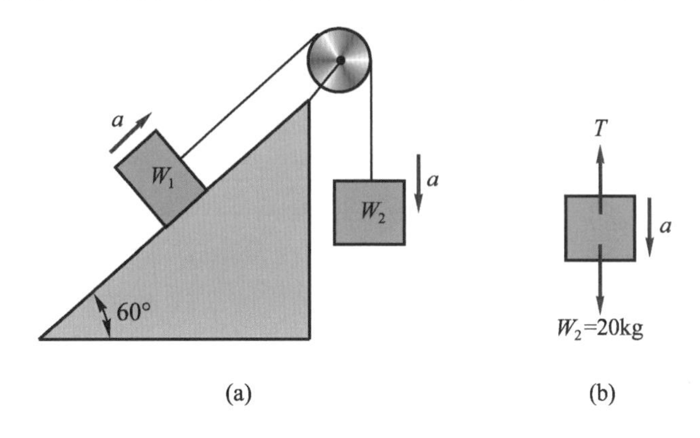

圖 7-9

解

W_1之下滑力$= 10 \sin 60° = 8.66\text{kg}$

因 20kg > 8.66kg，故系統運動方式爲W_1向上，W_2向下運動

以整個系統爲自由體如圖 7-9(a)所示

$$\therefore 20 - 8.66 = \frac{20 + 10}{9.8} \times a$$

$\therefore a = 3.70\text{m/sec}^2$

次以W_2爲自由體如圖 7-9(b)所示

$$20 - T = \frac{20}{9.8} \times 3.70$$

$\therefore T = 12.5\text{kg}$

故繩子張力$T = 12.5\text{kg}$，運動之加速度$a = 3.70\text{m/sec}^2$

例題 7.10

有二物重$W=40$kg，及$G=30$kg，如圖 7-10(a)所示之佈置，設滑輪與繩間之摩擦及重量不計，而假定G物向下移動，求此G物之加速度及其間繩子之張力各若干？

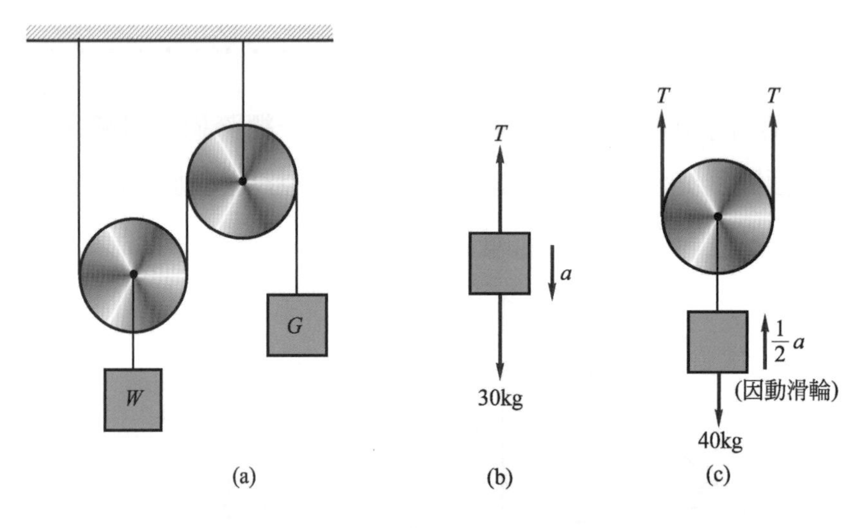

圖 7-10

解

以G為自由體，如圖 7-10(b)所示，設G物之加速度為a，則

$$30-T=\frac{30}{9.8}\times a\cdots\cdots①$$

以動滑輪及W物一起為自由體，如圖 7-10(c)所示，則

$$2T-40=\frac{40}{9.8}\times\frac{1}{2}a\cdots\cdots②$$

聯立①②得$a=2.45\text{m/sec}^2$，$T=22.5$kg

故G物之加速度$a=2.45\text{m/sec}^2(\downarrow)$，其間繩子張力$T=22.5$kg

( ) *1.* 一軟繩兩端分別懸掛 10kg與 15kg重之物體而繞於一個無摩擦之定滑輪上，則運動時物體之加速度大小為 (A)1.96 (B)3.27 (C)4.21 (D)5.88 (E)6.21 m/sec^2。

( ) *2.* 如圖 7-11，物塊$A = 3kg$，$B = 2kg$，所有滑輪均為定滑輪，若重力加速度值$g = 10m/sec^2$，且不計一切接觸面之摩擦力及滑輪之慣性矩，則繩子之張力為多少牛頓？ (A)10 (B)12 (C)14 (D)16。

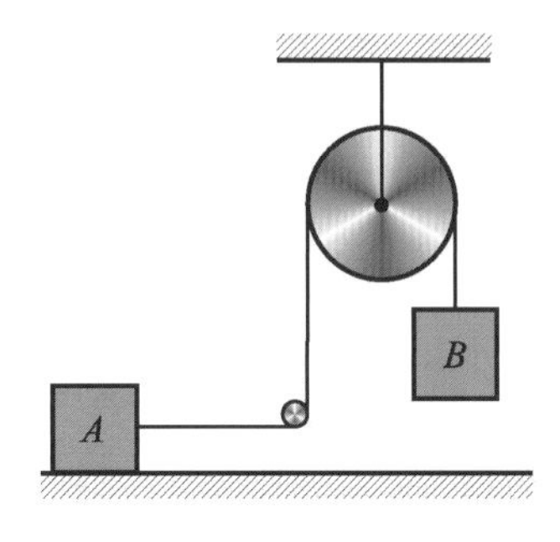

圖 7-11

( ) *3.* 如圖 7-12 之物塊M重 40kg，由一繩和置於光滑平面之物塊m連結，物塊m則重 10kg，若由靜止釋放 1 秒後，物塊M下移之距離最接近 (A)3.0 (B)3.5 (C)4.0 (D)4.5 公尺。

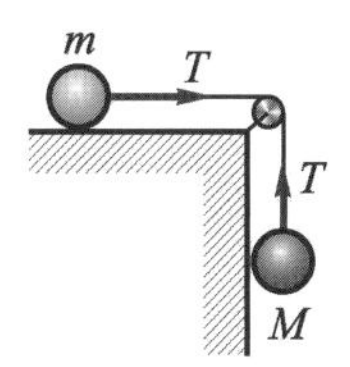

圖 7-12

( ) *4.* 如圖 7-13 所示為一滑輪裝置，A物體重量為$W_A$kg、B物體重量為$W_B$kg，忽略繩與滑輪間之摩擦及滑輪本身之重量，重力加速度為gm/sec^2，若A物體向下移動且$W_B = W_A$，則A物體之加速度為若干m/sec²？ (A)0.3g (B)0.4g (C)0.5g (D)0.6g。

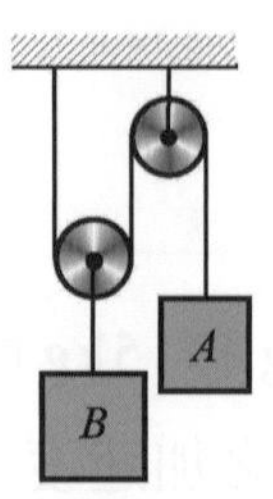

圖7-13

7.3 向心力與離心力

7.3-1 向心力(Centripetal Force)

1. 向心加速度：

一物體作圓周運動時，因其速度、方向時時改變，而產生之加速度，其方向恆指向圓心，稱之爲向心加速度或法線加速度或沿徑加速度，其大小爲：

$$a_n=\frac{V^2}{r}=V\cdot\omega=r\omega^2$$

2. 向心力：

由牛頓第二運動定律可知發生向心加速度必須有一力作用於旋轉物體上，並且此力必須與向心加速度同一方向，即指向中心，故稱爲向心力。其大小爲：

$$F=m\cdot a_n=m\cdot\frac{V^2}{r}=m\cdot r\omega^2$$

7.3-2 離心力(Centrifugal Force)

物體作圓周運動時，因其運動方向隨時改變，故物體本身具有之慣性將會產生一慣性力。由牛頓第三運動定律可知，有作用力必有反作用力，因此，物體作圓周運動時，其慣性力之方向爲離心者，稱爲離心力，其大小與向心力相等，方向與向心力相反，即

$$F' = -F$$

7.3-3　向心力與離心力之實例

1. 繩施於旋轉物體之拉力。
2. 容器對於器內旋轉物體之壓力。
3. 洗衣機之脫水槽是利用離心力使水向外脫出。
4. 車輛轉彎時必須有向心力：

⑴ 當水平路面時

　　向心力取自輪緣與路面間之摩擦或運動物體自行傾斜後產生向心力。

⑵ 傾斜路面(外軌超高問題)。

　　列車在半徑爲R之彎道上繞行時，須將車軌作一斜角，俾使車重與軌面之反作用力N合成一向心力與因轉彎而生之離心力而平衡。如圖 7-14 之說明。

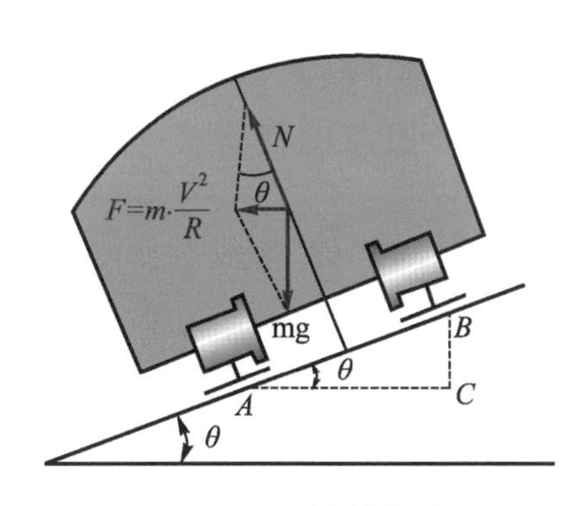

圖 7-14　外軌超高

如θ：路基與水平面應作之角度

　V：列車行駛速度

由力圖知 $\tan\theta=\frac{F}{mg}$，而 $F=$ 向心力 $=m\cdot\frac{V^2}{R}$

$$\therefore \tan\theta=\frac{m\cdot\frac{V^2}{R}}{mg}=\frac{V^2}{Rg}$$

$$\therefore \theta=\tan^{-1}\frac{V^2}{Rg}$$

在圖中 $\triangle ACB$ 中，AB：軌距，BC：超高

$$\tan\theta=\frac{BC}{AC}(\because \theta\text{甚小}\quad \therefore AC\doteqdot AB)$$

$$=\frac{BC}{AB}=\frac{V^2}{Rg}$$

$$\therefore BC=\frac{V^2}{Rg}\cdot AB$$

即超高 $=\frac{V^2}{Rg}\times$ 軌距

例題 7.11

以重量0.1kg之石結於長1m之繩之一端，他端爲固定，使在水平面內以2rps之速度而迴轉，求繩所生之張力爲若干？

解

$W=0.1\text{kg}$，$l=r=1\text{m}$

$\omega=2\text{rps}=2\times2\pi=4\pi\ \text{rad/sec}$

$T=F=?$ 由 $F=\frac{W}{g}\cdot r\omega^2$

$$\therefore T=\frac{0.1}{9.8}\times1\times(4\pi)^2=1.61\text{kg}$$

例題 7.12

如圖 7-15 所示一質量為m之小球懸於一長為L之一輕線之一端，此小球以等角速度ω在一水平圓周上運動，試求繩中所受之張力及鉛直線所夾之角度(註：此擺為角錐擺)？

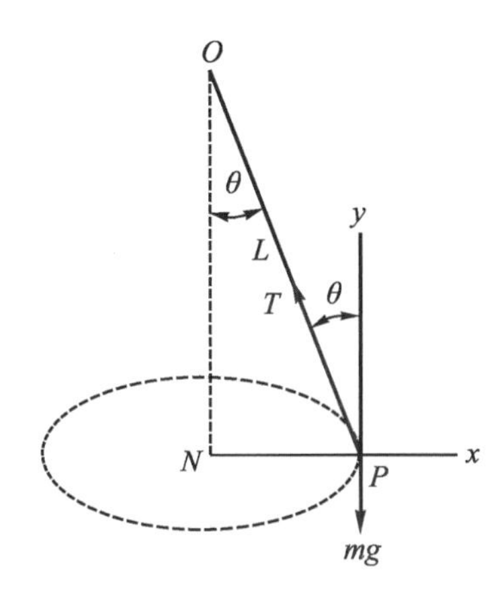

圖 7-15

解

設此球運動圓周之半徑為r

則$r = L\sin\theta$

因物體在鉛直方向上無加速度，故其受力應平衡，由

$+\uparrow \Sigma F_y = T\cos\theta - mg = 0 \cdots\cdots①$

而$T\sin\theta =$向心力$= m \cdot a_n = m \cdot r\omega^2$

$= m \cdot L\sin\theta \cdot \omega^2$

$\therefore T = m \cdot L\omega^2$代入①

$\therefore m \cdot L\omega^2 \cdot \cos\theta - mg = 0 \quad \therefore \cos\theta = \frac{g}{\omega^2 L}$

即 $\theta = \cos^{-1}\frac{g}{\omega^2 L}$

故 $T = mL\omega^2$，$\theta = \cos^{-1}\frac{g}{\omega^2 L}$

例題 7.13

一火車行駛之速率爲 100km/hr，彎道半徑爲 1000m，軌距爲 1.435m，試求所需超高e爲若干？

解

$V = 100\text{km/hr} = 27.8\text{m/sec}$

$$e = \frac{V^2}{Rg} \times 軌距 = \frac{(27.8)^2}{1000 \times 9.8} \times 1.435 = 0.113\text{m} = 11.3\text{cm}$$

7.3-4 鉛直面圓周運動

以細線結懸一小物體m，執住一端點O，令其在鉛直面內旋轉時，此運動並不爲一等速圓周運動，其在上行時爲減速運動而下行時爲加速運動。如圖 7-16 所示，圓周半徑爲R。

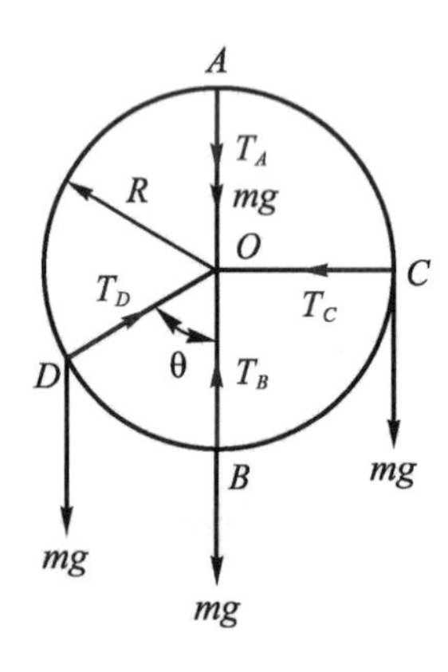

圖 7-16 鉛直面圓周運動

1. 在最高點時(A點)：

 (1) 繩之張力T_A：T_A＝離心力減去物重$= m\dfrac{V_A^2}{R} - mg$

 (2) 臨界速度：能繼續作圓周運動之最小速度，即當$T_A = 0$時

$$\therefore m \cdot \frac{V_{min}^2}{R} = mg \quad \therefore V_{min} = \sqrt{gR}$$

2. 在最低點時(B點)：

(1) 繩之張力T_B：T_B＝離心力與物重之和$= m \cdot \frac{V_B^2}{R} + mg$

(2) 臨界速度：V_B'

由$V_B'^2 = (\sqrt{gR})^2 + 2g \cdot 2R = 5gR$

$\therefore V_B' = \sqrt{5gR}$

(3) 繩之臨界張力(經過最低點時之最小張力)：T_B'

$$T_B' = m \cdot \frac{5gR}{R} + mg = 6mg$$

3. 繩成水平時(C點)：

(1) 繩之張力T_C：T_C＝離心力$= m \cdot \frac{V_o^2}{R}$

(2) 臨界速度：V_C'

由$V_C^2 = (\sqrt{gR})^2 + 2gR = 3gR$

$\therefore V_C' = \sqrt{3gR}$

(3) 繩之臨界張力：T_C'

$$T_C' = m \cdot \frac{3gR}{R} = 3mg$$

4. 任意點(D點)：

繩之張力$T_D = \frac{mV_D^2}{R} + mg\cos\theta$

本節之敘述亦可由第八章功與能之觀念研討。

例題 7.14

以重量7.2kg之物體，結於長1m之繩上，使其在垂直面以105rpm之速率迴轉時，略去物體速率上之誤差，試求物體在最高點與最低點及水平位置繩之張力。

解

物體在最高點時：

$$T=\text{離心力減去物重}=\frac{7.2}{9.8}\times 1\times\left(\frac{105\times 2\pi}{60}\right)^2-7.2=81.4\text{kg}$$

物體在水平位置時：

$$T=\text{離心力}=\frac{7.2}{9.8}\times 1\times\left(\frac{105\times 2\pi}{60}\right)^2=88.6\text{kg}$$

物體在最低點時：

$$T=\text{離心力與物重之和}=\frac{7.2}{9.8}\times 1\times\left(\frac{105\times 2\pi}{60}\right)^2+7.2=95.8\text{kg}$$

隨堂練習

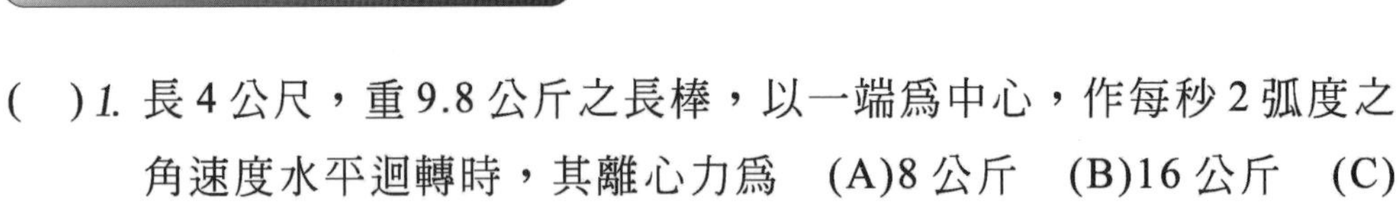

(　)1. 長4公尺，重9.8公斤之長棒，以一端為中心，作每秒2弧度之角速度水平迴轉時，其離心力為　(A)8公斤　(B)16公斤　(C)32公斤　(D)78.5公斤　(E)86.4公斤。

(　)2. 一碗形之光滑半圓球，半徑10cm，一物體質量為10g自半圓球面邊緣沿內球面下滑，物體滑至最低時半圓球面對物體所施之作用力為多少g？　(A)60　(B)50　(C)40　(D)30。

(　)3. 一質量0.2kg之球，以一繩繫之，以等速V在半徑為20cm之直立圓周上轉動，則V最小需為多少cm/sec才能保持圓周運動？　(A)80　(B)100　(C)120　(D)140。

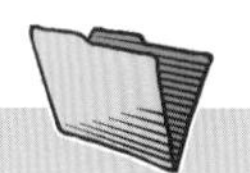

本章重點整理

1. 牛頓三基本定律之討論：
   (1) 慣性及牛頓第一運動定律：
      ① 慣性：
         ❶ 物體欲保持其靜止或運動狀態的特性稱爲慣性。
         ❷ 欲改變物體運動狀態，必須打破物體之慣性，故打破物體慣性之作用稱爲力。
      ② 牛頓第一運動定律(慣性定律)，(伽利略慣性定律)：
         ❶ 定律內容：物體不受外力作用(或所受外力之合力爲零)時，靜者恆靜，動者恆依直線作等速運動。
         ❷ 定律討論：
            (a) 此定律在說明慣性與力之關係。
            (b) 此定律即當$\Sigma F=0$，亦即$a=0$(V=一定)下。
   (2) 牛頓第二運動定律(牛頓運動定律)：
      ① 定律內容：物體受外力作用後，必沿力之方向產生加速度，此加速度之大小與所受外力成正比，與質量成反比，即$F=ma$
      ② 定律討論：
         ❶ 數力同時作用於一物體時，則沿作用之每一方向產生一加速度，而運動各不相關，稱爲力的獨立性。
         ❷ 數力同時作用於一物體時，其所生之合加速度與合力成正比，且方向與合力一致，即$\Sigma F=K$、m、Σa。
         ❸ 第一運動定律(慣性定律)實爲第二運動定律之內容，即當$a=0$ ($F=0$)。
      ③ 力的單位($M \cdot L \cdot T^{-2}$)：
         ❶ 力的絕對單位。

$F = m \times a$	
CGS 制	達因(dyne)＝克(gm)×厘米／秒²(cm/sec²)
MKS 制	牛頓(nt)＝仟克(kg)×米／秒²(m/sec²)
FPS 制	磅達(Pdl)＝磅(lb)×呎／秒²(ft/sec²)

❷ 力的重力單位：即單位質量之物體在緯度 45°海平面上所受之重力大小稱為一單位重力。

CGS 制：克重(gm)

MKS 制：仟克重(kg)

FPS 制：磅重(lb)

❸ 絕對單位與重力單位之換算。

1 克重＝980 達因

1 仟克重＝9.8 牛頓

1 磅重＝32.2 磅達

(3) 牛頓第三運動定律(反作用定律)：

① 作用與反作用：

❶ 作用：甲物體施於乙物體之力稱為作用。

❷ 反作用：乙物體同時還加於甲物體之力稱為反作用力。

② 定律內容：大凡一作用力必生一反作用力，大小相等，方向相反，即

$$\vec{F}_{1\to2} = -\vec{F}_{2\to1}$$

③ 定律討論：

❶ 因 $\vec{F}_{1\to2} = -\vec{F}_{2\to1}$

$\therefore ma = -Ma'$，由於同時產生故 $a = \frac{V}{t}$，$a' = \frac{V'}{t}$

$\therefore m \cdot \frac{V}{t} = -M \cdot \frac{V'}{t}$ 即$mV = -MV'$(動量＝質量×速度)

故第三定律可說明爲「作用之動量與反作用之動量大小相等，方向相反」。

❷ 作用力與反作用力是作用在不同的兩個物體上，故雖大小相等，方向相反，也不能抵消。

❸ 作用力與反作用力，對二物而言，彼此互爲外力，將個別產生加速度，而方向相反。

❹ 作用力與反作用力對於包含兩物體所構成之系統而言，稱爲內力，此內力不影響整個系統之運動。

2. 滑輪運動：

滑輪之運動問題必須注意：

(1) 滑輪型式。

(2) 運動方向之判斷。

(3) 自由體圖之繪製。

3. 向心力與離心力：

(1) 向心加速度(法線加速度)(沿徑加速度)：

$$a_n = \frac{V^2}{R} = R \cdot \omega^2$$

(2) 向心力及離心力：

$$F = m \cdot a_n = m\frac{V^2}{R} = m \cdot R\omega^2$$

(3) 討論：

① 向心力是物體作圓周運動之原因不是物體作圓周運動產生向心力

② 車輛轉彎時，必須有向心力

❶ 水平路面：向心力爲輪緣與路面間之摩擦力，或者運動體自行傾斜以產生向心力。

❷ 傾斜路面：火車轉彎時路軌常爲外高內低，設火車速度爲V，旋轉一半徑爲R之彎路，路軌與路基有θ之傾斜，則

$$\tan\theta=\frac{V^2}{Rg}\text{，亦即}\frac{V^2}{R}=g\tan\theta=a_n$$

故火車轉彎時，速率因R而受限制。

如外側較內側之高(超高)爲e，軌距爲S，則

$$e=\frac{V^2}{Rg}\cdot S$$

(4) 鉛直面圓周運動：

非等速運動，上行時是減速，下行時是加速。

① 最高點：

❶ 繩之張力：$T=$離心力減去物重。

❷ 臨界速度：$V_{\min}=\sqrt{gR}$。

② 水平位置

❶ 繩之張力：$T=$離心力。

❷ 臨界速度：$V'=\sqrt{3gR}$。

❸ 臨界張力：$T'=3mg$。

③ 最低點：

❶ 繩之張力：$T=$離心力與物重之和。

❷ 臨界速度：$V'=\sqrt{5gR}$。

❸ 臨界張力：$T'=6mg$。

學後評量

(　)1. 一物體若不具加速度時，此物體　(A)不可靜止　(B)必作等速運動　(C)必作等速率運動　(D)可能作等速運動。

(　)2. 重24kg之物體，以30m/sec之速度運動，若以方向相反3.5kg之力阻止其運動，則經　(A)11　(B)21　(C)31　(D)41　秒後停止。

(　)3. 一物體受一向上之力，向上加速運動，此力之大小必須等於　(A)物體之質量與加速度之乘積　(B)物體之質量與加速度之乘積再加物體之重量　(C)物體之重量　(D)物體之重量與加速度之乘積。

(　)4. 兩個5.0牛頓之作用力以互成60°作用於10kg之物體上，則物體之加速度大小為　(A)0.87　(B)0.5　(C)0.2　(D)1.4　m/sec^2。

(　)5. 有一傾斜之彎道，寬20m，其外緣比內緣高1m彎道之$R=128$m，若地面無甚大之摩擦，則車以何速率行駛該彎道最安全？($g=10m/sec^2$)　(A)6　(B)8　(C)10　(D)12　m/sec。

(　)6. 某單擺在垂直位置時繩子所受之張力恰為錘重之兩倍，則其最大擺角為　(A)30°　(B)37°　(C)45°　(D)60°。

(　)7. 一軟繩兩端分別懸掛10kg與5kg之物體，而繞於一無摩擦之滑輪上，如圖7-17所示，則5kg之物體其加速度為　(A)9.8　(B)3.3　(C)4.9　(D)6.6　m/sec^2。

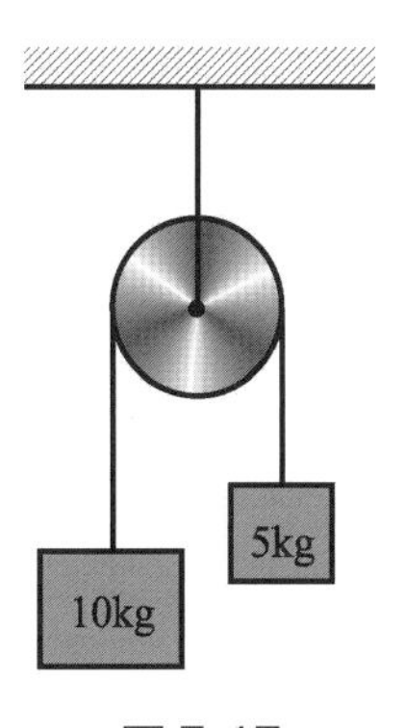

圖7-17

(　)8. 有一20kg重之物體置於一水平桌面上，如圖7-18所示，以一繩繫之，此繩繞過一無摩擦之小滑輪而另吊一物體，該物體之起始位置高於地板5m，此懸吊物於2秒後碰及地面，若該20kg重之物體與桌面之摩擦係數為0.3，則此懸吊物之重量為　(A)18.92　(B)9.5　(C)14.9　(D)10.9　kg。

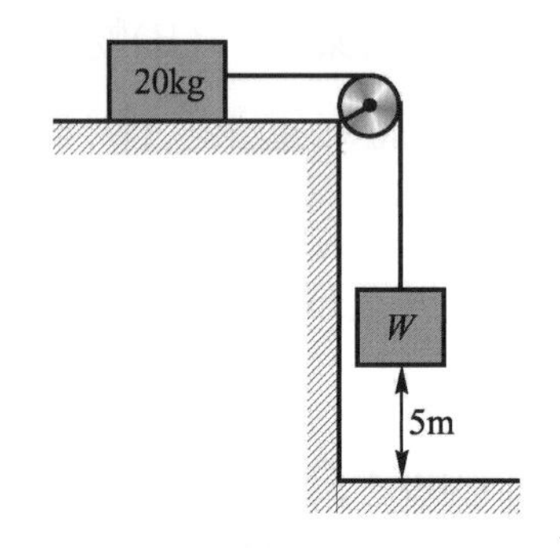

圖7-18

(　)9. 一騎士作鐵籠飛車表演，設鐵籠半徑為R，則此車在最高點時之最小速度為　(A)0　(B)$\sqrt{gR}$　(C)$\sqrt{2gR}$　(D)$\sqrt{5gR}$。

(　)10. 物體2kg，以2m繩繫之在鉛直面內，作速率4m/sec之圓周運動，當繩與鉛直線成60°時，則繩中張力為　(A)1　(B)3　(C)6　(D)10　牛頓。

習題

1. 有一重98kg之物體置於一水平表面上，如果物體與平面間之摩擦數爲0.1，今欲施一定之水平力，使其於2sec內，由靜止狀態達4m/sec之速度，問此一定之水平力爲若干？
2. 有一10kg之水平力作用於一爲60kg之物體上，此60kg之物體又推於一40kg之物體上如圖所示，如果此二物體係置於一無摩擦之平面上，問兩物體間之相互作用力爲若干？

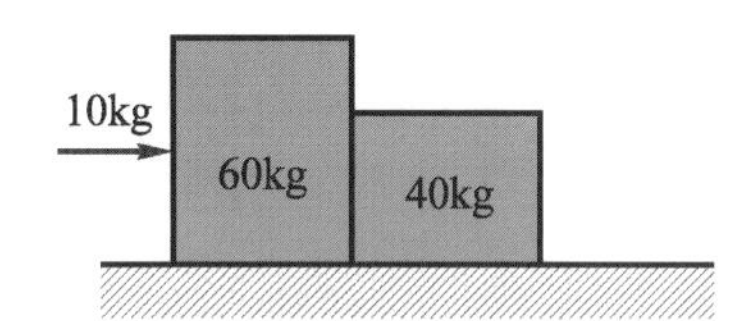

3. 以繩繞於滑輪，懸重9kg 及7kg，如圖所示，求運動之加速度及繩之張力。

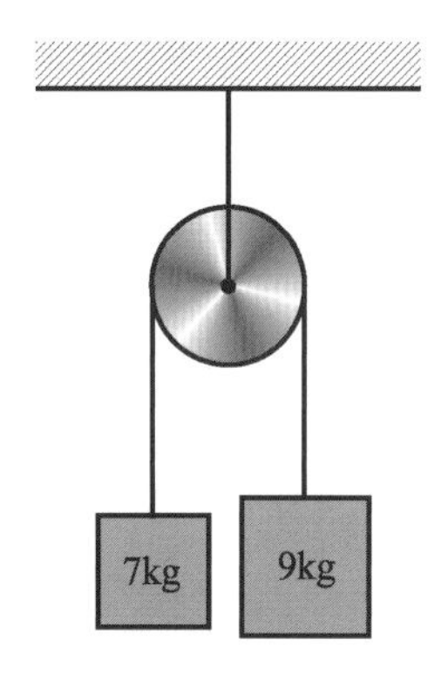

4. 以線懸質量爲10克之物體，試就物體(1)靜止時，(2)以10cm/sec 等速上升時，(3)以相同等速下降時，(4)以10cm/sec^{2}之加速上升時，(5)以相同等加速下降時及(6)以980cm/sec^{2}之加速下降時，求線之張力爲若干克？

5. 一物體重30kg，由一斜面上自靜止而自由滑下，設斜面之傾角爲60°，物體與斜面之摩擦係數爲0.20，試求物體4秒末之速度。

6. 一繩僅能支持2kg之重量，今用以旋轉一質量爲500gm之物體於一水平圓周上，其旋轉頻率爲2rps，試問繩之最長值爲若干？

7. 圖中，若10kg 重方塊從靜止開始，於20秒後落至地板上，試求：(1)方塊加速度，(2)繩中張力，(3)斜面與5kg間之摩擦力。

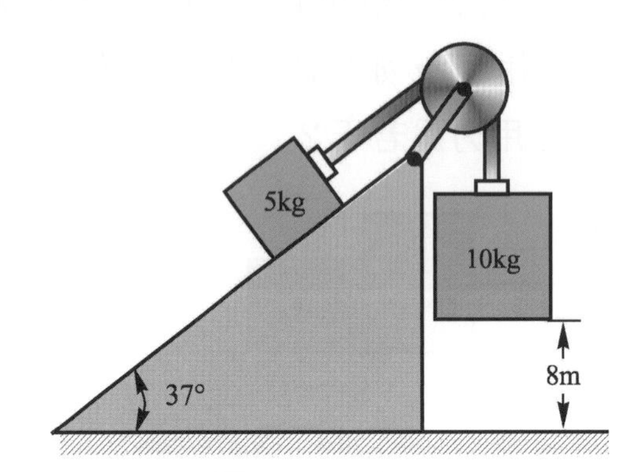

8. 三物體A、B、C以二繩連結之，使三物體以同一加速度運動如圖所示，如滑輪D無重量且無摩擦阻力，物體A重18kg，B重30kg，C重60kg，A與平面間之摩擦係數爲0.25，B與平面間之摩擦係數爲0.2，求(1)諸物體之加速度，(2)A與B間繩之張力T_1，(3)B與C間繩之張力T_2，各爲若干？

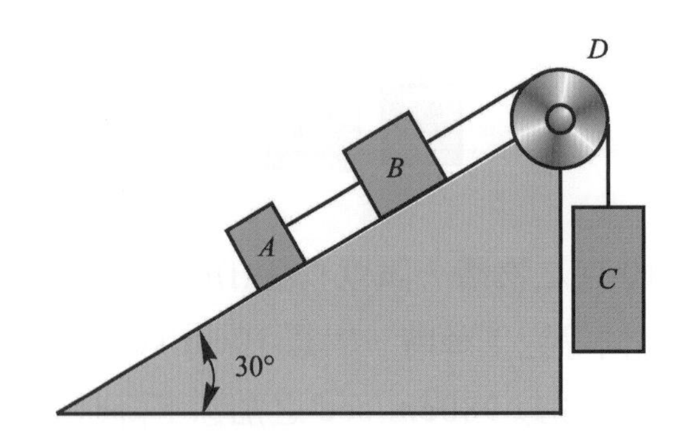

9. 如圖所示，一10kg物體以二繩繫結於垂直之桿上，當此系統以4rad/sec之角速度對桿之軸旋轉時，問在上、下方之繩之張力各爲若干？

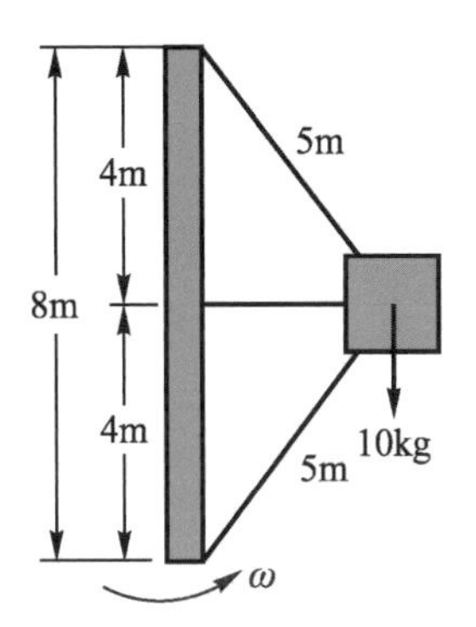

10. 設鋼軌間之寬度爲 1.43m，內外側鋼軌間之高度爲 3.8cm，鐵道線路之曲線狀半徑爲300m，求列車可在該曲線上行駛之速度爲若干km/hr？

CHAPTER 8

功與能

單元目標

本單元主要在說明功與能之意義及關係，並敘述能之損失及機械效率，讀者研讀本單元後，應具備以下能力：

- ◇ 瞭解功及功率之意義及單位。
- ◇ 能正確運算功及功率之問題。
- ◇ 知道如何求取運動體之動能。
- ◇ 瞭解如何求取一個物體由於位置改變而產生之位能。
- ◇ 瞭解彈性體彈性位能與形變之關係。
- ◇ 瞭解機械能不滅原理、能量不滅原理。並能應用原理，正確運算問題。
- ◇ 瞭解轉動之功及功率之意義。並能正確運算問題。
- ◇ 瞭解物體轉動慣量之意義及公式。
- ◇ 知道如何求取迴轉體之動能。
- ◇ 瞭解機械中之能量損失，並知道如何計算機械效率。

8.1 功及其單位

8.1-1 功(Work)

如力作用於物體，使物體沿力之方向發生位移時，稱爲作用力對物體作功。其大小爲力與位移之乘積。

如以W：功，F：力，S：位移

則$W = F \times S$

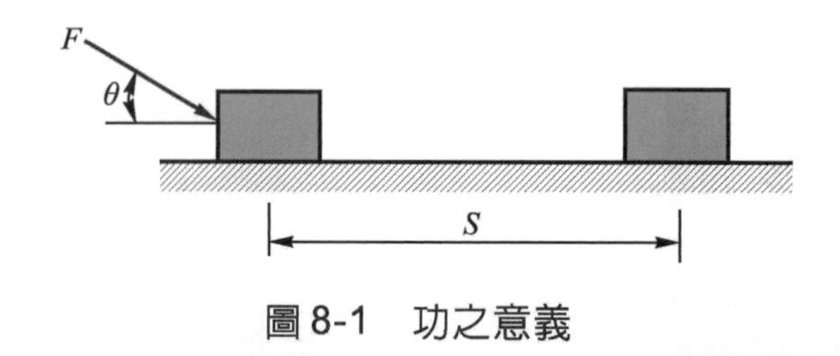

圖 8-1　功之意義

如作用力與位移之方向不一致成一夾角θ時，如圖 8-1 所示。

則$W = F \cdot S\cos\theta = F \cdot (S\cos\theta) =$ 力×有效位移

$= (F\cos\theta) \cdot S =$ 有效力×位移

1. $\theta = 0°$，$\cos\theta = 1$，即作用力與位移方向一致者。

   $W = F \cdot S$，即作用力對物體作功。

2. $\theta = 90°$，$\cos\theta = 0$，即作用力與位移成垂直者。

   $W = 0$，即作用力對物體不作功。

3. $\theta = 180°$，$\cos\theta = -1$，即作用力與位移方向相反者。

   $W = -F \cdot S$，即反作用力對物體作功。

故如一力對一物體作功，必須要滿足二條件：⑴物體必須要有位移，⑵在位移之方向必定有力或其分力之作用。

功係一無向量，有大小正負之分，但無方向可言，故有數力作用於一物體，欲求其合功，僅按代數和相加即可。

8.1-2 功之單位

功之單位由力之單位及長度導出，故其因次式爲$[F] \cdot [L]$，按力可分重力單位及絕對單位兩種，故功之單位可列出如表 8-1 所示。

表 8-1 功之單位

系統 \ 單位	重力單位	絕對單位
厘米、克、秒制	公克-公分	爾格(達因-厘米)
C.G.S	gm-cm(cm-gm)	erg
米、仟克、秒制	仟克-米(公斤-公尺)	焦耳(牛頓-米)
M.K.S	kg-m(m-kg)	Joule
呎、磅、秒制	呎-磅	呎-磅達
F.P.S	ft-lb	ft-poundal

功之各單位間之關係如下：

1 公斤-公尺＝10^5公克-公分＝98×10^6爾格＝9.8 焦耳＝7.218 呎磅

1 呎-磅＝32.2 呎-磅達

1 焦耳＝10^7爾格＝0.7376 呎-磅

例題 8.1

一物體重 100kg 沿一水平地板以一水平力推之，使其以等速行 20m，物體與地板間之滑動摩擦係數爲 0.3，試問作功若干？

解

因等速前進，故水平推力＝最大靜摩擦力

$\therefore F=\mu N=0.3\times100=30\text{kg}$

$W=F\times S=30\times20=600\text{kg-m}$

例題 8.2

如圖 8-2(a)中之A物塊重 25kg，置於光滑斜面上，物塊由靜止開始沿斜面運動 2 秒，求在此時間內物體所作之功？

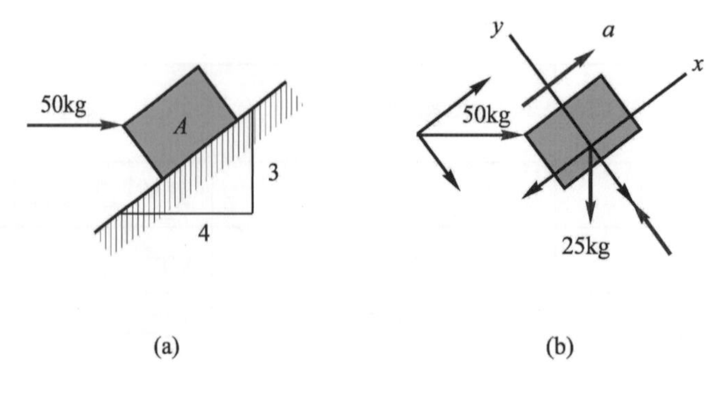

(a) (b)

圖 8-2

解

以A物爲自由體如圖 8-2(b)所示

由$\Sigma F = ma$

$$\therefore 50 \times \frac{4}{5} - 25 \times \frac{3}{5} = \frac{25}{9.8} \times a$$

$$\therefore a = 9.8\text{m/sec}^2 \left(\text{斜率 } 3/4 \right)$$

$V_o = 0$，$t = 2\text{sec}$，$S = ?$

$$\therefore S = \frac{1}{2} \times 9.8 \times 2^2 = 19.6\text{m}$$

$$W = F \times S = \left(50 \times \frac{4}{5} - 25 \times \frac{3}{5}\right) \times 19.6 = 490\text{kg-m}$$

8.2 功率及其單位

8.2-1 功率(Power)

凡就單位時間內所作之功稱為功率，亦即作功之時間變率。

故功率$=\dfrac{功}{時間}$，設於時間t內所作功為W，則功率

$$P=\frac{W}{t}=\frac{F\times S}{t}=F\cdot V=力\times平均速度$$

8.2-2 功率之單位

按功及時間之單位而定，故其因次式為$[F]\cdot[L]\cdot[T]^{-1}$，亦可分為重力單位及絕對單位兩種，如表8-2所示。

功率在應用上尚有馬力(Horse Power，HP)及仟瓦(瓩)(kilo-watt，kW)。

表8-2　功率單位

系統＼單位	重力單位	絕對單位
厘米、克、秒制	公克-公分／秒	爾格／秒(達因-厘米／秒)
C.G.S	gm-cm/sec	erg/sec
米、仟克、秒制	公斤-公尺／秒	瓦特(焦耳／秒)(牛頓-米／秒)
M.K.S	kg-m/sec	Watt
呎、磅、秒制	呎-磅／秒	呎-磅達／秒
F.P.S	ft-lb/sec	ft-poundal/sec

1HP = 550ft-lb/sec = 76.1kg-m/sec

= 746W，但工程上應用 1HP = 75kg-m/sec

$$1\text{kW}=1{,}000\text{W}=\frac{4}{3}\text{HP}=102\text{kg-m/sec}$$

8.2-3 功與功率之關係

因功率＝功／時間，故以"功率×時間"爲單位亦可表示功，在實用上常以仟瓦小時(kW-hr)表示功之多少。一仟瓦小時爲一仟瓦之功率在一小時所作之功，即

$$1\text{kW-hr} = 3.6\times10^{6}\text{Joule}$$

亦有馬力小時(HP-hr)者，比照上述，則

$$1\text{HP-hr} = 1.98\times10^{6}\text{ft-lb}$$

注意馬力小時與仟瓦小時均爲功之單位，非功率單位。

例題 8.3

設有起重機在10秒間以等速度將10,000kg重物升至6m之高度，則其功率爲若干馬力？若干仟瓦？

解

由 $P=\dfrac{F\cdot S}{t}$，故

$$P=\frac{10{,}000\times6}{10\times75}=80\text{ 馬力}$$

$$=80\times\frac{3}{4}=60\text{ 仟瓦}$$

例題 8.4

汽車以100馬力及60km/hr之等速行駛。試求引擎施於汽車之向前推力爲若干kg？

解

$V = 60\text{km/hr} = \dfrac{60 \times 1{,}000}{3{,}600} = 16.7\text{m/sec}$

向前推力在V之運動方向，因$P = FV$，故

$100 \times 75 = F \times 16.7$

$\therefore F = 449\text{kg}$

隨堂練習

( )1. 一人提一重10kg之水桶走上一長50m傾斜30°之斜坡，則此人對水桶作功為 (A)0 (B)250 (C)430 (D)500 kg-m。

( )2. 有關單位之敘述下列何者錯誤？ (A)牛頓是力的單位 (B)牛頓／米^{2}是應力單位 (C)1kW＝1000瓦特 (D)米／秒^{2}是加速度單位 (E)焦耳是功率單位。

( )3. 一個500公斤重之物體置於光滑水平面上，用一與鉛直方向成30度之10牛頓力推之，使移動20米，則作功為 (A)50牛頓-米 (B)70牛頓-米 (C)80牛頓-米 (D)90牛頓-米 (E)100牛頓-米。

( )4. 某人體重為63公斤，於30分鐘內攀登一高120公尺之山頂，試求此人之功率為若干馬力？ (A)0.034 (B)0.028 (C)0.056 (D)0.064 (E)0.072。

8.3 動能與位能

能(Energy)與功之關係至為密切。猶如前所述，功由力完成，而力必有一物體作用之，故功係因受作用力之物體所吸收(接受)。此物體可以作功；即因其含有能，因之一物體之能，即為其作功之本領。物體因性質、位置，與運動情況，而具有不同作功能力。於力學中所討論之能，為由物體位置及

形態改變而來者，稱爲位能(Potential Energy)，如高處之流水，流下時可推動機械；張開之弓，鬆手可發射箭矢等。又若能由物體之運動而來者，稱爲動能(Kinetic Energy)，如發射之槍彈，可以穿木破甲；高速之颱風，可以摧毀房屋等。就力學之討論範圍，位能與動能，合稱爲機械能(力學能)(Mechanical Energy)。

8.3-1 動能(E_K)

運動中之物體，其具有之動能，係以使該物體發生此項運動，或使該運動物體靜止，所需之能量度之，常以E_K表示之。若欲使質量爲m之物體，由V_1速度變爲速度V_2之移動，必須對其施力F，並需作用一距離S，由圖8-3所示。

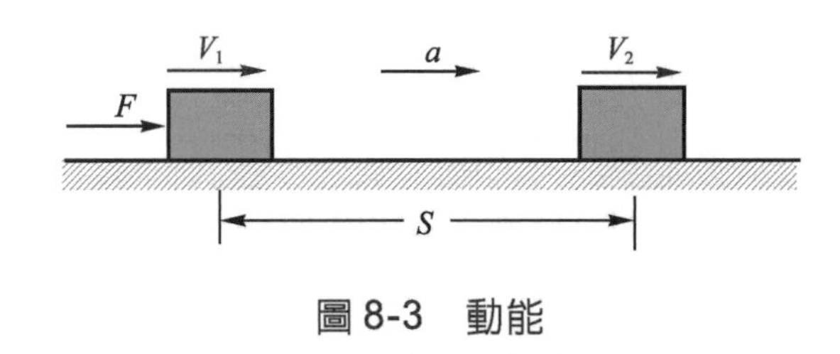

圖 8-3 動能

即物體動能之改變量等於外力對該物體所作之功

$$\Delta E_K = F \times S$$

如物體於運動過程中之加速度爲a，則因

$$F = ma$$

及 $$V_2^2 = V_1^2 + 2aS$$

即 $$S = \frac{V_2^2 - V_1^2}{2a}$$

故 $$\Delta E_K = F \times S = ma \cdot \frac{V_2^2 - V_1^2}{2a} = \frac{1}{2}m(V_2^2 - V_1^2)$$

如$V_1 = 0$時，$E_K = \dfrac{1}{2}mV_2^2$

1. 動能為無向量，單位和功相同，但

$$E_K=\frac{1}{2}mV^2 \cdots\cdots\cdots\cdots\cdots \text{絕對單位}$$

$$E_K=\frac{1}{2}\cdot\frac{w}{g}V^2 \cdots\cdots\cdots \text{重力單位}$$

2. 動能$E_K=\frac{1}{2}mV^2$純係以質量及其運動速度表示之，與使物體起動之力及所行之距離無關。
3. 動能僅與當時的運動狀態有關，而與如何達到此狀態的過程無關。
4. 動能與動量：
   (1) 動量與物體之運動速度成正比；動能與速度的平方成正比。動量是向量，而動能是無向量。
   (2) $P=mV \cdots\cdots\cdots\cdots$ ①

   $E_K=\frac{1}{2}mV^2 \cdots\cdots$ ②

   即　$P=\sqrt{2mE_K}$　或　$E_K=\frac{P^2}{2m}$
   (3) 兩物體動量相等時，動能與質量成反比。
   (4) 兩物體動能相等時，動量與質量之開平方根成正比。

例題 8.5

設重量 1,000kg 之貨物以 9m/min 之速度往下降，因制動機作用減為3m/min之速度，試求制動機所吸收之能為若干？

解

制動機所吸收之能＝所減少之動能

$$\therefore \text{所吸收之}E=\frac{1}{2}\times\frac{1,000}{9.8}\times\left[\left(\frac{9}{60}\right)^2-\left(\frac{3}{60}\right)^2\right]=1.02\text{kg-m}$$

8.3-2 位能(勢能)

位能可分為重力位能與彈性位能兩種。前者係由物體在重力場中之位置改變而來，後者則由型態改變所致。

1. 重力位能(E_P)：

   物體於重力場中之位能，須視物體之重量及其所昇之高度而定，常以E_P表示。將質量為m之物體鉛直上移h之高，則反抗重力之功為mgh，此功即使物體獲得位能，即

   $E_P = mgh$……絕對單位
   $\quad = wh$ ……重力單位

2. 彈性位能(應變位能)(U)：

   彈性物體受力變形後，如所受之力不超過物體之彈性限度，則其具有一恢復力，此恢復力係因彈性物體受力變形所儲之應變位能而生者。當外力除去時，物體回復原來狀態，此恢復力即可作功。例如彈簧，當受其壓力而縮短X長度時，設其恢復力為F，因恢復力與縮短之長度成正比，故於壓縮過程中，其平均恢復力F_a為：

   $$F_a = \frac{O + F}{2} = \frac{F}{2}$$

   由此可得使該彈簧或任一彈性物體壓縮(或拉伸)X長度所作之功，或其彈性位能，常以U表示之。

   $$W = F_a \cdot X = \frac{F}{2} \cdot X = U$$

   又由虎克定律知，在彈性限度內，對彈性物體作用力與該力作用所生變形之位移成正比，即

   $$F = kX$$

   式中k為比例常數亦稱彈簧常數，以牛頓／米，公斤／米或磅／呎表之。

   故彈性位能$U = \frac{k}{2}X^2$，其單位與功相同，視k之單位而定為絕對或重力單位。

例題 8.6

今有一10kg之重錘，自高出木樁頂端2m處自由落下，可將木樁擊入土中0.2公尺，試求此木樁於土中所受之平均阻力。(木樁質量不計)

解

重錘自由落下所減少之位能，等於將木樁擊入土中時所作之功。設木樁所受之平均阻力為$\mathbf{F}_a$，則

$F_a \times 0.2 = 10 \times (2 + 0.2)$

$\therefore F_a = 110\text{kg}$

例題 8.7

一物體重75kg，自距離彈簧最高端3m處落下，彈簧隨即壓縮，彈簧常數$k = 400\text{kg/cm}$，試求⑴彈簧之變形(縮短)若干？⑵此彈簧被壓縮至2cm時其速度為何？(彈簧質量不計)

解

⑴物體所減少之位能＝彈簧之彈性位能

設彈簧之變形為S^m，則

$75 \cdot (3 + S) = \frac{1}{2}(400 \times 100) \cdot S^2$

$\therefore S = 0.108\text{m}$

⑵物體所減少之位能＝彈簧之彈性位能＋物體之動能，則

$75 \cdot (300 + 2) = \frac{1}{2} \cdot 400 \cdot 2^2 + \frac{1}{2} \cdot \frac{75}{980} \cdot V^2$

$\therefore V = 755.7\text{cm/sec} = 7.557\text{m/sec}$

隨堂練習

( ) *1.* 兩物體動能相等時 (A)較重物體動量較大 (B)較輕物體之動量較大 (C)兩物體之動量亦相同 (D)動量與質量成正比例。

( ) *2.* 質量相等之物體A及B，A之速度爲10m/sec，B之速度爲15m/sec，則B之動能爲A之幾倍？ (A)1.5 (B)1.75 (C)2.25 (D)2.75 (E)3.25。

( ) *3.* 有一物體重60kg，自彈簧上端4m處落下，以致彈簧被壓縮。若彈簧常數爲400kg/cm，試求彈簧縮短若干？ (A)8.5cm (B)11.1cm (C)13.4cm (D)20.0cm。

8.4 能量不滅定律

8.4-1 位能與動能之變化

設質量爲m之物體，在重力場中做上升或下降的運動時，落下時至高度h_1之B平面，其速度爲V_1，至高度爲h_2之A平面，其速度爲V_2，則由B平面至A平面時，如圖8-4所示。

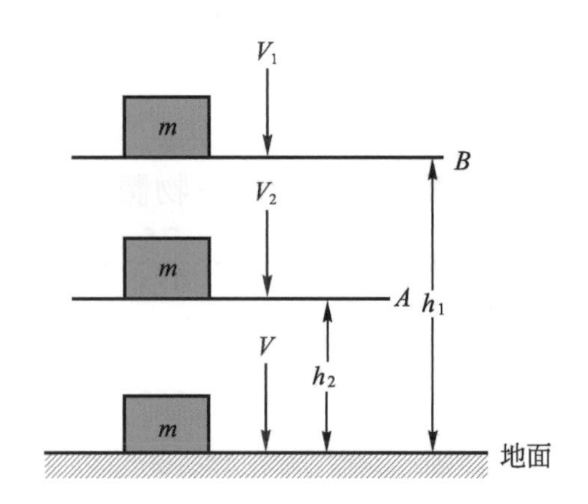

圖8-4 位能與動能之變化

位能減少$=mg(h_1-h_2)$

動能增加$=\frac{1}{2}m(V_2^2-V_1^2)$

由物體之運動情形：

$$V_2^2=V_1^2+2g(h_1-h_2)$$

得 $g(h_1-h_2)=\frac{1}{2}(V_2^2-V_1^2)$

或 $mg(h_1-h_2)=\frac{1}{2}m(V_2^2-V_1^2)\cdots\cdots①$

故

1. 位能減少＝動能增加。
2. 同理，物體上拋時，位能增加＝動能減少。
3. 亦即物體在各位置時，能量之總和常為定值，動能與位能有週期性互變。

8.4-2 機械能不滅原理(力學能守恆定律)(Law of Conservation of Mechanical Energy)

由上節①式移項得

$$mgh_1+\frac{1}{2}mV_1^2=mgh_2+\frac{1}{2}mV_2^2$$中知

「一個或一組物體，若對外無能之授受，對內亦未因摩擦而消耗能，則機械能之形式可改變而總和恆為一定值，此為機械能不滅原理」。

8.4-3 能量不滅定律(能量守恆定律)

1. 在一系統內之能量，可由一種形式變為他種形式，但其總量不變，此為能量不滅定律。
2. 亦即外界所供給之能或所作之功$=(E_{K_2}-E_{K_1})+(E_{P_2}-E_{P_1})+W_f$，$W_f$為所消耗之功。
3. 因此宇宙間之總能恆一定不變的。

例題 8.8

在開始時圖 8-5 中所示之系統爲不動者，其後因兩物體之重量不等而發生運動；當二物體移動到相距S之距離時，此系統之位能與開始時之位能相差多少？又此時此系統之動能爲多少？(假設無摩擦力，物體之重量如圖 8-5 所示)

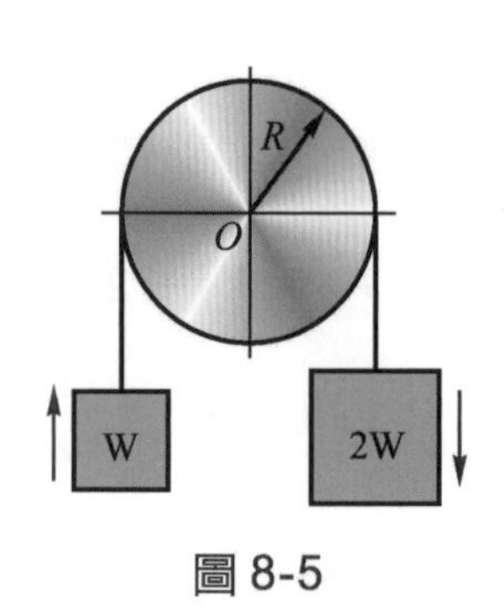

圖 8-5

解

當二物體相距S之距離，每一物體將僅移動$\frac{S}{2}$之距離

故位能相差$=W\cdot\frac{S}{2}-2W\cdot\frac{S}{2}=-\frac{WS}{2}$(位能減少)

由位能之減少＝增加之動能

故此時此系統之動能$=\frac{WS}{2}$

例題 8.9

如圖 8-6 所示，一 40kg 之物體，以一平行斜面之力$P=60$kg 推之使其沿斜面上行 50m，斜面之傾斜角爲 30°，斜面與物體間之摩擦係數爲 0.20，試求：⑴施此P力共作功若干？⑵計算此物體所增加之動能，⑶計算此物體所增加之位能，⑷計算克服摩擦之功。

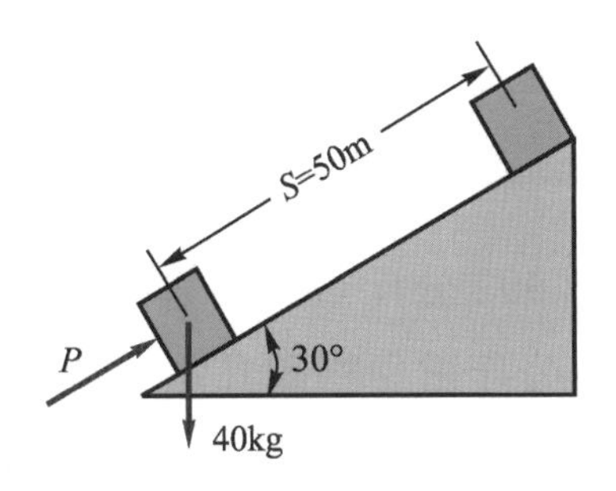

圖 8-6

解

(1)P力所作之功爲

$W = P \cdot S = 60 \times 50 = 3{,}000\text{kg-m}$

(2)所增加之E_K

由$\Sigma F = ma$

$\therefore 60 - 40\sin 30° - 0.2 \times 40\cos 30° = \dfrac{40}{9.8} \times a$

$\therefore a = 8.1\text{m/sec}^2$

$V_o = 0$，$S = 50\text{m}$，$V = ?$

$V^2 = 2aS = 2 \times 8.1 \times 50 = 810$

$E_K = \dfrac{1}{2} \times \dfrac{40}{9.8} \times 810 = 1{,}653\text{kg-m}$

(3)$E_P = Wh = 40 \times 50\sin 30° = 1{,}000\text{kg-m}$

(4)克服摩擦之功$W_f = f \times S = (0.2 \times 40 \times \cos 30°) \times 50 = 347\text{kg-m}$

或以$E_T = E_K + E_P + W_f$計算其結果亦相同

( ) *1.* 有一能量可使一個 392 公斤重之物體以 10m/s之速度運動，則此能量可使一個 100 公斤重之物體升高多少公尺？ (A)20 (B)25 (C)30 (D)35 (E)40。

( ) *2.* 如圖 8-7 所示，物體沿光滑無摩擦之滑道下滑，若在A點時物體爲靜止，則物體滑到B點時之速度爲 (A)$5\sqrt{2}$m/sec (B)$6\sqrt{2}$m/sec (C)$7\sqrt{2}$m/sec (D)$8\sqrt{2}$m/sec。

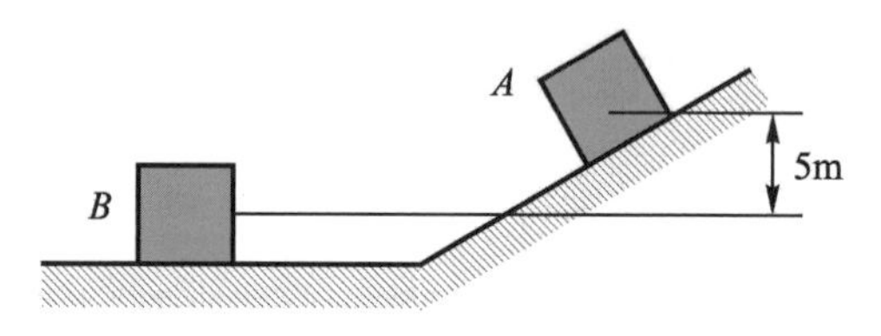

圖 8-7

( ) *3.* 圖 8-8 所示，一質量m物體，由靜止沿一光滑圓弧滑動 90°至B點，已知$m=10$kg，$g=10\text{m/s}^2$，$r=5$m，試求到達B點之速度 (A)50m/s (B)100m/s (C)30m/s (D)10m/s。

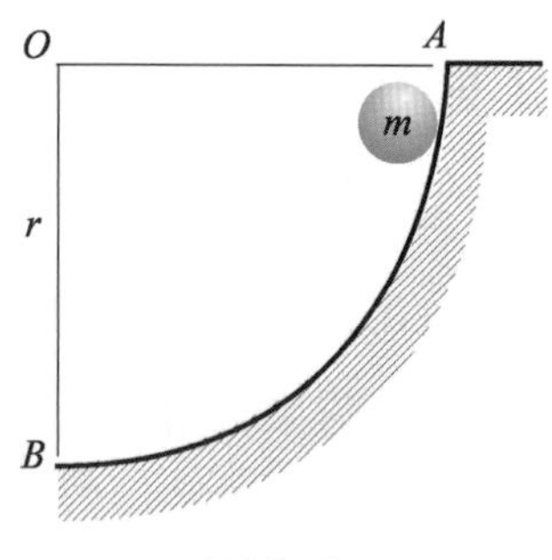

圖 8-8

8.5 能的損失與機械效率

在各種機械中，由於機件之摩擦、撞擊、噪音、發光…等等的因素，使輸入機械的能量，只有一部份得以輸出作功，而其他部份在功能轉換時，變爲熱、聲、光等能量此種能量對機械輸出的功毫無助益，稱爲能量的損失。此種損失在任何機械中均無法避免，但我們卻一直在努力，希望此種能量損失減至最小。

機械之好壞，固然是以其所損失之能量愈少愈佳，但只看能量損失的多少，並不足以說明機械之優劣，而應視其能量損失率而定。一般言之，我們均以機械效率說明一機械之性能，即

$$\text{機械效率} = \frac{\text{輸出功}}{\text{輸入功}} \times 100\,\% = \frac{\text{輸出功率}}{\text{輸入功率}} \times 100\,\%(< 100\,\%)$$

$$= \frac{W_0}{W_i} \times 100\,\% = \frac{P_0}{P_i} \times 100\,\%$$

例題 8.10

欲將一50kg之物體以機器升高25m，需作功1,500kg-m，試求此機器之效率。

解

$$\text{機械效率} = \frac{W_0}{W_i} = \frac{50 \times 25}{1,500} \times 100\,\% = 83.3\,\%$$

例題 8.11

起重機在10秒內將340kg之土絞起4.5m高，土斗本身重爲70kg，設該機之效率爲70％，求起重機之馬力數。

解

$$效率=\frac{P_0}{P_i}\times 100\%$$

$$\therefore \frac{70}{100}=\frac{\frac{(340+70)\times 4.5}{10\times 75}}{P_i}$$

得P_i＝3.51HP，故起重機之馬力數爲3.51HP

※8.6 轉動所須施之功及迴轉體之能

8.6-1 轉動所施之功及功率

1. 轉動所施之功：

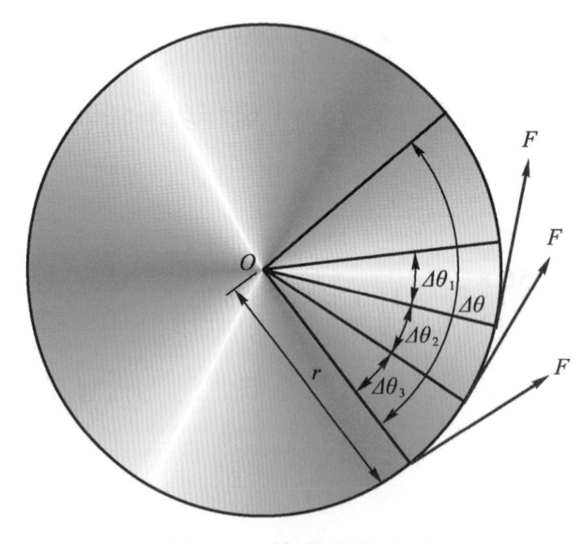

圖 8-9 轉動所施之功

一迴轉輪之半徑為r，在輪緣上作用一切線力F，如圖 8-9 所示，若$\Delta\theta$取得甚小，則$\Delta\theta$所對之圓弧成為一段直線，若以此直線代表一位移S，則此位移S與F之指向一致，且有$S = r \times \Delta\theta$，故力$F$在角位移$\theta$所對之弧上所作之功為：

$$
\begin{aligned}
W &= \Delta W_1 + \Delta W_2 + \Delta W_3 + \cdots \\
&= Fr\Delta\theta_1 + Fr\Delta\theta_2 + Fr\Delta\theta_3 + \cdots \\
&= Fr(\Delta\theta_1 + \Delta\theta_2 + \Delta\theta_3 + \cdots) \\
&= F \cdot r \cdot \Delta\theta
\end{aligned}
$$

Fr為力F對迴轉中心O之轉動力矩(T)，則

$$W = T \cdot \theta$$

故「迴轉體所作之功為力矩與角位移之乘積」，其單位視力矩之單位而定。

2. 轉動之功率：

若轉動θ弧度需要t時間，則其功率P為

$$P = \frac{T \cdot \theta}{t}$$

但θ/t為轉動之角速度，若以ω表之，則

$P = T \cdot \omega$ （P與T之單位系統須一樣，ω為 rad/sec）

故 「迴轉體之功率為力矩與角速度之乘積」。

8.6-2 轉動慣量

物體具有維持現有轉動狀態之性質，稱為轉動慣性。

1. 轉動定律：轉動體所生之角加速度與其所受之力矩和成正比。

即$\Sigma T \propto \alpha$

$\therefore \Sigma T = I\alpha \cdots\cdots$①

2. 轉動慣量：

物體轉動慣性之值，以I代表

⑴ 由①式中I爲比例常數，即爲轉動慣量

故 $I=\dfrac{T}{\alpha}$

⑵ 一質點繞一軸之轉動慣量，等於質點之質量及軸線間垂直距離之平方乘積，即

$I=m\cdot r^2$

⑶ 如物體係由多質點組成者，則

$I=\Sigma mr^2$

⑷ 由迴轉半徑，定出轉動慣量，即

$I=MK^2$或$I=\dfrac{W}{g}\cdot K^2$

幾個截面形狀之迴轉半徑K：

① 物體內半徑r，外半徑R之圓輪，其截面積方形者

$K=\sqrt{\dfrac{R^2+r^2}{2}}$

如圖 8-10(a)中所示

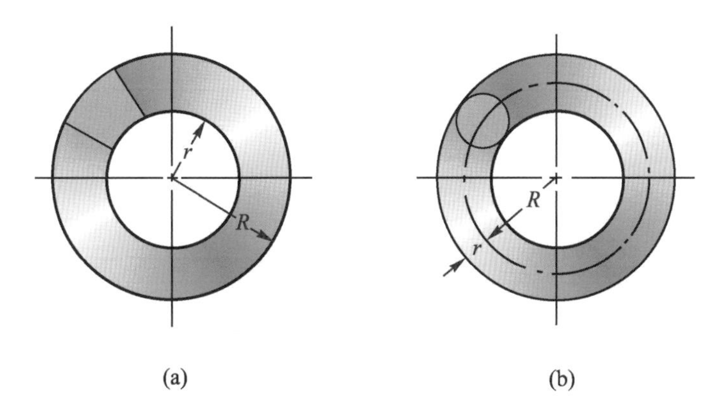

圖 8-10　截面形之迴轉半徑

② 設物體之平均半徑R，輪之截面積爲圓形，而半徑爲r，則

$$K=\frac{1}{2}\sqrt{3r^2+4R^2}$$

如圖 8-10(b)中所示

③ 設物體爲圓盤或圓柱形，其外半徑爲R者(即①中$r=0$)

$$K=\frac{R}{\sqrt{2}}$$

(5) 常用簡單形體之轉動慣量I之值，如本書附錄五所示

3. 轉動慣量I之單位：

可分重力及絕對單位，即

$$I=MK^2\cdots\cdots\text{絕對單位}$$

$$I=\frac{W}{g}K^2\cdots\cdots\text{重力單位}$$

或由$I=\dfrac{T}{\alpha}$中T之單位而定，如表 8-3 所示。

表 8-3　轉動慣量之單位

系統＼單位	重力單位 $I=\frac{W}{g}K^2$	絕對單位 $I=MK^2$
C.G.S	gm-cm-sec^2	dyne-cm-sec^2(gm-cm^2)
M.K.S	kg-m-sec^2	newton-m-sec^2(kg-m^2)
F.P.S	lb-ft-sec^2	poundal-ft-sec^2(lb-ft^2)

例題 8.12

以30牛頓-米之力矩，施於一飛輪上，飛輪所得之角加速度爲5rad/sec^2，經5sec試求(1)飛輪之轉動慣量，(2)飛輪之速度，(3)此力矩所作之功。

解

(1)由$T=I\cdot\alpha\quad\therefore I=\frac{T}{\alpha}=\frac{30}{5}=6\text{kg-m}^2$

(2)$\omega=\omega_0+\alpha t=0+5\times5=25\text{rad/sec}$

(3)$W=T\cdot\theta$

$$\theta=\omega_0 t+\frac{1}{2}\alpha\cdot t^2=0+\frac{1}{2}\times5\times5^2=62.5\text{rad}$$

$W=30\times62.5=1{,}875$ 焦耳

例題 8.13

輪帶緊邊之張力爲800kg，鬆邊之張力爲350kg，滑輪直徑2m，若滑輪之速率爲240rpm，試求其傳送之馬力若干？

解

$T=(800-350)\times\dfrac{2}{2}=450\text{kg-m}$

$\omega=\dfrac{240\times2\pi}{60}=8\pi\ \text{rad/sec}$

由$P=T\omega=\dfrac{450\times8\pi}{75}=150.7\text{HP}$

例題 8.14

一摩擦輪以 600rpm 之轉數而傳達 60HP 之動力，此輪之直徑 40cm，$\mu=0.3$，則接觸面所加之壓力爲若干？

解

摩擦輪之傳達功率，應知道摩擦力矩T

即$T=f\cdot r=\mu N\cdot r$

由$P=T\cdot\omega$

$\therefore 60\times75\times100=0.3\times N\times\dfrac{40}{2}\times\dfrac{600\times2\pi}{60}$

$\therefore N=1194\text{kg}$

故接觸面所加之壓力爲 1194kg

8.6-3 迴轉體之動能

施一力矩T於轉動慣量爲I之靜止物體上，使其發生一角加速度α，設其角位移爲θ時之角速度爲ω，則

轉動之動能(E_K)＝力矩所作之功，則

$$E_K = T\times\theta = I\cdot\alpha\cdot\frac{\omega^2}{2\alpha} = \frac{1}{2}I\omega^2$$

即$E_K = \frac{1}{2}I\omega^2$

其單位視I之單位而定爲重力或絕對單位如

$$E_K(\text{Joule}) = \frac{1}{2}(\text{kg-m}^2)\times\omega^2(\text{rad/sec})^2$$

$$E_K(\text{kg}-\text{m}) = \frac{1}{2}I(\text{kg}-\text{m}-\text{sec}^2)\times\omega^2(\text{rad/sec}^2)^2$$

例題 8.15

一汽車發動機之飛輪，欲使其轉速由600rpm減至540rpm時，釋出動能爲400kg-m，試求飛輪之慣性矩。

解

由$E_K = \frac{1}{2}I(\omega_1^2 - \omega_2^2)$

$$\therefore 400 = \frac{1}{2}I\left[\left(\frac{600\times2\pi}{60}\right)^2 - \left(\frac{540\times2\pi}{60}\right)^2\right]$$

$\therefore I = 1.07\text{kg-m-sec}^2$

隨堂練習

( ) 1. 某慣性矩爲20kg-m-sec²之飛輪承受5kg-m扭矩由靜止開始轉動，則一分鐘後，其角速度爲 (A)25 (B)20 (C)15 (D)10 rad/sec。

( ) 2. 一軸以每分鐘1000轉傳動10kW之功率，求軸所承受之扭矩爲多少N-m (A)15.6 (B)32.8 (C)54.6 (D)73.2 (E)95.5。

( ) 3. 某軸轉速爲1200rpm，扭矩爲15kg-m，則其所傳送之PS數約爲 (A)5 (B)15 (C)25 (D)以上皆非。

本章重點整理

1. 功及其單位：
   (1) 功之意義：施力於物體，使物體產生位移，則施力與沿力方向之位移之乘積稱爲施力對物體所作之功。(功＝力×位移，$W = F \cdot S \cdot \cos\theta$)
   (2) 功之正負：功爲無向量但有正負之分。
      ① $\theta = 0^\circ$，$W = F \cdot S$(施力與位移同一方向)
      ② $\theta = 90^\circ$，$W = 0$(施力與位移垂直)
      ③ $\theta = 180^\circ$，$W = -FS$(施力與位移方向相反：阻力所作之功)
   (3) 功之性質：
      ① 功之大小與力作用之時間無關
      ② 功之大小可測知能量之轉變量與消耗量
      ③ 施力如不在施力的方向上有任何分位移時不算作功。如抱石獨立狀頗辛苦，惟不作功
   (4) 功之單位：由力與距離之乘積定，即$[L]^2[M]^1[T]^{-2}$，看表 8-1。
2. 功率及其單位與功之關係：
   (1) 功率(Power)凡就單位時間內所作之功稱爲功率，亦即作功之時間變率。

   故 $P = \dfrac{W}{t} = \dfrac{F \cdot S}{t} = F \cdot V$

   (2) 功率之單位：按功及時間之單位而定，看表 8-2。

   1HP(馬力)＝ 550ft-lb/sec
   ＝75kg-m/sec
   ＝746Watt

1 仟瓦(瓩)(kW)＝1000Watt

$$=\frac{4}{3}\text{HP}$$

⑶ 功率與功之關係：

功＝功率×時間，故有二應用單位，即

1kW-hr ＝ 3.6×10^6Joule，1HP-hr ＝1.98×10^6ft-lb

故 仟瓦-小時及馬力小時爲功之單位。

3. 機械能(力學能)：

⑴ 能(Energy)物體具有作功之本領，曰能。故功與能互變。

① 能可分爲機械能及非機械能等

② 能爲無向量，單位與功相同

⑵ 機械能：可分動能及位能：

① 動能(E_K)：

❶ 外力對物體所作之功＝物體所增加之 E_K
物體所減少之 E_K＝物體所作之功
} 功能原理

$$E_K=\frac{1}{2}mV^2$$

❷ E_K爲無向量單位與功相同，但

$$E_K=\frac{1}{2}\cdot\frac{W}{g}\cdot V^2 \cdots\cdots \text{重力單位}$$

$$E_K=\frac{1}{2}mV^2 \cdots\cdots\cdots\cdots\cdots \text{絕對單位}$$

② 位能(勢能)(E_P)：

❶ 重力位能

$$E_P=mgh \cdots\cdots\cdots\cdots\cdots\cdots \text{絕對單位}$$
$$=Wh\cdots\cdots\cdots\cdots\cdots\cdots\cdots \text{重力單位}$$

❷ 彈性位能(畸變位能)(應變勢能)

$U=\frac{1}{2}KX^2$單位視K而定爲重力或絕對

4. 能量不滅定律：

(1) E_P與E_K之變化。

① E_P減少$=E_K$增加

② E_P增加$=E_K$減少，即E_K與E_P有週期性互變

(2) 機械能不滅原理：

$$mgh_1+\frac{1}{2}mV_1^2=mgh_2+\frac{1}{2}mV_2^2$$

(3) 能量不滅原理：

$$E_{\text{total}}=\Delta E_K+\Delta E_P+W_f$$

5. 轉動所需之功及迴轉體之能：

(1) 轉動所施之功(力矩所作之功)：

① $W=T\cdot\theta$單位隨T而定，θ一定爲rad

② 轉動慣量

❶ $I=\frac{T}{\alpha}$

❷ $I=mr^2$

❸ $I=\Sigma\, mr^2$

❹ $I=MK^2$或$\frac{W}{g}K^2$

③ 迴轉半徑

❶ 物體內半徑r，外半徑R之圓輪，截面方形，$K=\sqrt{\frac{R^2+r^2}{2}}$

❷ 物體平均外半徑R，內半徑r，截面圓形，$K=\frac{1}{2}\sqrt{3r^2+4R^2}$

❸ 設物體爲圓盤外徑R，$K=\frac{R}{\sqrt{2}}$

(2) 轉動之功率：

① 公式：

$$P=\frac{W}{t}=\frac{T\theta}{t}=T\omega$$

② 迴轉體之能：

$$E_K=\frac{1}{2}I\omega^2$$

6. 機械效率：

$$機械效率=\frac{輸出功}{輸入功}\times 100\ \%=\frac{輸出功率}{輸入功率}\times 100\ \%$$

學後評量

( ) 1. 一木塊質量爲m，放在傾斜 30°之斜面上，而木塊與斜面間之$\mu = 0.5$，則將木塊自斜面底沿斜面等速拉上一段距離S所作之功爲 (A)mgs (B)$mgs/2$ (C)$mgs(2+\sqrt{3})/4$ (D)$mgs(1+2\sqrt{3})/4$。

( ) 2. 一發動機之轉速爲 1800rpm 時，其輸出之功率爲 3000 瓦特，則其轉矩爲 (A)1.62 (B)97.4 (C)1.86 (D)16 kg-m。

( ) 3. 質量爲m之物體作自由落體運動，於第t秒內重力對物體所作之功爲 (A)mgt (B)$\frac{1}{2}mgt^2$ (C)$mg\left(t-\frac{1}{2}\right)$ (D)$mg^2\left(t-\frac{1}{2}\right)$。

( ) 4. 在粗糙水平地板上以V之速率推出一個質量爲m之物體時，在地板滑行d距離後停止，則木塊與地板間之動摩擦係數爲 (A)$2V^2/gd$ (B)$V^2/2gd$ (C)V^2/gd (D)$V^2/4gd$。

( ) 5. 質量 4kg 之重物自鉛直豎立之彈簧頂端上方 0.25m 處自由落下，若已知彈簧之力常數爲 10kg/m，則最大壓縮量爲 (A)1 (B)2 (C)0.5 (D)0.75 m，但g用10m/sec^2。

( ) 6. 物體之運動速度變成 3 倍時其動能變爲原來之 (A)1/3 (B)1 (C)3 (D)9 倍。

( ) 7. 設自深 360m 運礦石 1100kg 至地面，如此等速度需要 45 秒，則礦山用吊昇機之功率爲 (A)11.7 (B)117 (C)1.7 (D)59 HP。

( ) 8. 在迴轉動能中$1/2I\omega^2$如I爲kg-m^2，ω爲rad/sec，則E_K之單位爲 (A)kg-m (B)焦耳 (C)kg/m (D)kg/m^2/sec。

( ) 9. 質量m的物體受F之力作用在t秒內速度由v增爲nv，則此力所作之功爲 (A)Ft (B)$\frac{m}{2}nV^2$ (C)$\frac{m}{2}(n^2-1)V^2$ (D)$\frac{1}{2}FtnV^2$ (E)$\frac{m}{2}Ft^2n^2V^2$。

(　)10. 一單擺其擺動的最大幅角為 60°，則當擺角為 30°時與擺球擺到最低點時，其動能之比為 (A)$(\sqrt{2}+1):2$ (B)$(\sqrt{2}-1):1$ (C)$(\sqrt{3}+1):3$ (D)$(\sqrt{3}-1):1$ (E)$(\sqrt{3}+\sqrt{2}):3$。

習　題

1. 質量1kg之物體，受力作用後，得40cm/sec^{2}之加速度，而沿力之方向移動4m，問共作功多少kg-m？
2. 大煉鋼廠鼓風爐之高設為36m，如利用吊昇機械以每分鐘3噸之礦砂自地面運送至爐頂，則此吊昇機械之功率為若干馬力？
3. 高8公尺之瀑布每秒鐘流下之水量為14,000公升，則此可以運轉若干馬力之機器？
4. 有一抽水機，可於1分鐘內將1立方公尺的水，由8米深的井送至高12米的水塔上，問抽水機作功若干仟克米？功率為若干馬力？
5. 茲有重300ton之火車以10m/sec之速度往前駛，設有2ton之力在距離1km間作用於列車，則列車速度增大若干？
6. 將質量100克之物體以29.4米／秒之速度鉛直向上投射時，2秒後之動能及位能各為多少kg-m？
7. 一 2kg 之力能使紗門之彈簧伸長 10cm，如果開此紗門將彈簧拉伸30cm，試求彈簧之位能。
8. 設機車主動軸之轉速為3,600rpm而產生80HP之功率，試求機車主動軸之轉動力矩為若干kg-m？
9. 內徑198cm，外徑244cm截面積方形之飛輪，輪周重量為630kg，當100rpm時，試求其動能為若干？
10. 一架起重機能於每秒內，自一深12m之船艙內，吊起1ton之礦砂，若起重機之效率85％，試求其功與馬力各若干？
11. 有一圓軸，承受150kg-m之扭矩，且轉速為300rpm，則此軸能傳送之功率為若干公制馬力？
12. 假設利用一滑輪系，舉高30kg之重物，需6kg，如果所施之力行2m，重物升高0.25m，則滑輪系之機械效率為若干？

附　　錄

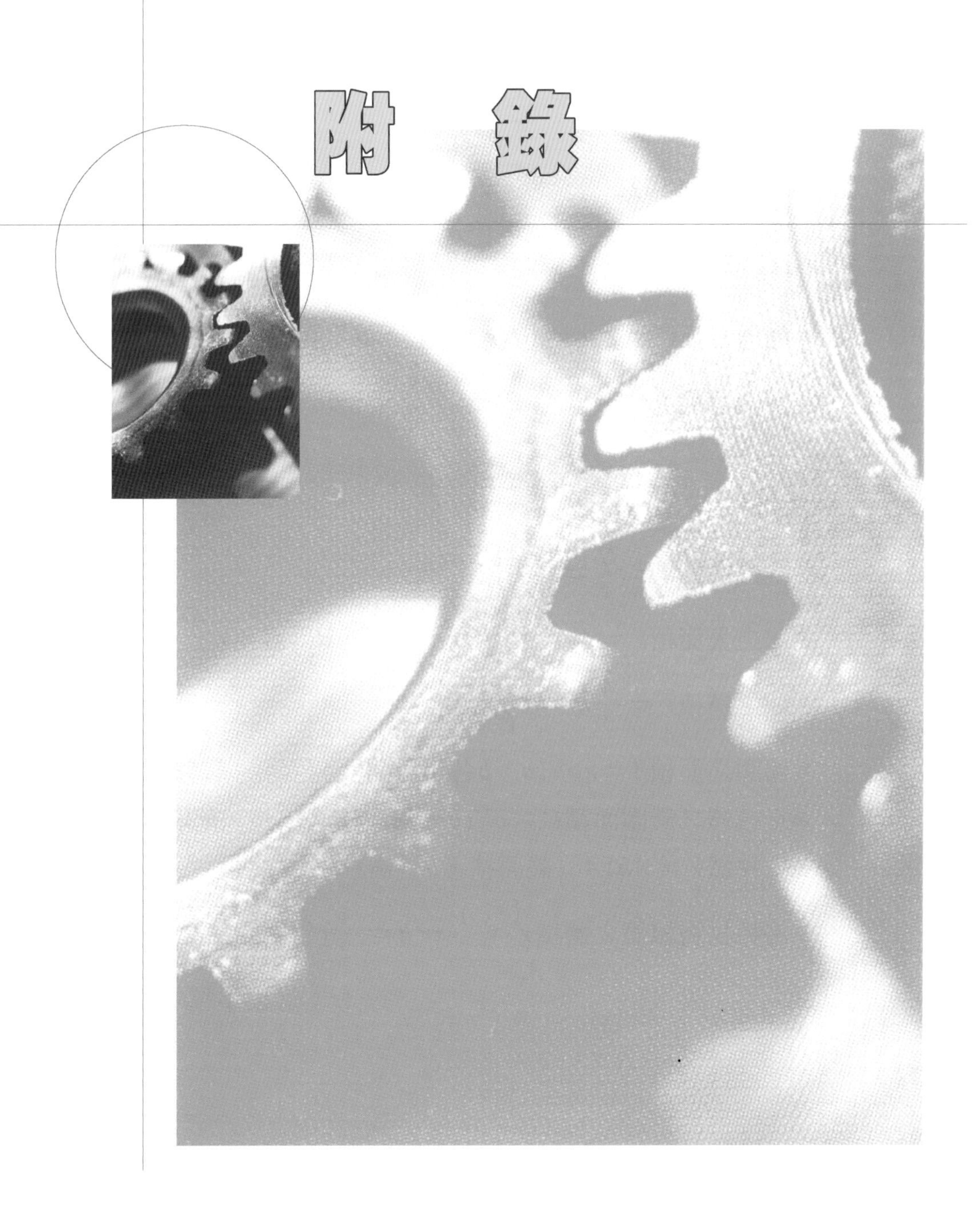

一、簡單之常數與公式

◉$\pi = 3.14159265359\cdots\cdots$

$= 3.142$(約)

$= \frac{22}{7} (= 3.143)$

$= \frac{355}{113} (= 3.1415929)$

◉$2\pi = 6.283$　　$\frac{1}{\pi} = 0.3183$　　$\frac{\pi}{4} = 0.7854$

$\frac{1}{2\pi} = 0.1592$　　$\frac{4}{\pi} = 1.273$　　$\log\pi = 0.4971$

$\log\frac{\pi}{4} = \bar{1}.8951$

◉圓周之長$C = 2\pi r = \pi d$ (r：半徑，d：直徑)

◉圓之面積$A = \pi r^2 = \frac{\pi}{4}d^2$

$$r = \frac{C}{2\pi} = \sqrt{\frac{A}{\pi}}$$

$$d = \frac{C}{\pi} = \sqrt{\frac{4A}{\pi}}$$

◉球之表面積$F = 4\pi r^2 = \pi d^2$ (r：半徑，d：直徑)

◉球之體積$V = \frac{4}{3}\pi r^3 = \frac{1}{6}\pi d^3$

◉橢圓之面積$A = \pi ab$ (a，b各半軸之長)

◉正柱體之周圍面積$F = ch$ (c：截面周圍之長，h：高)

◉正柱體$V = Ah$ (A：截面積，h：高)

◉旋轉拋物線體之體積$V = \frac{1}{2}\pi r^2 h = \frac{1}{2}$(包圍圓筒之體積)

(r：底面半徑，h：高)

◉地心引力之加速度$g = 9.79 \sim 9.81$，平均9.8m/sec^2

◉水 1 立方公分(cm^3)之重量＝1 公克(gram)

◉水 1 公升(liter)之重量＝1000 公克＝1 公斤(kg)

◉水 1 立方公尺之重量＝1000 公斤＝1 公噸

◉壓力 1 氣壓＝1 公斤／每平方公分＝約 10 公尺水柱之高

二、常用各單位之變換

1 吋＝2.54 公分
1 呎＝30.48 公分
1 哩＝1.609 公里
1 浬＝1.853 公里
1 公分＝0.3937 吋
1 公尺＝39.37 吋
1 公里＝0.6214 哩
1 公里＝0.5396 浬
1 呎＝12 吋
1 碼＝3 呎
1 哩＝5280 呎
1 浬＝1.152 哩
1 浬＝6080 呎

1 立方公尺＝35.31 立方呎
1 立方呎＝0.02832 立方公尺
1 甲＝9680 平方公尺
1 坪＝3.306 平方公尺
1 坪＝35.58 平方呎
1 甲＝2934 坪
1 立方坪＝6,01051 立方公尺
1 立方坪＝212.259 立方呎
1 平方公尺＝0.3025 坪
1 平方公尺＝10.76 平方呎
1 磅＝0.4536 公斤
1 磅＝16 英兩
1 加侖＝4 夸脫
1 公斤＝2.204 磅

力量單位換算表

公克(gm)	公斤(kg)	磅(lb)	達因(dyne)	牛頓(N)	磅達(poundal)
1	0.001	0.002204	980	0.0098	0.7097
1000	1	2.204	980000	9.8	70.97
453.6	0.4536	1	444528	4.44528	32.2
0.00102	0.00000102	0.000002249	1	0.00001	0.00007242
102	0.102	0.2249	100000	1	7.242
14.087	0.014087	0.031056	13805	0.13805	1

力矩、力偶矩單位換算表

公克-公分(gm-an)	公斤-公尺(kg-m)	磅-呎(lb-ft)	牛頓-公尺(N-m)
1	0.00001	0.00007231	0.000098
100000	1	7.231	9.8
13829	0.13829	1	1.3549
10204	0.10204	0.73806	1

三、用於力學之主要SI單位

物理量	單位	符號	公式
加速度	每秒每秒米	…	m/s^2
角度	弧度	rad	*
角加速度	每秒每秒弧度	…	rad/s^2
角速度	每秒弧度	…	rad/s
面積	平方米	…	m^2
密度	每立方米公斤	…	kg/m^3
能量	焦耳	J	N · m
力量	牛頓	N	$kg \cdot m/s^2$
頻率	赫茲	Hz	s^{-1}
衝量	牛頓-秒	…	kg · m/s
長度	米	m	*
質量	公斤	kg	*
力量力矩	牛頓-米	…	N · m
功率	瓦特	W	J/s
壓力	巴斯卡	Pa	N/m^2
應力	巴斯卡	Pa	N/m^2
時間	秒	s	
速度	每秒米	…	m/s
固體體積	立方米	…	m^3

四、桁架應力分析

1. 前言：

桁架爲由三角形組成之穩定構架，用以載重，如橋樑、屋架等，其所有各肢，只受張力或壓力，而不受彎曲力，但本書所分析之桁架，均依下列假定。

(1) 桁架之各桿均在同一平面，作用於桁架之諸外力亦與桁架同平面，是以桁架各桿件之內力均成同平面力系。

(2) 桁架之各桿件均屬剛體，於各桿端以光滑之銷釘連接，一切摩擦力均略去不計。因桿件屬於剛體，故各桿件受力後其長度不變，各桿件所構成之幾何圖形亦不變。

(3) 所有作用於桁架上之力及桁架之反力均作用於節點(即連接兩桿或兩桿以上之銷釘點)。

(4) 桿件本身之重量略去不計。

2. 桁架構成三角形之理由：

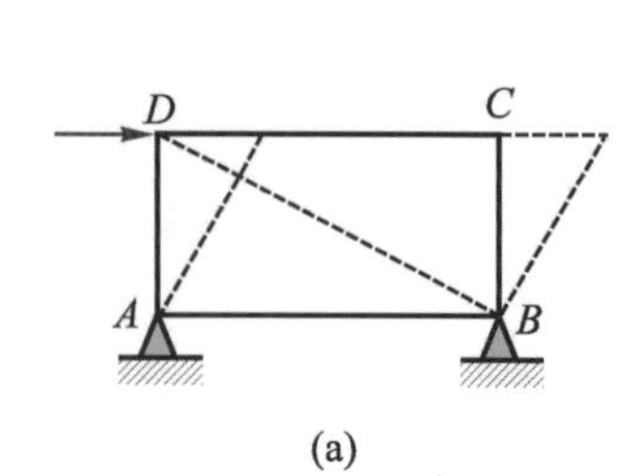

(a)

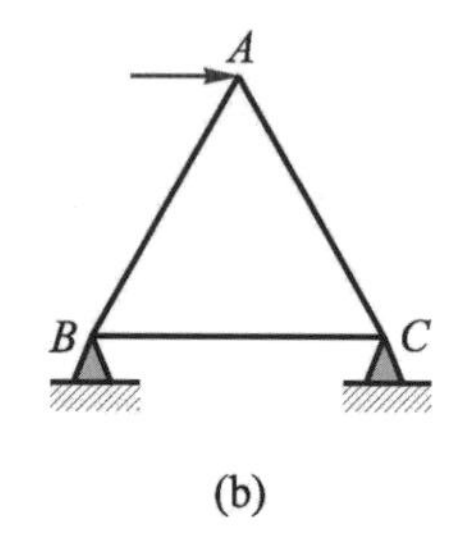

(b)

圖 A-1

主要原因爲適合桁架內部穩定之要求。如圖 A-1(a)所示之栓接矩形構架*ABCD*，顯不能抵抗所荷之載重，因而陷於瓦解(如虛線所示)故無穩定可言，如在中間加一肢*BD*時，則可抵抗任何方向之載重而無瓦解之危險。正如圖A-1(b)同。因三角形三邊之長度如不變化，其形狀決不會變化。故三角形形成一穩定之幾何圖形。又因僅有二桿連接每一節點，故亦爲一靜定之幾何圖形。

3. 桁架內部應力分析：

在此所研討者，限於在固定載重下，對於一般簡單桁架之應力分析。如銷釘作用於構件兩端之力，其指向爲朝外(離開節點)則構件受張力(Tension)，如兩力相向作用，即指向節點者，構件受壓力(Compression)，應力分析之方法有節點法及截面法，茲分別說明於下：

⑴ 連結點法(節點法)(Method of Joints)

① 此法係由美國人惠波(Whepple)在西元1847年所創，可適用於任何桁架。

② 桁架在任何載重下，各節點必維持平衡，依桁架之理想情形，相交於接合點各桿之內力與該接合點所受之外力成一同平面同點力系，故依次按同平面同點力系平衡計算之($\Sigma F_x = 0$，$\Sigma F_y = 0$)於各節點，可先後求得各桿之應力。

③ 運用此法必須注意幾點：

❶ 每次考慮任何一節點之平衡時，只能求得二未知項(即二桿中應力之數量)，因共面共點力系僅有二平衡方程式。

❷ 此法適用於解求簡單桁架每一桿件之應力。

❸ 利用此法計算時必須從桁架任一端著手(故須求兩支點之反力)(懸臂桁架，可由自由端起算)。若僅求桁架中某一桿件之應力，此法殊不簡便。

例題 A.1

如圖 A-2(a)所示，試求桁架各桿件之應力為若干？

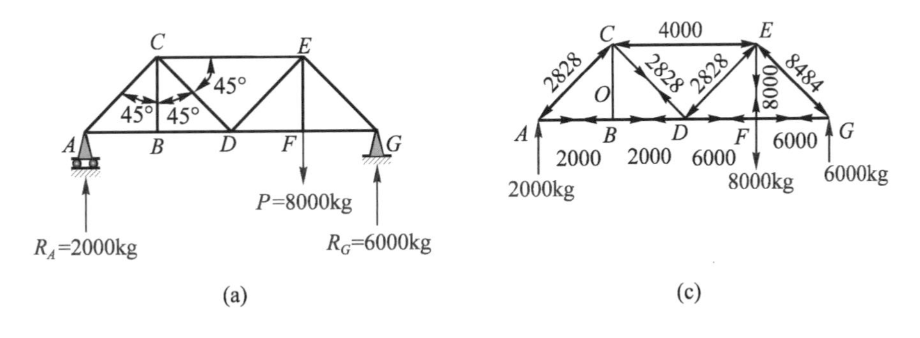

圖 A-2

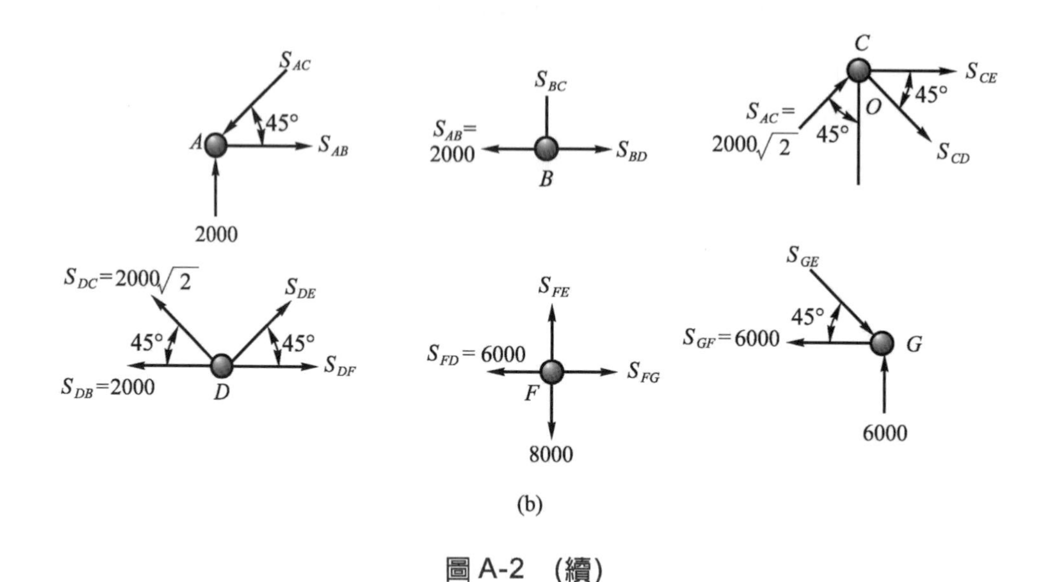

(b)

圖 A-2 (續)

解

⑴求兩支持端之反力：[如受垂直載荷時，按同平面平行力系之平衡解之(即$\Sigma F_y = 0$，$\Sigma M_A = 0$)，如受任一方向之載荷時，按同平面非同點力系之平衡解之(即$\Sigma F_x = 0$，$\Sigma F_y = 0$，$\Sigma M_A = 0$)]，設每一間隔之寬爲a，以整個桁架爲自由體，則

$$\circlearrowleft + \Sigma M_G = 8000 \times a - R_A \times 4a = 0$$

$$\therefore R_A = 2000(\text{kg})(\uparrow)$$

$$+\uparrow \Sigma F_y = 2000 + R_G - 8000 = 0$$

$$\therefore R_G = 6000(\text{kg})(\uparrow)$$

⑵取各節點爲自由體，如圖A-2(b)所示，假定各構件應力之方向，箭頭指向節點者表示壓力，一般以“C”代表，箭頭離開節點者，表示張力，一般以“T”代表。按同平面同點力系平衡，寫出平衡方程式($\Sigma F_x = 0$，$\Sigma F_y = 0$)依次求得各桿之應力

節點A：

$$+\uparrow \Sigma F_y = 2000 - S_{AC}\sin 45° = 0$$

$$\therefore S_{AC} = 2000\sqrt{2} = 2828\text{kg}\,(C)$$

$\xrightarrow{+} \Sigma F_x = S_{AB} - 2000\sqrt{2}\cos 45° = 0$

$\therefore S_{AB} = 2000\text{kg}\,(T)$

節點B：

$+\uparrow \Sigma F_y = S_{BC} = 0$

$\therefore S_{BC} = 0$

$\xrightarrow{+} \Sigma F_x = -2000 + S_{BD} = 0$

$\therefore S_{BD} = 2000\text{kg}\,(T)$

節點C：

$+\uparrow \Sigma F_y = 2000\sqrt{2}\sin 45° - S_{CD}\sin 45° = 0$

$\therefore S_{CD} = 2000\sqrt{2} = 2828\text{kg}\,(T)$

$\xrightarrow{+} \Sigma F_x = S_{CE} + 2000\sqrt{2}\cos 45° + 2000\sqrt{2}\cos 45° = 0$

$\therefore S_{CE} = -4000\text{kg}\,(C)$(負號表示與假設方向相反)

節點D：

$+\uparrow \Sigma F_y = 2000\sqrt{2}\sin 45° + S_{DE}\sin 45° = 0$

$\therefore S_{DE} = -2000\sqrt{2} = -2828\text{kg}\,(C)$

$\xrightarrow{+} \Sigma F_x = -2000 - 2000\sqrt{2}\cos 45° - 2000\sqrt{2}\cos 45° + S_{DF} = 0$

$\therefore S_{DF} = 6000\text{kg}\,(T)$

節點F：

$+\uparrow \Sigma F_y = S_{FE} - 8000 = 0 \quad \therefore S_{FE} = 8000\text{kg}\,(T)$

$\xrightarrow{+} \Sigma F_x = -6000 + S_{FG} = 0 \quad \therefore S_{FG} = 6000\text{kg}\,(T)$

節點G：

$+\uparrow \Sigma F_y = -S_{GE}\cdot\sin 45° + 6000 = 0$

$\therefore S_{GE} = 6000\sqrt{2} = 8484\text{kg}\,(C)$

$\xrightarrow{+} \Sigma F_x = 6000\sqrt{2}\cos 45° - 6000 = 0$(驗算)

亦可由節點E檢驗是否平衡，答案可由圖形表示，如圖 A-2(c)所示。

⑵截面法(剖面法)(Method of Sections)

求桁架中某一桿件之應力時，運用此方法最為簡便，此方法又可分為兩種解法：

①剪力法(Method of Shear)：

此法適用於解求平弦桁架中腹肢之應力，即桁架之上弦桿與下弦桿平行時，利用此法求桁架在豎向載重下腹肢之應力最為適宜。

例題 A.2

如圖 A-3(a)所示之平弦桁架中，試求L_1U_2之應力為若干？

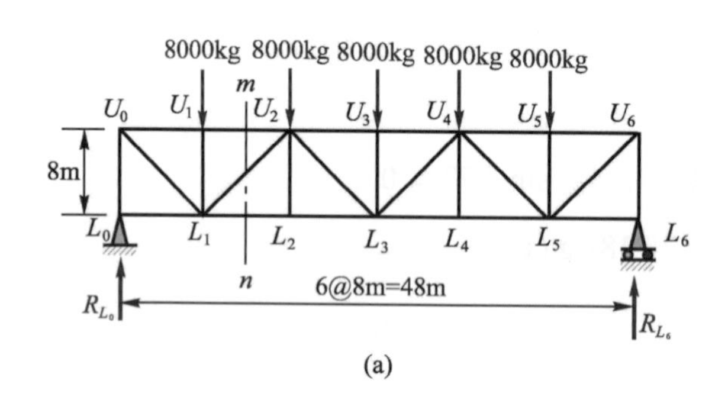

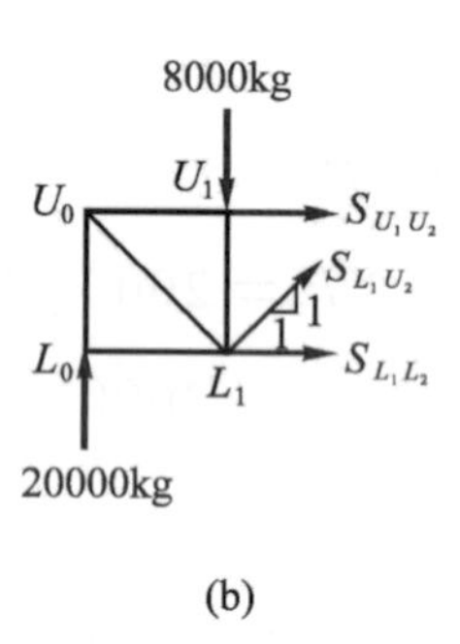

圖 A-3

解

⑴首先求兩支點之反力，因對稱關係，故$R_{L0} = R_{L6} = 20{,}000$kg(↑)

⑵L_1U_2桿件介於L_1，L_2間，故在L_1L_2間截取mn剖面以桁架之左半邊(較簡單之一邊)為自由體，如圖 A-3(b)所示，由$\Sigma F_y = 0$

即$20{,}000 + S_{L_1U_2} \cdot \dfrac{1}{\sqrt{2}} - 8000 = 0$

$\therefore S_{L_1U_2} = -12{,}000\sqrt{2} = -17{,}000$kg(與假設方向相反)

即$S_{L_1U_2} = 17{,}000$kg (C)

同理U_2L_3，U_4L_3，……等腹肢亦可由此法求得其應力

②力矩法(Method of Moment)：

❶此法係在西元 1863 年由德國工程師雷特(Ritter)所創，故又稱爲雷氏法。

❷此法可適用於解求平弦桁架中弦桿及曲弦桁架中各肢之應力。

❸運用此法，若剖面所截斷之桿數不多於三，且係不平行，而又不相交於一點者，則用$\Sigma M = 0$於任何二桿之交會點，考慮該自由體之全部平衡，即可求得第三桿之應力。若剖面所截斷之桿多於三，則除所欲求應力之桿外，其餘各桿必相交於一點，即此點爲力矩中心，否則此法不能直接採用。

例題 A.3

如圖 A-4(a)所示之平弦桁架中BD桿之應力爲若干？

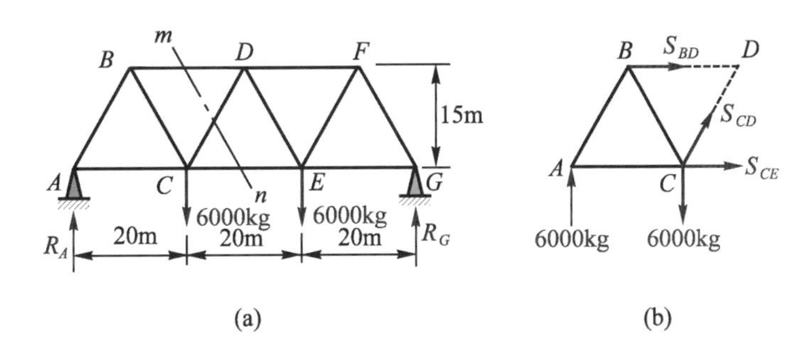

圖 A-4

解

因對稱關係$R_A = R_G = \dfrac{6000 + 6000}{2} = 6000\text{kg}(\uparrow)$

截取mn剖面以桁架左半部爲自由體，如圖 A-4(b)

$$\circlearrowleft + \Sigma M_C = -6000 \times 20 - S_{BD} \times 15 = 0$$

$$\therefore S_{BD} = -8000\text{kg}$$

即 $S_{BD} = 8000\text{kg}\,(C)$

同理由 $\circlearrowleft + \ \Sigma M_D = 6000 \times 10 - 6000 \times 30 + S_{CE} \times 15 = 0$

$$\therefore S_{CE} = 8000\text{kg}\,(T)$$

例題 A.4

如圖 A-5(a)所示之曲弦桁架中 U_1U_2 及 U_1L_2 桿之應力若干？

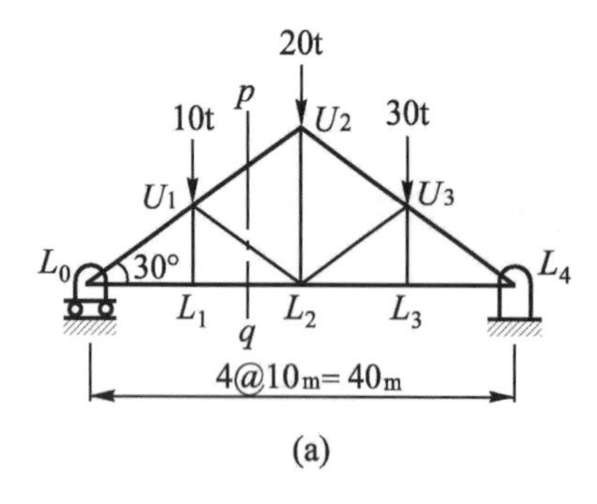

(a)

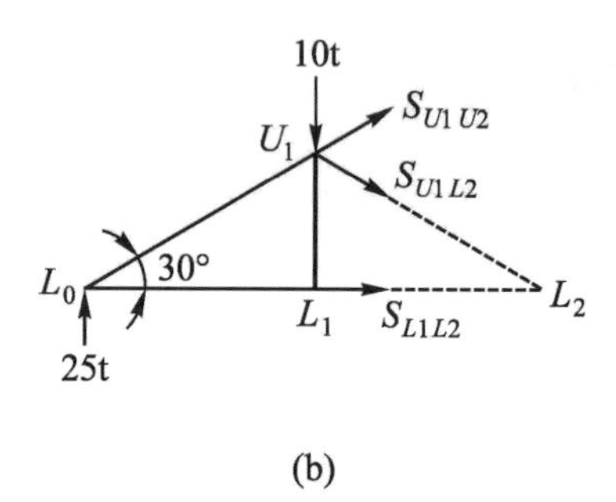

(b)

圖 A-5

解

以整個桁架為自由體，如圖 A-5(a)所示

$$\circlearrowleft + \Sigma M_{L_4} = -R_{L_0} \times 40 + 30 \times 10 + 20 \times 20 + 10 \times 30 = 0$$

$$\therefore R_{L_0} = 25t(\uparrow)$$

$$+\uparrow \Sigma F_y = 25 - 10 - 20 - 30 + R_{L_4} = 0$$

$$\therefore R_{L_4} = 35t(\uparrow)$$

截取 pq 剖面以桁架左半部為自由體，如圖 A-5(b)

$$\circlearrowleft + \Sigma M_{L_2} = -25 \times 20 + 10 \times 10 - (S_{U_1U_2} \sin 30°) \times 20$$

$= 0$

$\therefore S_{U_1U_2} = -40t$

即$S_{U_1U_2} = 40t\,(C)$

次以 $\circlearrowleft + \ \Sigma M_{L_0} = -10 \times 10 - (S_{U_1L_2} \cdot \sin 30°) \times 20 = 0$

(於L_2將$S_{U_1L_2}$分為水平及垂直二分力)

$\therefore S_{U_1L_2} = -10t$

即$S_{U_1L_2} = 10\text{t}\,(C)$

(3)在桁架中如一節點為三根桿件構成，又二根桿件成共線時，而在此節點又無載荷時，則第三根桿件之應力為零。如圖A-5(a)中$S_{U_1L_1}$及$S_{U_3L_3}$即為此種特性，其應力皆為零，再舉一例說明之。

例題 A.5

如圖 A-6 所示之桁架，其BC，CD，DE，EF，FG桿件之應力若干？

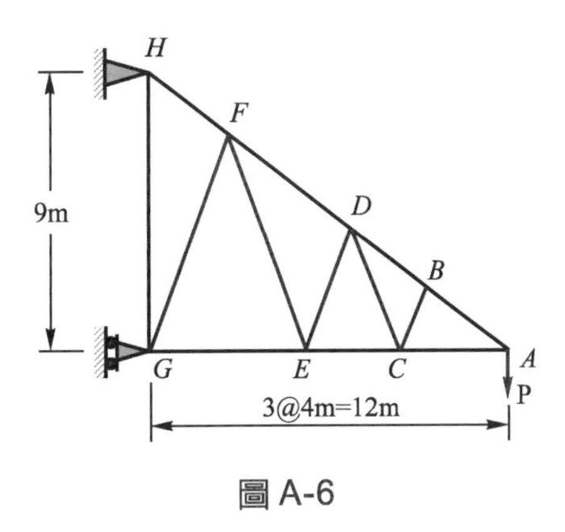

圖 A-6

解

由節點B知，AB，BD共線又B點不受外力則$S_{BC}=0$，同理由節點C知$S_{CD}=0$，節點D知$S_{DE}=0$，節點E知$S_{EF}=0$，節點F知$S_{FG}=0$。

五、常用簡單形體之轉動慣量I之值

形體(質量 M)	轉動軸	轉動慣量(I)
圓盤(半徑r)	通過中心，垂直盤面	$\frac{1}{2}Mr^2$
桿(長度l)	通過一端，垂直於桿	$\frac{1}{3}Ml^2$
桿(長度l)	通過棒中心，垂直於桿	$\frac{1}{12}Ml^2$
圓柱體(半徑r高h)	通過中心垂直於柱體之軸線	$M\left(\frac{1}{4}r^2+\frac{1}{12}l^2\right)$
圓柱體(半徑r)	中心軸即爲轉動軸	$\frac{1}{2}Mr^2$
圓球(半徑r)	通過中心	$\frac{2}{5}Mr^2$
正圓錐(底面半徑r高h)	底面積直徑	$\frac{1}{20}M(3r^2+2h^2)$